国家中等职业教育改革发展示范校教材

药用植物组培快繁实务

陈绍煌　主编

U0292609

中国林业出版社

内 容 简 介

本书根据现代植物组织培养技术理论和方法，阐述了药用植物在组织培养工厂化快速繁殖育苗技术的应用技能与研究开发方法。以项目为载体，以能力培养为核心，以实务案例教学为主线。编排了28个实务案例，包括药用植物组织培养实验室规划设计、培养基设计与配制、药用植物离体组织培养的技术、药用植物无病毒苗的培育、药用植物组培技术研发、药用植物组培苗快繁工厂化生产技术。分门别类介绍常用药用植物的根和根茎类药材、草本类药材、木本类药材的组织快繁技术，供同学们实验、实训时参考。在突出能力培养的同时，强调理论知识的应用性和生产实践行知培养。

本书可作为中、高等职业院校中的生物技术、生物科学、农学、林学、园艺、中药材栽培等生物相关专业教材，以及从事相关行业的科研、生产等技术人员参考。

图书在版编目(CIP)数据

药用植物组培快繁实务/陈绍煌主编 . —北京：中国林业出版社，2014. 7(2016. 8 重印)
国家中等职业教育改革发展示范校教材
ISBN 978-7-5038-7472-7

Ⅰ. ①药…　Ⅱ. ①陈…　Ⅲ. ①药用植物—植物组织—组织培养—中等专业学校—教材
Ⅳ. ①Q949. 95

中国版本图书馆 CIP 数据核字(2014)第 090727 号

国家林业局生态文明教材及林业高校教材建设项目

中国林业出版社·教育出版分社

责任编辑：高红岩
电话：(010)83143554　　　　　　传真：(010)83143516

出版发行　中国林业出版社(100009　北京市西城区德内大街刘海胡同7号)
　　　　　E-mail：jiaocaipublic@163. com　电话：(010)83143500
　　　　　http：//lycb. forestry. gov. cn
经　　销　新华书店
印　　刷　北京中科印刷有限公司
版　　次　2014 年 7 月第 1 版
印　　次　2016 年 8 月第 2 次印刷
开　　本　787mm×960mm　1/16
印　　张　15.25　彩插：0.5
字　　数　320 千字
定　　价　35.00 元

教材编审委员会

主　任：黄云鹏

副主任：聂荣晶　范繁荣

成　员：陈基传　曾凡地　赖晓红　曾文水

　　　　李永武　丁莉萍　沈琼桃　刘春华

　　　　裘晓雯　黄清平

编写人员

主　　编：陈绍煌

副 主 编：范繁荣

编写人员：（按姓氏笔画排序）

　　　　　冉彩虹（福建林业科技试验中心）

　　　　　严绍裕（福建林业职业技术学院）

　　　　　陈绍煌（福建三明林业学校）

　　　　　林文革（地缘（厦门）生物科技有限公司）

　　　　　欧景华（福建鑫闽种业有限公司）

　　　　　范繁荣（福建三明林业学校）

　　　　　徐鹭霞（福建三明林业学校）

前言

　　药用植物组织培养是在中药现代化要求下发展起来的实用生物技术，是应用生命科学研究成果，以人们意志设计，对生物或生物的成分进行改造和利用的技术。利用组织培养技术应用于药用植物种苗繁殖，是更好实现中药GAP（良好农业规范）栽培的重要措施。

　　中药是我国医药传统文化的组成部分，而且，我国是资源大国，药物资源丰富多样，具有悠久的医药文化历史，我们应在传统药物的研究与开发方面为国际传统药物树立典范，中药标准化是中药现代化和国际化的基础和先决条件。中药标准化包括药材标准化、饮片标准化和中成药标准化。其中，中药材的标准化是基础，没有中药材的标准化不可能有饮片标准化和中成药标准化。而中药材的标准化依赖于中药材生产的规模化。不同的栽培技术以及采收、加工等方法都会影响中药材的产量和质量。

　　药用植物组织培养是以现代生命科学理论为基础，结合化学学科的科学原理，采用先进的生物工程技术手段，以药用植物为研究对象，进行其组织器官的发生、培养和细胞融合、转化以及次生代谢产物和药材组培苗工厂化生产研究的一门新兴的综合性应用学科。药用植物组织培养的形成和发展，与资源的合理开发、可持续利用和保护的社会发展趋势相吻合，是中药产业发展的支撑学科，关系到中药现代化和国际化进程，具有广阔的应用前景；其应用技术和研究成果，在保障中药和其他医药产品的生产原料、新资源的开发和培植方面都具有重要的应用价值，在培养具有综合素质的高级专门技术人才方面具有重要作用。

　　药用植物组织培养是农林类专业、中药材栽培专业和中药专业的一门专业课，主要讲述药用植物的人工培养条件、愈伤组织培养、悬浮细胞培养和转化、器官培养、分生组织培养和原生质体培养以及脱毒技术和工厂化育苗、种质的离体保存和次生代谢产物的产生等。所以，药用植物组织培养和中药的优良品种筛选繁育、种质资源保存、有效成分生产等密切相关，在专业课程中具有重要的地位。

　　为了有效提高中、高职业教育教学质量，促进在学习中更好理解和应用与开发，满足行业的需求，为该行业生产一线培养高素质的应用型、技能型人才。我们根据院校的教师和企业生产一线的生产管理和技术研发的科研人员长期以来的组培教学经验、科研实践和生产管理经验，共同组织编写了《药用植物组培快繁实务》一书，侧重药用植物的试管苗的快速繁殖的基础理论和操作技能的应用，引用了大量的药用植物组培快繁的案例，使学生更好地理解和掌握组培快繁技术，提高组培研发与应用水平。本书力求言简意赅，操作性强，有较强的实用价值。

　　本书的编写得到了福建林业科技试验中心、福建鑫闽种业有限公司、地缘（厦门）生物科技有限公司等科研、生产单位大力支持和指导，同时参考了相关教学科研人员的文献资料和研究成果，在此表示衷心的感谢！

　　由于编者水平有限，经验不足，时间仓促，书中难免有遗漏之处，恳请科教界前辈、同仁和广大读者批评指正，以便今后修改和补充。

编　者
2014 年 4 月

目录

绪 论

一、药用植物概述

药用植物，是指医学上用于防病、治病的植物。其植株的全部或一部分供药用或作为制药工业的原料。广义而言，可包括用作营养剂、某些嗜好品、调味品、色素及农药和兽医用药的植物资源。药用植物种类繁多，其药用部分各不相同，有全部入药的，如益母草、夏枯草等；有部分入药的，如人参、曼陀罗、射干、桔梗、满山红等；有需提炼后入药的，如金鸡纳霜等。

中国是药用植物资源最丰富的国家之一，对药用植物的发现、使用和栽培，有着悠久的历史。药用植物的发现和利用，是古代人类通过长期的生活和生产实践逐渐积累经验和知识的结果。到春秋战国时，已有关于药用植物的文字记载。《诗经》和《山海经》中记录了 50 余种药用植物。1973 年长沙马王堆 3 号汉墓出土的帛书中整理出来的《五十二病方》，是中国现存秦汉时代最古的医方，其中记载的植物类药有 115 种。汉代张骞出使西域后，外国的药用植物（如红花、安石榴、胡桃、大蒜等）也相继传到中国。历代学者专门记载药物的书籍称为"本草"。约成书于秦汉之际的中国现存最早的药学专著《神农本草经》，记载药物 365 种，其中植物类药就有 252 种。此后，著名的本草书籍有梁代陶弘景的《本草经集注》、唐代苏敬等的《新修本草》、宋代唐慎微的《经史证类备急本草》以及明代李时珍的《本草纲目》等。其中，《经史证类备急本草》收集宋代以前的各家本草加以整理总结，收载植物类药达 1 100 余种，使得本草资料得以保存；到明代，《本草纲目》收载的植物类药已达 1 200 多种。

随着医药学和农业的发展，药用植物逐渐成为栽培植物。北魏贾思勰著《齐民要术》中，已记述了地黄、红花、吴茱萸等 20 余种药用植物的栽培方法。隋代太医署下设"主药""药园师"等职务，专职掌管药用植物的栽培。据《隋书经籍志》记载，当时已有《种植药法》《种神芝》等药用植物栽培专书。到明代，《本草纲目》中载有栽培方法的药用植物已发展到 180 余种。1949 年后，我国对药用植物资源进行了有计划的调查研究、开发利用和引种栽培。在成分的测定、分离和提取以及药理试验方面也进行了大量工作。在此基础上整理编写出版了《中国药用植物志》《中药志》《药材学》《中药大辞典》《全国中草药汇编》《中华人民共和国药典》等多种药物专著，收载的药用植物达 5 000 多种，已栽培的有 200 多种。

公元前 1600 年，埃及的《纸本草》及其后印度的《寿命吠陀经》中，均有植物药的记载。公元 1815 年后，德国学者出版了以植物药为主的著作《生药学》。日本本草学家岩崎常正的《本草图谱》(1828)，搜集药用植物 2 000 多种。20 世纪 50～80 年代，美国、前联邦德国、前苏联、法国、日本等在药用植物的资源调查、引种栽培、化学成分和药理作用分析、组织培养等方面取得了许多成果。

在中国古代，《神农本草经》把药物按效用分为上、中、下三品。《神农本草经集注》中除沿用三品分类外，又创造了按药物属性分为草木部、果部、菜部、米谷部的方法。《本草纲目》中采用了自然属性分类法，将所收药物分为 16 纲 60 类，并以生理生态条件为依据，将草类药分为山草、芳草、隰草、毒草、蔓草、石草、苔类等。这是中国古代最完备的分类系统。医学上一般按药物性能和药理作用分类，中医学常按药物性能分为解表药、清热药、祛风湿药、理气药、补虚药等类别；现代医学常按药理作用分为镇静药、镇痛药、强心药、抗癌药等。药用植物学按植物系统分类，则可反映药用植物的亲缘关系，以利形态解剖和成分等方面的研究。中药鉴定学、药用植物栽培学常按药用部分分类，分为根、根茎、皮、叶、花、果实、种子、全草等类，便于药材特征的鉴别和掌握其栽培特点。现代生药学常按药材化学成分分为含生物碱类药、含苷类药、含挥发油类药等，有利于鉴定药材的功能及其品质，并便于寻找和扩大药用植物新资源。

药用植物所含有效化学成分十分复杂，主要有：①生物碱。如麻黄中含有治疗哮喘的麻黄碱、莨菪中含有解痉镇痛作用的莨菪碱等。②苷类。又称配糖体，由糖和非糖物质结合而成，如洋地黄叶中含有强心作用的强心苷，人参中含有补气、生津、安神作用的人参皂苷等。③挥发油。又称精油，是具有香气和挥发性的油状液体，由多种化合物组成的混合物，具有生理活性，在医疗上有多方面的作用，如止咳、平喘、发汗、解表、祛痰、驱风、镇痛、抗菌等。药用植物中挥发油含量较为丰富的有侧柏、厚朴、辛夷、樟树、肉桂、白芷、川芎、当归、薄荷等。④单宁。多元酚类的混合物，存在于多种植物中，特别是在杨柳科、壳斗科、蓼科、蔷薇科、豆科、桃金娘科和茜草科植物中含量较多。药用植物盐肤木上所生的虫瘿药材称为五倍子，含有五倍子鞣质，具收敛、止泻、止汗作用。⑤其他成分。如糖类、氨基酸、蛋白质、酶、有机酸、油脂、蜡、树脂、色素、无机物等，各具有特殊的生理功能，其中很多是临床上的重要药物。

药用植物的栽培对环境条件要求严格。气候和土壤是影响药用植物生长发育的主要环境条件。各种药用植物对光照、温度、水分、空气等气候因子及土壤条件的要求不同。如薄荷喜阳光充足，在开花期天气晴朗，可提高含油量；槟榔、古柯、胡椒在高温多湿的地区才能开花结实；泽泻、菖蒲要求低洼湿地才能生长；麻黄、甘草、芦荟的抗旱力强，多分布于干燥地区；麦冬和宁夏枸杞喜碱性土壤，厚朴和栀子喜酸性土壤；以根及地下茎入药的种类，宜在肥沃疏松的砂壤土或壤土中种植等。因此，不少药用植物只能分布在一定的地区，如人参产于吉林，三七产于广西、云南等，这些产区的产品质量好、产量高，用于临床疗效也好。在扩大生产进行引种驯化时，新引种地的环境条件与原产地差异不大易于获得成功；如差异大的则须通过逐步驯化的方法。在中国各省区间引种及野生变家种成功的有地黄、红花、薏苡、天麻、桔梗、丹参等百余种；从国外引种成功的有颠茄、洋地黄、番红花、槟榔、金鸡纳树等数十种。

药用植物的栽培特点主要表现在：①栽培季节性强。大多数种类的栽种期只有半个月至一个月左右，川芎、黄连等栽种期只有几天到半个月。②田间管理要求精细。如人参、三七、黄连须搭荫棚调节阳光，忍冬、五味子等需整枝修剪。③须适时采收。如黄连需生长5～6年后采收、草麻黄生长8～9月后采收的有效成分含量高，红花开花时花冠由黄色变红色时采收的质量最佳。此外，药用真菌类植物（如银耳、茯苓、灵芝等），还要求特殊的培养方法和操作技术。

药用植物的繁殖方式多样，除种子繁殖外，还用分根、扦插、压条、嫁接等方法进行营养繁殖，或用孢子繁殖。

药用植物在医药中占有重要地位，其资源的保护和开发利用将进一步受到重视。植物化学分类方法的进一步应用有利于寻找和扩大药用植物的新资源。在现有人工选种和杂交育种的基础上，单倍体、多倍体、细胞杂交、辐射等育种方法将在培育新品种方面起更大作用。组织培养为药用植物的工业化生产提供了新的途径，并可作为新的生物活性物质的来源。此外，药理筛选与植物化学相结合的方法的应用，将为研究不同药用植物类群在成分和疗效方面的差异，以及扩大范围寻找有效药物、探求药用植物内在质量和进行药用植物综合研究等开辟新的领域。

二、药用植物组织培养概述

（一）药用植物组织培养的定义和任务

药用植物组织培养是以现代生命科学理论为基础，结合化学学科的科学原理，采用先进的生物工程技术手段，以药用植物为研究对象，进行其组织器官的发生、培养和细胞融合、转化以及次生代谢产物和药材组培苗工厂化生产研究的一门新兴的综合性应用学科。药用植物组织培养的形成和发展，与资源的合理开发、可持续利用和保护的社会发展趋势相吻合，是中药产业发展的支撑学科，关系到中药现代化和国际化进程，具有广阔的应用前景；其应用技术和研究成果，在保障中药和其他医药产品的生产原料、新资源的开发和培植方面都具有重要的应用价值，在培养具有综合素质的高级专门技术人才方面具有重要作用。

药用植物组织培养是农林类专业、中药材栽培专业和中药专业的一门专业课，主要讲述药用植物的人工培养条件、愈伤组织培养、悬浮细胞培养和转化、器官培养、分生组织培养和原生质体培养以及脱毒技术和工厂化育苗、种质的离体保存和次生代谢产物的产生等。所以，药用植物组织培养和中药的优良品种筛选繁育、种质资源保存、有效成分生产等密切相关，在专业课程中具有重要的地位。

组织培养，不仅包括在无菌条件下利用人工培养基对植物组织的培养，而且包括对原生质体、悬浮细胞和植物器官的培养。根据所培养的植物材料不同，组织培养分为器官培养和组织细胞培养两类。其中，愈伤组织培养是一种最常见的培养形式。所谓愈伤组织，原是指植物在受伤之后于伤口表面形成的一团薄壁细胞；在组织培养中，则指在人工培养基上由外植体长出来的一团无序生长的薄壁细胞。愈伤组织培养之所以成为一种最常见的培养形式，是因为除茎尖分生组织培养和一部分器官培养以外，其他几种培养形式最终都要经历愈伤组织才能产生再生植株。此外，愈伤组织还常常是悬浮培养的细胞和原生质体的来源。在组织培养中，当把分化组织中的不分裂的静止细胞，放置在一种能促进细胞增殖的培养基上以后，细胞内就会发生某些变化，从而使细胞进入分裂状态。一个成熟细胞转变为分生状态的过程叫作脱分化。在组织培养中，把由活植物体上切取下来进行培养的那部分组织或器官称为外植体。外植体通常是多细胞的，这些细胞常常包括各种不同的类型，因此，由一个外植体所形成的愈伤组织中不同的组分细胞具有不同的形成完整植株的能力，即不同的再分化能力。一个成熟的植物细胞经历了脱分化之后，之所以还能再分化形成完整的植株，是因为这些细胞具有全能性。所谓全能性，即任何具有完整的细胞核的植物细胞，都拥有形成一个完整植株所必需的全部遗传信息。全能性只是一种可能性，要把它变为现实必须满足两个条件：一是要把这些细胞，从植物体其余部分的抑制性影响下解脱出来。也就是说必须使这部分细胞处于离体的条件下。二是要给予它们适当的刺激，即给予它们一定的营养物质，并使它们受到一定的激素的作用。一个已分化的细胞要表现它的全能性，必须经历上面所说的两个过程，即首先要经历脱分化过程，然后再经历再分化过程。在大多数情况下，再分化过程是在愈伤组织细胞中发生的，但在有些情况下，再分化可以直接发生在脱分化的细胞当中，其间不需要插入一个愈伤组织阶段。

脱分化后的细胞进行再分化的过程有两种不同的方式：一种是器官发生方式，其中茎芽和根是在愈伤组织的不同部位分别独立形成的，形成的时间可以不一致，它们为单极性结构，里面各有维管束与愈伤组织相连，但在不定芽和不定根之间并没有共同的维管束把二者连在一起；另一种是胚胎发生方式，即在愈伤组织表面或内部形成很多胚状体，或称体细胞胚，它们经历的发育阶段与合子胚相似，成熟胚状体的结构也与合子胚相同。胚状体是双极性的，有共同的维管束贯穿两极，可脱离愈伤组织在无激素培养基上独立萌发。一般认为，愈伤组织中的不定芽取决于一个以上的细胞。而体细胞胚只取决于一个细胞，因此，由体细胞胚长成的植株各部分的遗传组成应当是一致的，不存在嵌合现象。

植物的器官培养，主要是指植物的根、茎尖、叶、花器（包括花药、子房等）和幼小果实的无菌培养。主要研究形式有离体根培养、茎尖培养、叶培养、花与果实的离体培养、胚胎培养、目的是研究器官的功能及器官间的相关性、器官的分化及形态建成等问题，以更好地认识植物生命活动的规律，控制植物的生长发育，加快珍稀植物材料的繁殖，为人类生产实践服务。

植物的组织细胞培养，主要是指植物各个部分组织（包括茎组织、叶肉组织、根组织、中柱鞘、形成层、贮藏薄壁组织、珠心组织等）、单个细胞或很小的细胞团和原生质体等的离体无菌培养。目的是研究植物组织、细胞在离体培养条件下，各种环境因子对植物形态发生的影响及其遗传稳定性和变异性、次生代谢产物的生成等科学问题。

组织培养系指植物各个部分组织的离体培养，使之形成愈伤组织称为组织培养。细胞培养系指用能保持较好分散性的植物细胞或很小的细胞团为材料进行离体培养，如叶肉细胞、根尖细胞培养等。原生质体培养系指除去植物细胞的细胞壁，培养裸露的原生质体，使其重新形成细胞壁并继续分裂、分化，形成植株的方法。从以上方面延伸的内容有：药用植物脱毒培养技术、突变体筛选、细胞融合、种质离体保存和人工种子、次生代谢产物的生产等。

（二）药用植物组织培养的优点

① 能快速繁殖，短期满足大量需求。由于植物组织培养是在人为可控制下进行条件培养，使植物在最适宜状况下生长，可在短期内用较少的材料繁殖大量优质种苗。具有用材少、周期短、速度快等特点。

② 单株培养，无性系遗传性状一致。组织培养是一种通过无性繁殖来完成的，材料来源于同一母株，后代遗传性状稳定。

③ 获得无病植株。组织培养材料经过脱毒，获得无病毒材料，培养无病毒植株。

④ 集约化生产，利于自动化控制。药用植物组织培养是在一定的环境条件下，人为提供一定的温度、光照、湿度、营养、激素等条件，进行高度集约化的生产，实现药用植物组培快繁工厂化生产，有利于进行自动化控制生产。

⑤ 科学生产，条件可控误差小。药用植物组织培养集科学一体，用培养基替代土壤，各种营养成分、环境条件等完全可控，植物始终在无菌条件下生长，摆脱微生物的侵染和各种化学物质残留，组织培养的药用植物才是真正意义符合 GAP 生产质量管理规范。

⑥ 周年生产，不受季节影响。药用植物组培不受自然环境影响，可周年生产，不受时间、季节限制。

⑦ 有利于种质资源的保存。通过人为控制培养条件，可长期保持组织的活力。

（三）药用植物组织培养的研究发展概况

药用植物组织及细胞培养对生物种植及生产技术方面是一个突破性进展，在植物无性繁殖方面开拓了一个广阔的天地，它可以使不易进行有性繁殖的植物经组织培育出新苗而用于生产；可以加速植物的生长，如半夏、贝母等经组织培养其生长速度大大高于自然生长速度；可以人为地使一些自然环境中不能生长的植物得以正常生长，使有用的次生成分达到或超过自然生长的原植物；可逐步地过渡到工业化生产，防止大量的采集而致药源枯竭。组织培养在传统药材研究中的应用，尽管尚处于实验室阶段，但近20年来所取得的进展令人鼓舞，前景诱人。因为传统药材中还蕴藏着人们尚未认识和开发的具有知识产权的新药。借助组织培养这一手段，人们有望保存和繁殖那些濒临灭绝的药材资源，保持自然界生物的多样性。人们可望将那些数量极少而又极有价值的新类型化合物进行扩增，满足临床的需求，推动药用植物现代化发展的进程。

目前，药用植物组织培养的应用主要有两个方面：一是利用试管微繁生产大量种苗以满足药用植物人工栽培的需要；二是通过愈伤组织或悬浮细胞的大量培养，从细胞或培养基直接提取药物，或通过生物转化、酶促反应生产药物。

1. 植物的无性系快速繁殖及育种

植物细胞具有潜在的分化成整个植株的能力，即其有形态建成全能性。利用这种特性诱导器官分化，繁殖大量无性系试管苗，在药用植物的繁殖、育种、脱毒以及种质保存等方面越来越显示其优越性，特别对一些珍稀濒危中草药的保存、繁殖和优化是一条有效途径。运用组织培养技术可以快速繁殖药用植物种苗，而药用植物种苗的工业化生产，可以达到迅速、大量、无病、高质量、一致性等，无疑对药材产量与质量都是非常有益的。另外，植物组织培养技术的发展，也为药用植物品种改良提供了新的途径。

2. 药用植物组织与细胞培养直接生产药用成分

植物细胞具有物质代谢的全能性，通过药用植物细胞或组织的大量培养，可以获得某些有用成分。通过组织培养已产生的药用成分有生物碱、萜烯类、醛类、木质素类、黄酮类、糖类、蛋白质类、有机酸类、芳香油、酚类等。20世纪90年代以来植物的细胞培养已不再停留在三角瓶培养的实验室水平，取而代之的是以生物反应器为标志的大规模工业化培养。特别是近年来气升式生物反应器的发明与应用，使药用植物细胞的大规模培养生产药用成分成为可能。如从喜树（*Camptotheca Acuminata*）茎段愈伤组织培养生产喜树碱。有研究表明，以干重为基础的粗人参皂苷，在愈伤组织中的含量（21.7%）显著高于天然根（4.1%）。

细胞培养还可以将各种初级化合物，转化成医药上更有效的化合物。依靠植物将特殊物质转化为更有效的生理活性物质，被认为是植物细胞培养应用方面的一个最有希望的领域，比用微生物和化学合成更容易实现某些化合物化学结构的特殊修饰。如南洋金花悬浮培养物对酚有糖基化作用，使酚类药物的有效性显著增强。毛曼陀罗（*Datura innoxia* Mill）的培养细胞能快速将氢醌转化为熊果苷，使后者在作为利尿剂和泌尿器消毒剂时所用剂量减少，疗效提高。

我国毛状根的培养和增殖技术也在迅速发展，目前已在甘草、丹参、黄芪等多种植物建立了农杆菌转化器官培养系统。在 3L、5L、10L 容器中培养黄芪毛状根，经 21d 培养产量就可达 10g/L。黄芪毛状根中皂苷、黄酮、多糖、氨基酸等含量类似于药用黄芪，而且粗皂苷和可溶性多糖的含量还稍高于药用黄芪。另外，以组织培养技术为基础的基因工程的研究，如黄芪毛状根基因工程的研究，也取得了很大进展。

三、《药用植物组培快繁实务》教学设计

（一）《药用植物组培快繁实务》课程的性质、地位及目标

药用植物组织培养是现代农业、林业、中药材种植业生物技术的重要组成部分和基本研究手段之一，是一门理论性、实践性、动手操作性较强的应用科学，技术含量高、专业性强。通过植物组织培养技术和植物非试管快繁技术可实现植物的规模化繁殖和种植，对推进现代农业进程、中医药的发展等都具有重要作用。因此，各中、高职业院校农业、林业、中药材、园艺、园林等植物生产专业和生物技术及应用专业都开设了药用植物组织培养技术课程。通过本课程的学习，使学生掌握基本理论知识和基本操作技术，经过大量的实务介绍能够更深理解掌握药用植物快繁技术，能够组建组培室（工厂）、科学设计培养方案、熟练操作、正确分析解决组培快繁生产中出现的问题，有效控制组培苗质量，最终使学生具有植物组织培养工的理论水平、技术应用操作技能，同时具备学习、创新和可持续发展能力。

（二）课程与教材结构设计

药用植物组培快繁实务是基于药用植物组培快繁过程应用开发的项目课程。该项目课程与结构的确定是基于药用植物组培岗位与性质，确定教学内容（详见表1）。

表 1　课程与教材结构设计

项目名称	实践任务	理论知识分布
项目 1　药用植物组织培养实验室规划设计	任务 1　实验室规划与设计 任务 2　实验室常用仪器、器皿及器械的使用与管理 任务 3　案例	组培室的规划与设计；组培室的基本组成与功能；组培仪器设备与器械用具的使用方法、管理及作用

（续）

项目名称	实践任务	理论知识分布
项目2 培养基设计与配制	任务1 植物组织培养基的种类 任务2 植物组织培养基的选择 任务3 植物组织培养基的制备 任务4 案例	植物营养成分及激素的作用；培养基的种类、特点及应用与选择；母液、培养基的配制目的、方法与注意事项
项目3 药用植物离体组织培养的技术	任务1 灭菌技术 任务2 材料的选择与消毒 任务3 试管苗接种 任务4 试管苗培养 任务5 试管苗的启动与增殖培养 任务6 试管苗壮苗与生根培养 任务7 试管苗炼苗与假植 任务8 试管苗移栽 任务9 案例	组培相关的环境、器械、器具、用具、培养基等灭菌技术；外植体的选择、预处理、消毒与表面灭菌；无菌操作规程；接种方法、接种程序及注意事项；组培苗的培养条件、方式；外植体的启动、增殖、壮苗、生根和炼苗方法与操作程序；组培苗培养各环节的注意事项与操作要求；试管苗移栽技术工艺要求及操作程序
项目4 药用植物无病毒苗的培育	任务1 热处理脱毒 任务2 茎尖培养脱毒 任务3 其他途径脱毒 任务4 病毒植物的鉴定 任务5 无病毒植物的保存和利用 任务6 案例	植物的热处理脱毒方法与步骤；植物的茎尖培养脱毒方法与步骤；病毒植物的鉴定方法与步骤；无病毒植物的保存和利用方法与步骤；怀山药的茎尖诱导与增殖培养；菊花茎尖脱毒技术
项目5 药用植物组培快繁技术研发	任务1 组培快繁研究的技术路线 任务2 组培试验的设计方法 任务3 组培试验方案的制订 任务4 组培试验成果观察与数据调查 任务5 组培试验结果分析 任务6 案例	组培的基本理论；组培快繁的程序和类型；组培试验研究技术路线；组培试验的设计方法与方案的制订；组培试验内容观察与数据调查；组培试验结果分析
项目6 植物组培苗快繁工厂化生产	任务1 工厂化生产基地规划与设计 任务2 工厂化生产的设施设备器材 任务3 快繁工厂化生产技术 任务4 组培快繁工厂化生产的经营管理 任务5 案例	组培苗工厂化快繁基地建设规划与设计；工厂化生产的设施设备及器材；组培快繁工厂化生产技术工艺流程与技术环节；组培企业机构设置；生产计划制订与实施；生产管理措施；组培苗质量检测；组培苗木包装与运输方法
项目7 常用药用植物组织培养技术	任务1 根和根茎类药材的组织培养技术 任务2 草本类药材的组织培养技术 任务3 木本类药材的组织培养技术	应用案例技术成果，阐述根和根茎类药材、草本类药材、木本类药材的组织培养技术方法和步骤

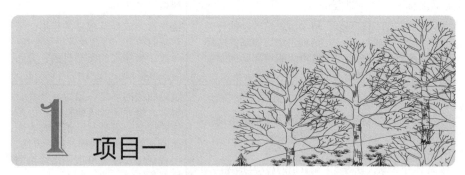

项目一

药用植物组织培养实验室规划设计

任务 1 实验室规划与设计

药用植物的组织培养技术是现代生物技术的重要组成部分，其通过无菌操作方法，对植物的某个器官、组织或细胞进行离体培养，通过人工控制和干预其生长环境，使其再生为完整的个体。当前，这项技术已经被广泛地应用于植物扩繁、作物育种、种质保存等生产实践及科学研究中，产生了巨大的科学价值和经济效益。由于植物组培试验与其他类型生物技术试验相比对场地和仪器具有相对特殊的要求，为了顺利达到试验目的，建设科学规范的植物组培实验室是首要条件。

植物组织培养的试验流程依次包括：培养基的配制与灭菌；外植体（植物材料）的选择、清洗；外植体的消毒和无菌接种；接种材料的培养观察；接种材料形成的愈伤组织的增殖转接、丛生芽的生根转接；组培苗的炼苗与移栽等，是一项施行难度较大的试验项目，其中不同的试验阶段对实施环境又有具体的要求，如接种操作要求严格无菌，材料的培养需要稳定的光照、温度等，因此在设计组培实验室各个房间的布局时，需要依据试验流程的顺序和特点进行布局规划和仪器安置，避免不合理的设计方案给开展试验带来不便。

一、实验室的规划设计原则

实验室规划设计的基本要求：

① 防止微生物污染。易于保持实验室环境清洁、易于灭菌、有利于防止微生物污染，确保实验室清洁、干燥，远离污染源。最好在常年主风向的上风方向，尽量减少污染。

② 按照组培试验操作规程技术工艺要求设计，经济、实用。

③ 实验室结构与布局合理，节能、安全。水电设计布局要合理、安全，供应要充足。

④ 规划设计与实验室目的、规模和单位实际状况、当地条件等相符合。

实验室的建设均需考虑两个方面的问题：一是所从事的试验，即是生产性的还是研究性的。是基本层次的还是较高层次的；二是实验室的规模，规模主要取决于经费和试验性质。

无论实验室的性质和规模如何，实验室设置的基本原则是：科学、高效、经济、方便实用。一个组织培养实验室必需满足 3 个基本的需要：试验准备（培养基制备、器皿的洗涤、培养基和培养器皿灭菌）、无菌操作和控制培养。此外，还可根据从事的试验要求来考虑辅助实验室及其各种附加设施，使实验室更加完善。

在进行植物组织培养工作之前，首先应对工作中需要的最基本的设备条件有全面的了解。以便因地制宜地利用现有房屋，或新建、改建实验室。实验室的大小取决于工作的目的和规模，以工厂化生产为目的，实验室规模太小，则会限制生产，影响效率。在设计组织培养实验室时，应按组织培养程序来设计，避免某些环节倒排，引起日后工作混乱，植物组织培养是在严格无菌的条件下进行的，要做到无菌的条件，需要一定的设备、器材和用具，同时还需要人工控制温度、光照、湿度等培养条件。

二、实验室的规划设计总体要求

① 实验室选址要求避开污染源，应选择通风干燥，避免高温潮湿环境，选择二楼以上顶楼以下的楼层为实验室。水电供应充足，交通便利。

② 确保组培室内环境洁净。为了使实验室保持洁净从根本上有效控制污染，通常要求与外界环境隔离。因此，过道、设备要求防尘处理，对外来空气进行过滤设计。

③ 组培实验室建造时，墙体要保温隔热，墙壁、地面要进行防水处理，墙壁、天花板、地面要平整、硬化，便于日常清洁；水电管道尽量暗装；水池、下水管道的位置要适宜，不得对培养物带来污染，下水道开口位置应对组培室的洁净度影响最小，并有避免污染的措施；设置防止昆虫、鸟类、鼠

类等动物进入的设施。

④ 接种室、培养室、过渡室的装修材料要选择经得起消毒、清洁、抗氧化性强、洁净度和平整度高的材料。

⑤ 电源管理。应由有相关资质的人员机构进行设计和安装。应有备用电源。

⑥ 实验室的使用功能必须满足试验准备、无菌操作和控制培养 3 项基本工作功能的需要。

⑦ 实验室中的各分室的大小、比例要合理。一般要求培养室与其他分室（除驯化室外）的面积之比为 3：2；实验室的有效面积（即培养架所占面积，一般为培养室总面积的 2/3）要与试验规模、试验内容相适应。

⑧ 明确实验室的采光、控温方式。组培实验室一般设计成密闭式，人工光照、恒温控制。

三、实验室分室的设计要求

植物组培实验室中各分室由于功能与定位的不同，在具体设计时存在明显差异。一个标准的组培实验室依据功能区划应当包括洗涤室、配制室、灭菌室、缓冲间、接种室、培养室、观察室、驯化室（炼苗室）等。在实际建设中可视具体情况合并部分分室。

1. 洗涤室

① **主要功能**　完成各种器具的洗涤、干燥、贮备；培养材料的预处理与清洗；组培产品苗出瓶、清洗、整理等工作场所。

② **设计要求**　根据工作量大小来决定其面积，最好有 10m^2 左右。要求宽敞明亮、以便于放置各种洗涤、干燥、贮备的器具，方便多人同时工作；要求通风条件好，便于气体交换；实验室墙壁、地面应硬化便于清洁与清洗，地面还应进行防滑处理。设计好电源、插座及水龙头位置；上下水管要畅通、排水良好、便于清洁。

③ **主要仪器与用具配备**　主要包括工作台、水池、水槽、烘干箱、晾干架、塑料筐、各种规格的毛刷、托盘、洗衣机、橡胶手套、水桶、毛巾、排气扇、水龙头等。

2. 配制室（配药室）

① **主要功能**　完成药品的称量、溶解；母液的制备和保存；培养基的配制、分装、包扎等。

② **设计要求**　配制室工作面积一般为 20m^2 左右，便于多人同时工作。

配制室要求宽敞明亮、干燥、通风措施良好（安装通风排气扇）。备有电源、水源、水槽。天平要求安置在受干扰最小的地方。

③ 主要仪器与用具配备 配制室的工作量较大，仪器与用具品种繁多。主要仪器设备及器皿见表 1-1、表 1-2。

表 1-1 配制室主要仪器设备一览表

编号	品　名	规　格	主要用途
01	电子秤	0.1g	称量大量药品
02	分析电子天平	0.1mg	称量微量药品，要求精度达到 0.1mg 以上的药品
03	笔式酸度计	笔式	测量培养基溶液的酸碱度值
04	中央工作试验台		用于工作操作
05	超声波清洗器	2L	用于清洗容器皿及外植体等物品
06	pH 计	台式	测量培养基溶液的酸碱度值
07	冰箱	0～5℃	用于贮藏药品及少量母液等
08	冰柜	0～5℃	用于贮藏大量母液及保鲜外植体等物品
09	细菌过滤装置		用于营养液等过滤细菌
10	电热蒸馏水器		用于生产蒸馏水
11	净水器		用于过滤自来水
12	电磁炉		用于溶液加热
13	温度计	0～100℃、0～150℃	用于测量培养基等溶液温度
14	工具架		用于存放、晾干器皿
15	移液器		用于定量移动溶液
16	实验室洗瓶		用于清洗器皿
17	酒精灯		用于加热、消毒
18	磁力搅拌器		用于容器搅拌
19	恒温水浴锅	0～100℃	用于恒温加热
20	培养基分装器		用于培养基分装
21	烘干箱	200℃	用于烘干器皿
22	紫外灯		用于工作室内灭菌消毒
23	剪刀		
24	小推车		用于搬运培养基等物品

（续）

编号	品 名	规 格	主要用途
25	器皿柜		用于贮藏器皿等物品
26	药品柜		用于贮藏药品等物品
27	吸球		用于移液管
28	排气扇		用于通风排气
29	精密 pH 试纸	精密	测量培养基溶液的酸碱度值

表 1-2 配制室主要器皿一览表

编号	品 名	规 格	主要用途
01	烧杯	50、100、1 000mL	用于化学药剂的溶解、试剂配制
02	烧杯	5 000mL	同上
03	塑料量杯	1 000、5 000mL	用于化学药剂的溶解、试剂配制
04	三角烧杯	250、500、1 000mL	用于化学药剂的溶解、培养
05	棕色试剂瓶	250、500、1 000、2 000mL	用于装各类配制好的试剂
06	塑料油桶	5、10L	用于装母液
07	玻璃棒		用于搅拌
08	塑料桶	50L（带盖水桶）	
09	移液管	1、2、5、10mL	用于转移定量溶液
10	滴管		用于滴定少量试剂
11	玻璃培养皿		用于培养、接种盘
12	量筒	10、20、100、500、1 000mL	用于量取母液
13	标签纸		用于培养瓶的标签、记录
14	封口膜		用于培养瓶苗封口
15	周转筐		
16	纱布		
17	脱脂棉		
18	洗耳球		用来辅助吸取、转移少量液体
19	牛角勺		用来转移化学药剂
19	滤纸		

3. 灭菌室

① 主要功能 培养基的灭菌；蒸馏水的制备；玻璃器皿、接种工具、试验工作服的灭菌；制备无菌水等。

② 设计要求 根据工作量的大小，一般面积控制在 $30m^2$ 左右。在实验室的一侧设置专用洗涤水槽，用来清洗玻璃器皿。中央试验台应配置 2 个水槽，专门用于洗涤洁净度要求很高的玻璃器皿，地面平整防滑，排水良好。

③ 主要仪器与用具配备 水池、中央试验台、高压灭菌锅、超声波清洗器、干燥箱等。

4. 缓冲间

① 主要功能 设置缓冲间是为了防止带菌空气直接进入接种室或培养室；工作人员在进入接种室或培养室前在此更衣、换鞋、洗手、戴口罩，以防止杂菌带入接种室。

② 设计要求 面积在 $3\sim5m^2$。要求空间洁净，墙壁光滑平整，地面平坦无缝，并在缓冲间与接种室之间用玻璃隔离，配置滑动门，以减少开关门时的空气挠动。为了防止病菌带入接种室，可在缓冲间安装 $1\sim2$ 盏紫外灯进行照射灭菌；同时，配备电源、水源和洗手池，并配置鞋架、拖鞋、衣帽挂钩、灭过菌的试验服等。

③ 主要仪器与用具配备 紫外灯、水池、鞋架、拖鞋、衣帽挂钩、灭过菌的试验服、试验帽、口罩等。

5. 接种室（无菌操作室）

① 主要功能 也称无菌操作室，主要用于植物外植体的消毒、接种、培养物的转移、试管苗的继代、原生质体的制备以及一切需要进行无菌操作的技术程序，是植物离体培养或生产中最关键的步骤。

② 设计要求 接种室宜小不宜大，一般在 $10\sim20m^2$ 即可。要求封闭性好，干爽安静，清洁光亮，能较长时间保持无菌，不能设置在易受潮的地方；便于消毒处理，地面及墙面应采用防水和耐腐蚀材料；应配置拉动门，避免与外界空气流动，减少开门关门的次数。在接种室内要求安装紫外灯、空调。

③ 主要仪器与用具配备 紫外灯、空调、解剖镜、消毒器、酒精灯、接种器械、超净工作台、架子、椅子、药品等（表 1-3）。

表 1-3 接种室主要仪器设备与用具配制一览表

编号	品名	规格	主要用途
01	紫外灯	40W	用于工作室内灭菌消毒
02	空调	冷暖型	用于调节接种室温湿度

（续）

编号	品名	规格	主要用途
03	解剖镜	双目	用于观察、操作细微物体接种
04	高温消毒器	0～300℃	用于接种工具灭菌
05	酒精灯	2L	用于接种工具、培养瓶口灭菌
06	超净工作台	台式	用于接种操作平台超净工作环境
07	架子		用于存放接种母种、培养基及其他物品
08	椅子		操作人员座椅
09	不锈钢盘	直径10cm	用于装接种材料，并在此盘中操作
10	雾喷器		用于装乙醇
11	干燥箱	0～150℃	用于干燥无菌纱布、不锈钢盘、接种工具等器具
12	手术刀柄	3号等	接种工具
13	手术镊子		接种工具
14	手推车		用于搬运培养基等物品
15	除湿机		用于降低接种室的湿度
16	臭氧发生器		用于接种室灭菌
17	解剖刀		用于切割接种材料
18	解剖刀片		用于切割接种材料
19	接种针		用于愈伤组织接种
20	塑料筐		用于装新培养基、旧培养基等其他物品

6. 培养室

① 主要功能　对接种到培养瓶中的植物进行离体培养的场所。

② 设计要求　培养室的大小主要是根据实验室的培养数量来确定。其设计以充分利用空间和节省能源为原则。基本要求是能够控制光照和温度，并保持相对无菌环境。

研究型的实验室每间的培养室面积要求小些，10m² 左右，可设置为长日照、中日照、短日照或者高温、低温以及可根据不同光照强度分设不同的培养室。

培养材料放在培养架上培养。培养架大多由金属制成，一般设5层，最低层离地10cm，其他间隔30cm，培养架的长度根据日光灯的长度确定，日光灯的强度为40W，光照强度为 2 000～4 000lx。

培养室最主要的因子是温度。一般保持 20～27℃，并安装冷暖型的空调，确保培养室为恒温状态。

培养室的湿度也应当相对稳定，一般控制在 70%左右，培养室可安装加湿器。

培养室的光照时间一般为 10～16h，控制光照时间可安装定时开关钟。现代组培培养室在设计时充分利用天然太阳光照为主要光源，在阴雨天时用日光灯作补充。

③ 主要仪器与用具配备　培养架、定时开关钟、摇床、紫外灯、温度计、湿度计、空调等（表 1-4）。

表 1-4　培养室主要仪器设备与用具配制一览表

编　号	品　名	规　格	主要用途
01	培养架	50cm×～	用于放置培养瓶
02	定时开关钟		用于调控培养室光照时间
03	摇床		用于培养液体培养基
04	紫外灯	40W	用于培养室灭菌
05	温湿度计	0～100℃	用于观察、记录培养室温湿度
06	臭氧消毒器	台式	用于接种室灭菌
07	铝合金人字梯		
08	照度计		用于观察、记录培养室光照强度
09	温湿度自动记录仪		用于观察、记录培养室温湿度
10	空调	冷暖型	用于调节培养室温湿度
11	手推车		用于搬运培养基等物品
12	除湿机		用于降低接种室的湿度
13	塑料筐		用于装组培瓶苗等其他物品
14	记录本		
15	各种类型登记表		
16	植物光照恒温培养箱		用于对接种到培养瓶中的植物进行个性化离体培养的场所

7. 观察室

① **主要功能**　对培养材料进行细胞学观察与鉴定；植物材料的摄影记录；对培养物的有效成分进行取样检测等。

② 设计要求   观察室可大可小，一般不宜过大，以能放置仪器和操作方便为宜。要求房间安静、干燥、通风、清洁、明亮，保证光学仪器不震动、不受潮、不污染、不受阳光直射。

③ 主要仪器与用具配备   观察室应配置倒置显微镜、荧光显微镜、解剖镜、图像拍摄设备、离心机、酶联免疫检测仪、电子天平、PCR 扩增仪、电导率仪、血细胞计数器、微孔过滤器（细胞过滤器）、水浴锅、移液枪等用具。

8. 驯化室（炼苗室）

① 主要功能   驯化室的主要功能是进行组培苗的驯化移栽。

② 设计要求   组培苗的驯化移栽通常在温室或塑料大棚内进行。其面积大小视试验规模而定。要求环境清洁无菌，具备控温、保湿、遮阴、防虫和采光良好等条件。

③ 主要仪器与用具配备   驯化室应配备空调机、加湿器、遮阳网、暖气、喷雾器、移苗床等设施；穴盘等移栽容器和草炭土等移栽基质；移植大棚。

任务 2   实验室常用仪器、器皿及器械的使用与管理

植物组织培养和细胞培养所需的各种设备，系根据不同研究目的而定的，也可以根据需要自行设计一些特殊的仪器。用于微生物实验室、化学实验室及动物组织和细胞培养实验室的器皿和设备，大多也可用于植物组织和细胞培养工作，如电子天平、冰箱、光照培养箱、超净工作台、高压灭菌锅等。

一、实验室常用设备的使用

（一）超净工作台的使用

1. 构造与工作原理

超净工作台有水平送风和垂直送风、单人和双人之分，主要由三相电机、鼓风机、初过滤器和超过滤器、挡板、工作面等几部分组成（图 1-1）。通过电机带动，鼓风机将空气通过特制的微孔泡沫塑料片层叠合组成的"超级滤

清器"后吹送出来，形成连续不断的无尘无菌的超净空气气流层（可除去大于 0.3μm 的尘埃、真菌和细菌孢子等），在工作台面制造无菌区，从而防止附近空气可能袭扰而引起的污染。一般设定 20～30m/min 的风速不会妨碍采用酒精灯对器具的灼烧灭菌。

2．使用方法

①接通电源；②打开机台中的紫外灯杀菌 30min；③30min 后关紫外灯，打开风机 20min；④打开照明灯，准备接种。

图 1-1　双人超净工作台

3．注意事项

① 新安装的或长期未使用的超净工作台，使用前必须对超净工作台和周围环境使用超净真空吸尘器进行认真工作。

② 工作台面上不要放置不必要的物品，保持工作区内的洁净气流不受干扰。

③ 禁止在工作台面上记录，工作时尽量避免有干扰气流的现象。

④ 风速不宜太低，一般控制在 20～30m/min。

⑤ 超净工作台使用一段时间（一般为 2 个月）要定期将过滤网进行清洗消毒。

（二）便携式压力灭菌锅的使用

1．构造与工作原理

便携式压力灭菌锅由锅体、内锅、电热管、搁帘、锅盖、压力表、橡胶密封垫、放气阀、安全阀等构成（图 1-2）。其工作原理是利用所产生的高压湿热水蒸气（温度为 120～123℃，压力为 0.10～0.15MPa）来达到杀灭细菌和真菌的目的。

2．使用方法

（1）加水装锅

打开锅盖，加入清水至超过锅底搁帘 1cm 左右，然后放上内锅，装入待灭菌物品，盖上锅盖，对角线拧紧螺栓。

（2）通电升压，排冷空气

接通电源，使灭菌锅开始工作。当压力为 0.05MPa 时，打开放气阀，排放冷气，待压力指针

图 1-2　便携式压力灭菌锅

回零后（根据具体情况，可反复 2～3 次排放冷气），关闭放气阀，使灭菌锅升温加压。

（3）保压

当压力达到 0.1MPa 时，开始计时，使锅内蒸汽压力保持 0.10～0.15MPa 的范围，维持 20～25min 的灭菌时间。

（4）降压排气

灭菌结束后断开电源，让锅内蒸汽压力自然下降，当指针归零后打开放气阀，排放余气。

（5）出锅冷却

当压力指针归零后，打开放气阀，手戴隔热手套拧开螺栓，打开锅盖，取出灭菌物品。

3．注意事项

① 堆放消毒物品时，严禁堵塞安全阀的出气孔，必须留出空位，保证其畅通放气，以免安全阀因出气孔堵塞不能工作，造成事故。

② 应确保容器内的水位，水位过高会浪费电源，水位低会损坏电热管，所以在消毒时，必须补足水量。

③ 对溶液消毒灭菌时，应将溶液灌入耐高温的玻璃容器，灌入量为瓶的 3/4 以下为宜，瓶口应用纱布塞上，切忌用不通气的瓶塞。在消毒时不应将溶液和其他物品放置在一起，以免在消毒过程中爆裂，损坏其他物品。

④ 开始加热后，当压力升到 0.05MPa 时，必须将放气阀的手柄置于放气位置，使容器内的冷气逸出，否则会得不到良好的消毒灭菌效果。在同一温度下，湿热的杀菌效力比干热大，其原因有三：一是湿热中细菌菌体吸收水分，蛋白质较易凝固，因蛋白质含水量增加，所需凝固温度降低，二是湿热的穿透力比干热大；三是湿热的蒸汽有潜热存在，每 1g 水在 100℃时，由气态变为液态时可放出 2.26kJ（千焦）的热量。这种潜热能迅速提高被灭菌物体的温度，从而增加灭菌效力。在使用高压蒸汽灭菌锅灭菌时，灭菌锅内冷空气的排除是否完全极为重要，因为空气的膨胀压大于水蒸气的膨胀压，所以，当水蒸气中含有空气时，在同一压力下，含空气蒸汽的温度低于饱和蒸汽的温度。

⑤ 灭菌结束后，不可久不放气，培养基灭菌时间不能超长，会引起培养基成分及 pH 值发生变化，导致培养基无法凝固。因此，要严格控制灭菌时间和灭菌温度。

⑥ 密封垫圈使用日久会老化，应及时更换密封圈。

⑦ 安全阀应定期检测其可靠性，压力表每年测试一次，若压力表指针回不到"0"位，应进行检修和更换。

⑧ 灭菌终止后，要及时将容器内的水排尽，并擦去容器内的水垢以提高消毒灭菌质量和延长使用寿命。

⑨ 容器内有较多的水垢时，可用下列溶液清洗水垢：10kg 水、1kg 烧碱、0.25kg 煤油置于容器内浸泡 10h 左右，然后进行洗刷水垢，最后用清水冲洗干净。

（三）pH 计（PHS-3C 型）的使用

1．仪器构造

精密 pH 计主要由控制与处理系统和电极两部分构成（图 1-3）。在主体上有液晶显示屏、调节与控制按钮。

2．使用方法

（1）开机

① 电极梗旋入电极梗插座，调节电极夹到适当位置。

② 复合电极夹在电极夹上，拉下电极前端的电极套。

③ 用蒸馏水清洗电极头部。

④ 电源线插入电源插座。

⑤ 按下电源开关，电源接通后，预热30min，接着进行标定。

图 1-3　PHS-3C 型酸度计

（2）标定（一般情况下，在 24h 内仪器不需要再标定）

① 测量电极插座处插上复合电极。

② 把选择开关调到 pH 档。

③ 调节温度补偿旋钮，使白线对准溶液温度值 。

④ 把斜率调节旋钮顺时针旋到底（即调到 100％位置）。

⑤ 把蒸馏水清洗过的电极插入 pH 6.86 的缓冲溶液中。

⑥ 调节定位调节旋钮，使仪器显示读数与该缓冲溶液当时温度下 pH 值相一致。

⑦ 用蒸馏水清洗电极，再插入 pH 4.00（或 pH 9.18）的标准缓冲溶液中。调节斜率旋钮使仪器显示的读数与该缓冲溶液当时温度下的 pH 值相一致。

标定的缓冲溶液第一次用 pH 6.86 的溶液，第二次用接近被测溶液 pH 值的缓冲溶液。如果被测溶液为酸性，缓冲溶液应选 pH 4.00 的缓冲溶液；

如果被测溶液为碱性，那么选 pH 9.18 的缓冲溶液。

⑧ 重复⑤～⑦直至不用调节定位及斜率调节旋钮为止。

⑨ 完成标定，定位调节旋钮及斜率调节旋钮不能再有任何变动。

（3）测量 pH 值

① 用蒸馏水清洗电极头部，用被测溶液润洗一次。

② 用温度计测出被测溶液的温度值。

③ 调节温度调节旋钮，使白线对准被测溶液的温度值。

④ 把电极插入被测溶液内，用玻璃棒搅拌，溶液均匀后读出该溶液当时温度下的 pH 值。

（4）维护

测量后，及时将电极套套上，电极套内应放少量内参比补充液（3mol/L KCl）以保持电极球泡的湿润。切忌浸泡在蒸馏水中。

（5）主要技术性能

① 测量范围　pH 0.00～14.00。

② 最小显示单位　pH 0.01。

③ 温度补偿范围　0～60℃。

（6）缓冲溶液的配制方法

① pH 4.00 溶液　GR 级邻苯二甲酸氢钾 10.12g，溶解于 1 000mL 高纯去离子水中。

② pH 6.86 溶液　GR 级磷酸二氢钾 3.388g，GR 级磷酸氢二钠 3.533g，溶解于 1 000mL 高纯去离子水中。

③ pH 9.18 溶液　GR 级硼砂 3.80g，溶解于 1 000mL 高纯去离子水中。

注意：配制②，③溶液所用的水应预先煮沸 15～30min，除去溶解的二氧化碳。在冷却过程中应避免与空气接触，以防止二氧化碳的污染。

（四）电子分析天平

1. 仪器构造

日本岛津进口电子分析天平主要由天平机体、天平盘、键板（4 个按键）、液晶显示屏等构成（图 1-4）。

2. 使用方法

① 调平　天平放稳后，转动脚螺旋，使水平气泡在水平指示的红环内。

② 自检　在空载下，天平内部进行自检，显示屏上相续显示 CHE3→0，CAL4→0，CAL，END，CAL，OFF。

③ 全显示　按"ON/OFF"键，液晶屏进入全显示状态。

④ 这时再按"ON/OFF"键，液晶屏进入预热状态，有绿色指示灯显示。平时可放置在这个状态。当再启动"ON/OFF"键，又进入全显示状态。

⑤ 清零　按下 Tare 键，液晶显示屏显示"0.0000"进入待测状态。

⑥ 去皮重清零　将硫酸纸放在天平盘上，再按 Tare 键清零。

⑦ 称样品　将药品放在硫酸纸上，至液晶屏左侧稳定标志"→"出现，读数即为样品质量。小数点前为克单位，如 1.2345 即为 1.2345g。

图 1-4　电子分析天平

3．注意事项

① 天平为精密仪器，最好置于空气干燥、凉爽的房间内，仪器桌子要坚固、稳重，严禁靠近磁性物体。

② 天平使用时双手、样品、容器及硫酸纸一定要洁净干燥，切勿将药品直接放到天平盘上；不要撞击天平所在台面，最好关闭附近的门窗，以防气流影响称重。也不要把水、金属弄到天平上。

③ 天平必须进入预热状态方可断电。

（五）光照培养箱

光照培养箱内有温度、湿度调节器，还配有光源，用于植物材料的培养（图 1-5）。

使用步骤：

① 把接种后的培养材料放入培养箱内的搁架上，注意保持出风口畅通。

② 接通电源，按下电源开关。

③ 按下温度控制仪的"设置"键，设定培养温度。

④ 按下光照控制仪的"设置"键，设定培养光周期，即分别设定开灯和关灯的时间，然后设定光照强度即可。

图 1-5　光照培养箱

（六）电蒸馏水器

1．仪器构造

在配制培养基母液及培养基时需用蒸馏水，蒸馏水是由电蒸馏水器制

图 1-6　电蒸馏水器

取的。电蒸馏水器有金属和硬质玻璃两种，主要由冷凝器、回水管、进水阀、蒸馏水出口管、水位表、蒸发锅、水碗、放水阀、电源指示灯等零部件构成（图 1-6）。

当蒸发锅内的水加热后，便产生水蒸气，而水蒸气进入冷凝器便凝结水滴从蒸馏水出口管流出便得蒸馏水。

2. 使用方法

① 打开仪器上的紧固卡子，取下冷凝器，向蒸发锅内注入足量的水，水位上升至水位镜中部后，停止注水。然后装上冷凝器，扣紧卡子，再装上各种进排水胶管，打开水源，此时开始通电加热。

② 接通电源前，必须注意电压与本仪器额定电压相符，接好地线，然后加热使用。

③ 冷凝器为金属材料制成，因此在开始使用时要经过 10~16h 的预热后再制取蒸馏水才能使用。每次使用也需 30min 预热后，蒸馏水方可使用。

④ 使用完将剩余水排尽，并清洗干净，保持干燥清洁。

3. 注意事项及出现的问题

① 需保证稳定的水压，水压不稳定，会影响仪器的蒸馏效果。仪器工作时，最好全部旋开蒸汽调节阀。

② 加热管表面水垢需经常的清理，水垢过厚会造成加热管爆损。

③ 仪器底部装有电气部分，在使用时切勿把仪器放置在水中或湿度过大的地方。

④ 仪器所使用的各类胶管内径不能小于仪器接口的内径。胶管不能盘曲或挤压使用，保证水流畅通。排水管或蒸馏水管不宜过长，不能将出口放入水中，避免接触液面。

⑤ 在使用蒸馏水器期间，要注意观察液位，如果液位不断下降，首先应关闭电源，检查水龙头是否开启或检查一下回水是否畅通。若断水或水位低于加热管使用，会造成加热管爆损、漏电，从而造成严重的危险。如果水位不断上涨突沸，首先关闭电源，关闭水源，初步判断是加热管烧毁，通知电工人员维修。

（七）植物组织培养实验室的部分设备（图 1-7）

（a）立式蒸汽高压锅

（b）PC 培养瓶

（c）接种消毒器

（d）臭氧消毒器

（e）培养液灌装机

（f）除湿机

（g）加热磁力搅拌器

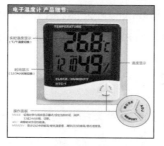
（h）温湿度记录仪

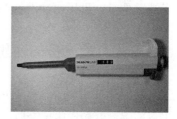
（i）移液器

图 1-7　植物组织培养实验室的部分设备

二、清洗设备的使用

保证培养工作顺利进行的关键之一是要保证无菌，以免污染。培养前除了对试验材料和用具进行严格消毒外，各种培养用具也需洗涤清洁，以防止带入有毒的或影响培养效果的化学物质。对于使用得最多的玻璃用具的清洗要求更为严格，清洗的工作量也较大。清洗玻璃器皿的设备包括水杯、水桶、各种规格的试管刷、洗涤架及适用的工作台等。在水槽内应有良好的下水道，使带酸或碱的水液很快流出，不致腐蚀水管。烘箱也是必需的，特别是对一些急需使用的器皿一时不易晾干的玻璃用具（如移液管、滴管及各种弯管等），常需加热烘干以备使用。洗涤后不需立即使用的器皿可放至有盖的容器或器械柜中贮存，以免受到污染。

用于洗涤的洗涤剂有肥皂、洗衣粉和洗液（即铬酸钾-硫酸混合液），取409 工业用重铬酸钾经少量水溶化，然后缓缓加注浓硫酸至 1L 即成，也可使用特制的洗涤剂，把器皿在洗涤液中浸泡足够的时间（最好≥24h）。清洗玻璃器皿时，可先用水洗净，再泡入热的肥皂水或洗衣粉水中，洗刷直至器皿内外冲水后不挂水珠，然后用清水反复冲洗数次以去除洗涤剂的附物，最后用蒸馏水淋一遍，晾干或烘干后备用。对于较脏的玻璃器皿则先用碱洗，再用酸洗。即用洗衣粉刷洗及冲净后，晾干再浸入洗液。在洗液内浸泡的时间视器皿的肮脏程度而定。为便于清洗，洗液可盛于 1L 或 2L 容量的圆形标本瓶中。吸管、滴管之类的小器皿，经碱洗晾干后泡入洗液中 3 至数天即可取出，在流水中冲洗干净后再用蒸馏水冲洗一遍就可放入烘箱中烘干备用。为了保持洗液的使用时间，盛洗液的容器用后盖一片大小适合的玻璃，以免洗液吸水而冲淡。

对于一些带有石蜡或胶布的器皿，洗涤前先将石蜡和胶布除去，再用常规方法进行洗涤。石蜡用水煮沸数次即可去掉。胶布粘着物则需用洗衣粉液煮沸数小时，再用水冲洗，晾干后再浸入洗液，以后的洗涤步骤同前。

三、消毒设备的使用

培养植物组织和细胞的培养基含有各种营养物质，这些也是细菌和霉菌生长的上好养料。在培养时如污染有细菌或霉菌，它们会比植物细胞生长得更快且产生使培养物死亡的毒性物质。引起污染的因素很多，包括器皿与用具、培养基、培养材料、操作时的空气、工作人员的衣物等。

对于器皿、衣物和培养基可用高压灭菌锅进行消毒，即高温高压消毒。消毒时间一般在 2 个标准大气压下保持 15～20min 即可。手术刀、剪、镊子等用具，在使用前可插于 70%的乙醇中，用时再在酒精灯的火焰上消毒，待冷却后应用。同时，亦可将它们装在金属盒内放置电热烘箱内 150℃下 30min 或 120℃下 2h 进行消毒。灭菌后须待烘箱冷却后再取出。对于接种室（箱）内的空间及地面和墙壁，可用甲醛（在甲醛内加入高锰酸钾以使甲醛剧烈挥发）熏蒸灭菌或用紫外灯照射。接种前亦可用 70%乙醇喷雾，使空间灰尘降落，并擦拭操作台表面。近年来多数实验室都使用各种类型的超净工作台进行无菌操作（图 1-1）。为了延长超净工作台中过滤器的使用寿命，超净工作台绝不应安装在尘埃多的地方。在每次操作之前，先把试验材料和在操作中需使用的各种器械、药品等放入台内，不要中途拿进，台面上的物品也不宜太多。在使用操作工作台时，还应注意安全，当台面上的酒精灯已经点燃后，千万不要再喷洒乙醇消毒台面，否则很易引起火灾。

接种材料的消毒则因材料的类别而异（详见项目三），一般用于表面消毒的消毒剂有漂白粉、安替福民（次氯酸钠溶液，活性氯含量不少于 0.2%）或升汞（氯化汞）。升汞为剧毒药品，贮存和使用时均应倍加小心。

四、无菌操作设备的使用

无菌操作设备主要指接种室、接种箱、超净工作台及各种接种时使用的刀、镊、剪等物品。无菌条件的好坏对培养结果影响极大。在用接种室或接种箱进行无菌操作时，除定期用甲酸及高锰酸钾熏蒸外，每次工作前还应用紫外灯照射 30min 及用 70%乙醇喷雾降尘。接种室外最好设有准备室，使工作人员进入接种室前有一个过渡以减少将室外杂菌带入室内的机会。准备室中可放置工作服、拖鞋等，并用紫外灯随时进行灭菌。若条件较差，亦可用接种箱（图 1-8）代替接种室。接种箱上层装置玻璃，正面的木板上分左右两侧各有一孔，以便可以从孔放入用具及进行操作，孔的内侧均装有布制的袖套以更好地防止灰尘或杂菌混入。近年来，很多单位已采用超净工作台来代替无菌的接种室（箱），超净工作台的工作原理是利用鼓风机，使通过高效滤器的空气徐徐通过台面。所以，在使用超净工作台时周围不能有较大的气流，而且最好放置在清洁无尘的房间，防止灰尘堵塞滤器，如发现滤器被堵塞应及时更换。用于无菌操作的工具有酒精灯、贮存乙醇（70%）棉球的广口瓶及各种镊子、接种针、接种钩（或铲）、剪子等（图 1-9）。

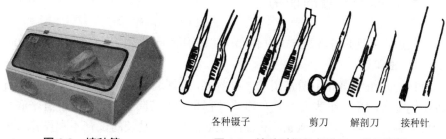

各种镊子 剪刀 解剖刀 接种针

图 1-8 接种箱   图 1-9 接种时用的各种刀、剪及镊子

五、培养基原料的配制与贮存设备的使用

配制培养基的药品尽可能采用分析纯的药品（二级）。为了保证培养基成分能够稳定一致，一些必需的标准成分的药品应有适当数量的贮备。由于实验室内常常使用几种基本培养基，所以贮备的药品种类可以稍多一些，亦可根据几种常用培养基的配方成分贮备各种化学药品及按一定排列顺序存放在专门的药品柜（架）内。对于一些容易变质的有机化合物（如维生素、氨基酸、核糖以及各种激素类物质）应贮存于冰箱中。

基本培养基所包括的大量元素、微量元素和铁盐，可分别配成 10 倍或 100 倍的母液（贮备液），装于 100～1 000mL 的白色或棕色细口瓶中，放在 2～4℃冰箱中备用。无机盐母液最好能在 1 个月内用完，如发现有沉淀或微生物（霉球）污染时，应立即倒掉并用 70%乙醇清洗玻璃瓶后重新配制。而各种有机物或激素类物质，可用 250mL、500mL 或 1 000mL 容量瓶分别按所需浓度配制，放于冰箱中贮藏。

配制培养基的玻璃器皿，应备有不同容量的烧杯（10mL、50mL、100mL、500mL、1 000mL）、量筒（5mL、10mL、50mL、100mL、250mL、500mL、1 000mL）、移液管（1mL、2mL、5mL、10mL）及玻璃棒等。为了称量和加热，还应具备电炉、水浴锅、电子天平、精确度为 0.1mg 的分析天平。最大的天平用于称量培养基中的大量元素，密度高的天平用于称量要求精确数量又少的微量元素、维生素、激素等药品。热分解化合物溶液的灭菌是通过滤膜过滤进行的，然后再将其加入高压灭菌过的培养基中。如果要制备半固体培养基，须待培养基冷却到大约 40℃时再加入这种无菌的热分解化合物；如果要制备液体培养基，则需待培养基冷却到室温后再加。在进行溶液过滤消毒时，可使用孔径为 0.45μm 或更小的微孔滤膜。

六、培养容器的使用

根据研究目的与培养方式的不同，可以采用不同类型的培养容器（图 1-10）。

1. 试管

试管是组织培养中最常用的一种容器，特别适于用少量培养基及试验各种不同配方时用，在茎尖培养及移苗时有利于小苗向上生长。试管有平底和圆底两种，一般大小以 8cm、10cm、15cm 为宜，过长的试管不利操作。但是，进行器官培养及从培养组织产生茎叶及进行花芽形成等试验，则往往需

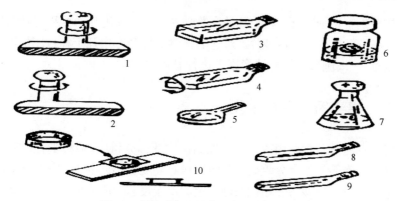

图 1-10　用于组织培养的各种玻璃器皿

1．T 形管　2．L 形管　3．角形培养瓶　4．长方形扁瓶　5．圆形扁瓶　6．圆形培养瓶　7．三角瓶
8．平型有角试管　9．平型无角试管　10．细胞微室培养皿：环形杯及盖玻片、载玻片

用口径更大及更长的试管。试管塞多为棉塞，亦可用铝箔等。

2．L 形管和 T 形管

L 形管和 T 形管多为液体培养时所用，便于液体流动。在管子转动时，管内培养的材料能轮流交替地处于培养液和空气之中，通气良好，有利于培养组织的生长。

3．长方形扁瓶及圆形扁瓶

长方形扁瓶可以用来离心，使所需材料沉积于尖的底部。圆形扁瓶多用于细胞培养及生长点培养，可以在瓶外直接用显微镜观察细胞分裂和生长情况及进行摄影。

4．角形培养瓶和圆形培养瓶

角形培养瓶用于静置培养，圆形培养瓶用于胚的培养。

5．三角瓶

三角瓶也是组织培养中最常用的容器，适于各种材料的培养。通常口径均为 2～5cm。三角瓶放置方便，亦可用于静置培养或振荡培养。

6．培养皿

培养皿多用于固体平板培养，一般多用直径 6cm 的小培养皿。培养皿的底和盖需上下密切吻合，使用前要进行挑选。

7．平型有角试管和无角试管

平型有角试管和无角试管用于液体转动培养。由于试管的上下都是平面，所以也适于在显微镜下观察和摄影。

8．细胞微室培养的器皿

微室培养也是能在显微镜下观察细胞生长过程的好方法。制作方法是：

将硬质玻璃管切成小环，将小环放在载玻片上，基部用凡士林和石蜡固封起来，再在小环上放一块盖玻片。对它们接触的部分亦用凡士林封闭加固，使成"微室"。细胞微室培养法多用于进行悬滴培养。

七、培养室设备的使用

培养室的设备主要由照明及控制温湿度两部分组成。温度的控制对于植物组织和细胞的生长十分重要。不同材料对温度有不同要求。有条件的实验室可用电热恒温恒湿培养箱，保持一定的温湿度。一般情况下，大多数培养室的温度控制在 25～28℃之间。为了使全室温度保持一致与恒定，需安装自动调温装置，如调温调湿机等。若是只控制温度，可以采用空调或热风机。对于湿度一般要求不严，像在北方干燥季节，就可以通过室内煮开水或地面洒水等办法来增加湿度。而在南方的雨季，常由于高温高湿造成培养管的棉塞发霉，则可以利用加强通风或用干燥的石灰吸湿以降低培养室内的湿度。

根据试验要求，培养室内还应有照明或暗室设备（进行暗培养）。照明可通过在培养架上安装日光灯来解决。光源既可安装在培养物的侧面，也可垂直吊于培养物之上。

除培养架之外，培养室内还可以放置摇床、转床等各种培养装置，其式样和规格可因培养室的空间及使用目的而定。

如果是一个大的较为综合的实验室，植物组织和细胞培养的设备还可以列出很多。对于从事具体工作内容不同的实验室来说，可以根据各实验室的目的和要求适当选择，也可以根据试验需要因地制宜、因陋就简地进行设计和改装。在整个培养的过程中，保证无菌操作和无菌培养才是真正的关键，抓住这两点，就可以从实际出发，逐步创造条件而正常开展组织和细胞培养的工作。

八、其他常备装置

1. 冰箱

各种培养用液、培养基母液和部分试剂都要贮存在4℃或更低的温度中，普通冰箱是组织培养工作的必备设施。

2. 真空泵

真空泵是用于液体除菌过滤的负压装置。使用时为了防止泵体内进入水分或酸性气体和滤瓶内进入泵油或其他有毒气体，在泵体和滤瓶之间，应安装一个盛有无水氯化钙的吸收瓶。

3. 洗涤器

组织培养中刷洗工作量很大，备有洗涤器可以减轻劳力，节省时间，保证质量。市场上有超声波洗涤器和安瓿冲洗器出售，可处理多种器皿。

4. 显微镜

应备有普通光学显微镜、解剖显微镜、倒置光学显微镜、相差显微镜。根据研究目的，可增添荧光显微镜、显微照相和显微摄影装置。

5. 其他

酸度计、电磁搅拌器、冷藏瓶等。

任务3　案　例

（一）培养室高效节能培养架设计案例

型号：NH-PYJ-5A-I（图1-11）

材质为万能角钢，表面采用静电喷塑处理，防腐防锈、坚固耐用，结构简单、外形美观、安装拆卸方便；层高以5cm为节距任意调节。

图1-11　培养室高效节能培养架

尺寸：1 250mm×500mm×2 000mm，实用5层，层高35cm，每层安装1套32W带罩带独立开关高效全光谱组培灯，适合植物生长，每层放2个耐高温组培专用，顶层反光板，增加光强度。暗式布线。

技术参数见表1-5。

表1-5　技术参数

型　号	尺寸（长×宽×高)/mm	实用层数	功率/W	光照度/lx	特点说明
NH-PYJ-5A-I	1 250×500×2 000	5	27×5	3 000	特定光谱灯发光率高、发热率低，可与培养物近距离接触，具有自动定时

（续）

型 号	尺寸（长×宽×高）/ mm	实用层数	功率/W	光照度/ lx	特点说明
NH-PYJ-10A-I	1 250×500×2 000	5	27×10	3 000/5 000	独立开关控制，光照两档可调，另提供增强光照，光照可提高1倍
NH-PYJ-10A-LED	1 250×500×2 000	5	12×5	3 000/5 000	LED 红蓝光合理搭配，满足植物光合作用

特定光谱灯与架体配合使用的特点：①特定光谱灯发光率高、发热率低，可与培养物近距离接触。②照明独立控制，有效节能降耗。③灯管发热率低，寿命长，培养瓶内外温差小，瓶壁积水少，避免玻璃苗的产生。④每层放耐高温组培专用托盘，散热好，解决了组培上散热的难题。上下层及周围灯光互相弥补，又增加了光强，节省了能耗。

（二）组培实验室规划设计案例（图1-12）

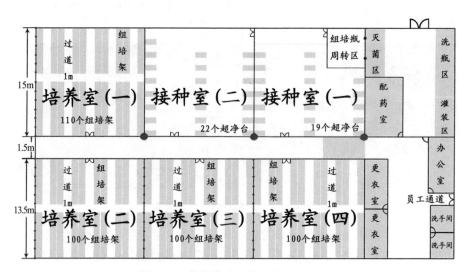

图1-12 基本实验室布局平面规划图

【思考与练习】

一、填空题

1. 组培室一般是由_____、_____、_____、_____、_____
_____等分式组成。

2. 组培室必须满足_____、_____、_____ 3项基本工作的需要。

3．一般要求培养室与其他分室的面积之比为＿＿＿＿＿＿；培养室的有效面积与生产规模相适应。

4．精密 pH 计主要由＿＿＿＿＿和＿＿＿＿＿两部分构成。主要用于测量培养基溶液的（　　　）值。

5．配制室的主要功能是＿＿＿＿＿、＿＿＿＿＿、＿＿＿＿＿。

二、问答题

1．组培实验室的规划设计总体上有哪些要求？

2．在使用电蒸馏水器时应当注意哪些事项？

3．简述培养室设计的基本要求。

4．如何配制 pH 计的缓冲溶液？

5．简述使用超净工作台时的注意事项。

6．高压灭菌锅的灭菌原理是什么？

7．简述干热灭菌和高压蒸汽法适用范围。

8．电热烘箱和高压锅如何操作？各有哪些使用注意事项？

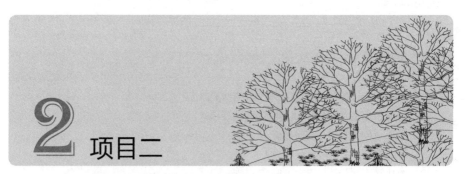

2 项目二

培养基设计与配制

任务1 植物组织培养基的种类

药用植物组培快繁的成功与否，除培养材料本身的因素之外，在很大程度上取决于对培养基的选择。培养基的种类成分直接影响到培养材料的生长与分化，尤其药用植物本身材料比较特殊，绝大多数药用植物含有大量的复杂的化合物，直接或间接影响培养效果，故应根据培养植物的种类和部位，选择适宜的培养基。

一、培养基及其种类

培养基（Culture medium）是组织培养中最重要的基质。选择合适的培养基是组织培养的首要环节。不同的培养对象、阶段和目的，需要选择不同的培养基。

最早产生的培养基是一种简单的无机盐溶液，Sacks（1860）和 Knop（1861）对绿色植物的成分进行了分析研究，根据植物从土壤中主要吸收无机盐营养的现象，设计出由无机盐组成的 Sacks 和 Knop 溶液，至今仍作为基本的无机盐培养基而得到广泛应用。此后，根据不同目的进行改良，产生了许多种培养基。在 20 世纪 40 年代用得最多的是 White 培养基，至今仍是常用培养基之一。在 30～40 年代组织培养工作的早期大多采用无机盐浓度较低的培养基，这是由于当时化学工业不发达，药品中杂质含量高，浓度低些可适当减轻药害，以免影响愈伤组织生长。直至 60～70 年代，则大多采用 MS 等高浓度无机盐培养基，可以保证培养材料对营养的需要，促进生长分化，且由于浓度高，在配制消毒过程中某些成分有些出入也不至于影响培养基的离子平衡。

培养基的名称，一直根据沿用的习惯，多数以发明人的名字来命名，再加上年代，如 White（1943）培养基；Murashige 和 Skoog（1962）培养基，简称 MS 培养基（表 2-1）。也有对某些培养基的某些成分进行改良后，称为改良培养基，如 White 改良培养基。培养基中各种成分的计量单位在文献中有两种表示方法，一种是用 mol/L 来表示，其中大量元素用 mmol/L 为单位，微量元素、有机附加物及植物生长调节物质用 μmol/L 为单位。另一种以 mg/L 来表示，我国学者发表的文献中多以 mg/L 为单位。

目前，国际上流行的培养基有几十种之多。1976 年，Gambory、Murashige、Thorpe、Vasil 4 位国际上著名的组织培养专家受国际组织培养学会植物组委托，对国际上所有流行的培养基进行了调查研究，随后发表了"植物组织培养基"的论文。在论文中列出了国际上 5 种常用培养基，这就是 MS（1962）、ER（Erikssor，1965）、B_5（Gambor etc.，1968）、SH（Shenk & Hildebrandtn，1972）、HE（Heller，1953）培养基。下面分别介绍各种培养基的特点。

1. MS 及类似的培养基

MS 培养基是为培养烟草细胞设计的，它的无机盐（如钾盐、铵盐及硝酸盐）含量均较高，微量元素的种类齐全，浓度也较高，是目前植物组织培养应用最为广泛的一种培养基。将 MS 培养基略加修改后，用于植物的离体培养也获得良好效果。下面是文献中常见的几种与 MS 培养基十分类似的培养基。

（1）LS 培养基（Linsmaier & Skoog，1965）

LS 培养基中大量元素、微量元素及铁盐同 MS 培养基，有机物质中保留了 MS 培养基中的盐酸硫胺素 0.4mg/L、肌醇 100mg/L、蔗糖 3%，去掉了甘氨酸、烟酸和盐酸吡哆醇。

（2）BL 培养基（Brown & Lawrence，1968）

BL 培养基成分和 MS 培养基类似，有学者报道曾用这种培养基培养花旗松外植体，获得较好效果。

（3）BM 培养基（Button & Murashige，1975）

BM 培养基成分与 MS 培养基基本相同，仅将盐酸硫胺素除去，蔗糖仍为 3%。

（4）ER 培养基（Erikssor，1965）

ER 培养基成分与 MS 培养基基本相似，但其中磷酸盐的量比 MS 高 1 倍，微量元素的量却比 MS 低得多。此种培养基适合豆科植物组织的离体培养。

（5）WPM 培养基（表 2-2）

WPM 培养基成分与 MS 培养基基本相似，但其中 NH_4^+ 含量较低，此种培养基适合木本植物组织的离体培养。

表 2-1 MS 培养基 mg/L

大量元素	用量	Fe 盐	用量	有机成分	用量	微量元素	用量
KNO_3	1900	$FeSO_4 \cdot 7H_2O$	27.8	肌醇	100	H_3BO_3	6.2
NH_4NO_3	1650	Na_2-EDTA	37.3	甘氨酸	2.0	$ZnSO_4 \cdot 7H_2O$	8.6
KH_2PO_4	170			盐酸硫胺素	0.1	$MnSO_4 \cdot H_2O$	22.3
$MgSO_4 \cdot 7H_2O$	370			盐酸吡哆醇	0.5	$Na_2MoO_4 \cdot 2H_2O$	0.25
$CaCl_2 \cdot 2H_2O$	440			烟酸	0.5	KI	0.83
						$CuSO_4 \cdot 5H_2O$	0.025
						$CoCl_2 \cdot 5H_2O$	0.025

表 2-2 WPM 培养基 mg/L

大量元素	用量	Fe 盐	用量	有机成分	用量	微量元素	用量
KNO_3	900	$FeSO_4 \cdot 7H_2O$	27.8	肌醇	100	H_3BO_3	6.2
NH_4NO_3	400	Na_2-EDTA	37.3	甘氨酸	2.0	$ZnSO_4 \cdot 7H_2O$	8.6
KH_2PO_4	170			盐酸硫胺素	1.0	$MnSO_4 \cdot H_2O$	22.5
$MgSO_4 \cdot 7H_2O$	370			盐酸吡哆醇	0.5	$Na_2MoO_4 \cdot 2H_2O$	0.25
$CaCl_2 \cdot 2H_2O$	90			烟酸	0.5	KI	0.83
$Ca（NO_3）_2 \cdot 4H_2O$	556					$CuSO_4 \cdot 5H_2O$	0.025
						$CoCl_2 \cdot 5H_2O$	0.025

2. 硝酸钾含量较高的培养基

（1）B_5 培养基（Gambor etc，1968）

这种培养基初为大豆的组织培养而设计，其成分中硝酸钾和盐酸硫胺素含量较高，铵态氮含量较低。许多试验表明，铵对不少培养物有抑制生长的作用，只适合豆科植物的组织培养。

（2）SH 培养基（Shenk & Hildebrandtn，1972）

它与 B_5 培养基成分基本相似，矿物盐浓度较高，其中铵与磷酸盐是由一种化合物（$NH_4H_2PO_4$）提供的，适合多种单子叶植物的组织培养。

（3）N_6 培养基（朱至清等，1975）

在我国广泛采用 N_6 培养基进行禾谷类作物花药培养，取得满意效果，在枸杞、楸树等木本植物花药培养中也曾采用，还用改良 N_6 培养基进行针叶树的组织培养（Liisau 等，1982），均取得较好的效果。

3．中等无机盐含量的培养基

（1）H 培养基（Bourgin & Nitsch，1967）

H 培养基中大量元素约为 MS 培养基的 1/2，但磷酸二氢钾及氯化钙稍低，微量元素种类减少但含量较 MS 为高，维生素种类较 MS 多。

（2）Nitsch（1969）培养基

与 H 培养基成分基本相同，仅生物素含量较 H 培养基高 10 倍。

（3）Miller（1963）培养基和 Blaydes（1966）培养基

两者成分完全相同。

4．低无机盐培养基

这类培养基多数情况下用作生根培养基，主要有以下几种。

（1）White（WH）培养基

许多文献中发表的 White（1943）培养基，无机盐成分多不一致。这里所引用的系 1981 年标准无机盐溶液重新规范化的配方（Evansn etc，1983）。White 培养基在早期用得较多，它含有植物细胞所需要的营养，但是要使愈伤组织或悬浮培养物在这种培养基中不断且快速地生长，其中氮和钾的含量就不合适了，应补充酵母提取物、蛋白质水解物、氨基酸、椰子乳或其他有机附加物。

（2）WS 培养基（Wolter & Skoog，1966）

WS 培养基适用于进行生根培养，曾用于山杨、柳杉及樱树等植物的培养，使愈伤组织生根，从山杨愈伤组织获得生根的完整植株。

（3）HE 培养基（Heller，1953）

HE 培养基在欧洲得到广泛应用，它的盐含量比较低。其特点是培养基中的钾盐和硝酸盐是通过不同的化合物来提供的，镍盐和铝盐可能是不必要的，其中没有钼盐，然而按植物营养需要来说，培养基中应有钼盐。

（4）改良 Nitsch（1951）培养基

该培养基曾用于烟草花药培养。

（5）HB 培养基（Holley & Baker，1963）

用 HB 培养基曾进行一些花卉植物（如康乃馨）的脱毒培养，效果良好。

讨论不同培养基的相似性，主要是比较它们的矿物质盐的成分。培养基中维生素、激素和其他有机附加物随着不同种的植物和不同的研究目的而异。过去报道过不少新的培养基，往往认为由于加入了有机附加物而满足了细胞对氮和其他营养物的需要，适宜细胞的生长，可得到良好的效果。但是在多数情况下，这种需要可以通过增加无机盐的浓度，特别是提高氮、蔗糖和维生素的浓度来获得同样的效果。

二、培养基的成分及其作用

植物细胞培养大多数情况下是异养生长，所以除植物必需的矿质营养物外，还必须供给作为能源的碳水化合物以及微量的维生素和激素。此外，有时还需要某些有机氮化合物、有机酸和复杂的天然物质。在植物组织培养中，不同的植物、不同的器官和组织、不同的研究目的决定着不同培养基的使用，即不同的基本培养基与不同的附加成分。基本培养基由于所含成分的种类、用量上存在着差异，所以到目前为止，人们使用的是多种类型的各式培养基。尽管培养基千差万别，从其性质和含量来看，无非是由水、无机盐、有机化合物、植物生长调节物质（常称为激素）、天然复合物和培养体的支持材料六大类组成，有时还添加抗生物质及中药等其他物质。

（一）水

培养基的大部分是水，配制培养基时一般用蒸馏水。但是，在大量培养时使用蒸馏水配制培养基会增加成本，也相当麻烦，所以受到一定限制。中国医学科学院药物研究所朱鹊华等关于不同水质对人参愈伤组织生长的影响试验结果表明，在井水配制的培养基对人参愈伤组织生长最慢，其中人参皂苷含量也最低，自来水培养基上人参愈伤组织的生长速度与蒸馏水基本一致；而蒸馏水培养基上生长的人参愈伤组织，虽然其中人参皂苷含量较生长于蒸馏水培养基的低 9.50%，但其生长速度却比在蒸馏水培养基上快 18%。所以，一般均用自制的蒸馏水配制培养基。

（二）无机营养物

无机营养物就是人们平时所说的矿物质、无机盐。根据植物对这些元素需要量的不同或者根据目前植物培养基中添加这些元素量的多少，可将它们分成大量元素和微量元素。大量元素一般指在培养基中浓度大于 0.5mmol/L 的元素，微量元素是指浓度小于 0.5mmol/L 的元素。组织培养需要的无机营养成分与植物营养的必需元素基本相同，包括氮（N）、磷（P）、钾（K）、钙（Ca）、镁（Mg）、硫（S）6 种大量元素和铁（Fe）、锰（Mn）、铜（Cu）、锌（Zn）、氯（Cl）、硼（B）、钼（Mo）7 种微量元素。

1. 大量元素

大量元素主要包括氮、磷、钾、钙、镁和硫 6 种。它们在植物生活中具有非常重要的作用，如氮、硫、磷是蛋白质、氨基酸、核酸和许多生物催化剂（即酶）的主要或重要组分。它们与蛋白质、氨基酸、核酸和酶的结构、功能、活性有直接的关系，不可或缺。氮占蛋白质含量的 16%～18%，在植物生命活动中占有首要的地位，故又称为生命元素。磷是三磷酸腺苷（ATP）的主要成分之一，与全部生命活动紧密相连，在糖代谢、氮代谢、脂肪转变等过程中不可缺少。钾对参与活体内各种重要反应的酶起着活化剂的作用，钾供应充分时糖类合成加强，纤维素和木质素含量提高，茎秆坚韧，植株健壮。胱氨酸、半胱氨酸、蛋氨酸等氨基酸中都含有硫，这些氨基酸是几乎所有蛋白质的构成分子。镁是叶绿素分子结构的一部分，缺少镁，叶绿素就不能形成，叶子就会失绿，就不能进行光合作用。镁也是染色体的组成成分，在细胞分裂过程中起作用。钙是细胞壁的组分之一，果胶酸钙是植物细胞胞间层的主要成分，缺钙时细胞分裂受到影响，细胞壁形成受阻，严重时幼芽、幼根会溃烂坏死。现代生物学研究还证明钙是植物体内的信号分子（信使）之一，在植物信号转导中发挥重要作用，钙离子与钙调蛋白结合形成的 Ca^{2+}、CaM 复合体能活化各种酶，调解植物对外界环境的反应与应答过程。

氮是培养基中大量需要的，除 White（WH）培养基只含硝态氮（NO_3^-）外，大多数培养基中既含硝态氮，又含铵态氮（NH_4^+）。铵态氮对很多植物生长有利。大多数在含硝态氮的培养基上生长良好的植物材料，加铵态氮后生长更好。NO_3^- 的用量一般为 20～40mmol/L，NH_4^+ 为 2～20mmol/L。细胞培养中 NH_4^+ 的用量不宜超过 8mmol/L，否则就会对培养物产生毒害作用，如培养基中含有柠檬酸、琥珀酸或苹果酸，NH_4^+ 可用到 10mmol/L。缺氮时某些植物的愈伤组织会出现一种很引人注目的花色素苷的颜色，愈伤组织内部不能形成导管。

磷常以磷酸二氢钠（$NaH_2PO_4 \cdot H_2O$）、kH_2PO_4 或（NH_4）H_2PO_4 的形式提供。试验表明，培养基中磷酸盐增加时，细胞生长的对数和指数期就会延长。若开始时磷酸盐浓度低，次生代谢就会受到强烈促进。很明显，磷酸盐的减少相比其他任何营养成分的减少，对次生代谢物的生物合成的影响作用都大。也有报道指出，与这些降低培养基中初始磷酸盐水平的有利作用相反，在少数情况下，提高初始磷酸盐水平可明显促进次生代谢。钾常以

KCl、KNO₃ 或 KH₂PO₄ 形式提供。缺磷或钾时细胞会过度生长，愈伤组织表现出极其蓬松状态。镁常以 MgSO₄·7H₂O 的形式提供，既提供了镁又提供了硫。硫也可以 Na₂SO₄ 的形式提供，不过其中的钠（Na⁺）对植物并不是必需的，甚至常常是不利的。缺硫时培养的植物组织会明显褪绿。钙常以 CaCl₂·2H₂O、Ca（NO₃）₂·4H₂O 或其无水形式提供。

2. 微量元素

培养基中的微量元素主要包括铁（Fe）、锰（Mn）、铜（Cu）、锌（Zn）、氯（Cl）、硼（B）、钼（Mo）、钴（Co）、碘（I）和铝（Al）等。这些元素有的对生命活动的某个过程十分有用，有的对蛋白质或酶的生物活性十分重要，有的则参与某些生物过程的调节。铁有两个重要功能，作为酶的重要组成成分和合成叶绿素所必需，缺铁时细胞分裂停止。锰对糖酵解中的某些酶有活化作用，是三羧酸循环中某些酶和硝酸还原酶的活化剂。硼（B）能促进糖的跨膜运输，影响植物的有性生殖（如花器官的发育和受精作用），增强根瘤固氮能力，促进根系发育；同时还具有抑制有毒的酚类化合物形成的作用，改善某些植物组织的培养状况；缺硼时细胞分裂停滞，愈伤组织表现出老化现象。锌是吲哚乙酸生物合成必需的，也是谷氨酸脱氢酶、乙醇脱氢酶等的活化剂。铜是细胞色素氧化酶、多酚氧化酶等氧化酶的成分，可影响氧化还原过程。钼是硝酸还原酶和钼铁蛋白的金属成分，能促使植物体内硝态氮还原为铵态氮。氯在光合作用的水光解过程中起活化剂的作用，促进氧的释放和还原 NADP（辅酶Ⅱ）。为了某些植物组织培养的特殊需要有人还把钠（Na）、镍（Ni）、钴（Co）、碘（I）等也加入微量元素的行列。钠对某些盐生植物、C₄植物和景天酸代谢植物是必需的。镍对尿酸酶（urease）的结构和功能是必需的。但是有些成分的作用至今还不十分清楚，可人们仍然把它们加入培养基中，如碘和钴等。

铁作为一种微量元素，对植物是必需的，植物缺铁产生缺铁症，叶片呈淡黄色，铁也被认为是植物细胞分裂和延长所必需的元素，由于 Fe₂（SO₄）₃、FeCl₂、柠檬酸铁、酒石酸铁等在使用时易产生沉淀，植物组织对其吸收利用率较差，故目前多以螯合态铁的方式供应，以防止沉淀和帮助植物吸收。但 EDTA 可能对某些酶系统和培养物的形成发生有一定的作用，使用时应慎重。

为了使用方便，无论是大量元素还是微量元素通常都是先配制成母液（即比实际使用浓度更高的贮存液），贮存在4℃冰箱内或在室温下短期存放。关于母液配制将在后面介绍。

（三）碳源

在组织和细胞培养中，碳源是培养基的必要成分之一，碳源一般分为 3 类，即碳水化合物、醇和有机酸，由于醇和有机酸作为碳源不能有效地被植物组织利用，有关研究不多，而将碳水化合物作为碳源的研究较多。

1. 碳源的作用

组织培养中碳水化合物的作用是作为碳源和渗透压的稳定剂。一般植物组织和细胞培养以蔗糖作为碳源。在同种类碳源上不同植物组织生长能力有显著差异，有的碳水化合物完全不能被细胞利用。依据 Limberg 等的看法，可能有两种原因：一是细胞缺少相应的酶，二是细胞对这种碳源不能渗透，因此不能代谢这种碳源。

2. 碳源种类对愈伤组织生长和次生代谢产物产生的影响

实践证明，一切组织都不能在没有碳水化合物的条件下生长，即使富有叶绿体的外植体，在培养期间，由于色素几乎完全消失，因而也不例外。

在组织培养中，常用的碳源是蔗糖，有时也用葡萄糖。研究表明，对大多数植物组织来说蔗糖是最好的碳源，用量在 2%～3% 之间。原生质体培养则用葡萄糖比蔗糖效果好。果糖虽也能用，但不太合适。Gautheret（1941）以胡萝卜组织为材料，研究了组织生长的蔗糖最适浓度和几种碳源的效应，结果表明，蔗糖是最好的碳源，以下依次为葡萄糖、麦芽糖、棉籽糖、果糖和半乳糖，而甘露糖和乳糖效果较差，戊糖和多糖不能被胡萝卜组织利用。

可溶性淀粉作为碳源对含糖量较高的植物组织来说，有较好效果。

植物不同组织对相同碳源的反应也是不同的。Mathes 等用糖槭（*Acer saccharum*）的茎和根进行碳源利用比较试验，在糖槭根的组织培养中分别以葡萄糖、纤维二糖、海藻糖和蔗糖作为碳源时，组织均生长良好，而且前 3 种糖培养的组织生长质量高于蔗糖，但对糖槭茎来说，蔗糖和葡萄糖是良好的碳源，纤维二糖和海藻糖虽能维持该组织的生长，但不理想。

碳对培养细胞次生代谢物质产量的影响也有不少研究报道。Davies（1972）在烟草和玫瑰细胞培养中观察到，提高培养基初始蔗糖水平可以提高培养物次生代谢产量，蔗糖对烟草细胞产生烟碱及玫瑰细胞产生多元酚有积极的作用。尽管在各自的培养中代谢物的生物合成在同时间开始，蔗糖的主要作用是增加代谢物生产的水平。山本久子等（1985）在黄连组织培养中对碳源试验结果表明，培养基蔗糖浓度在 0%～8% 的范围内，随着浓度增加，生物碱含量相应增加，其中以 5% 的浓度最好。但如果从经济效益来考虑，蔗糖用 3%的浓度最为合适。各种碳源试验结果是：在 3%浓度下，5 种糖类对愈伤组织生长和生物碱的生物合成的效果（以蔗糖作为对照），葡萄糖接近于蔗糖；麦芽糖大大超过蔗糖，甘露糖、果糖、半乳糖表现出同样的倾向，大致是蔗糖的 50%～70%；而属于糖醇的 D-山梨糖醇，D-甘露糖醇只有蔗糖的 10%以下，效果较差。

3. 组织培养中糖的最适浓度

Gautheret 于 1941 年用胡萝卜组织进行最适蔗糖浓度的研究，指出组织生长速度由于蔗糖浓度不同而有很大差异，最适浓度为 3%，高于 3%生长速度减慢，但没有观察到毒害作用。Hildebrandt 等以不同浓度蔗糖培养向日葵发现最适浓度为 1%，此后他们用万寿菊、长春花、向日葵和烟草等组织，研究葡萄糖、果糖、蔗糖、麦芽糖、半乳糖和淀粉等 10 多种碳水化合物的最适浓度，结果表明，葡萄糖、果糖和蔗糖含量为 0.5%～4%时均能促进组织生长，其最适浓度为 1%～2%。当浓度低于 0.5%或高于 4%时，仅有微弱的生长或完全停止生长。试验还表明，最适浓度和糖相对分子质量之间似乎不存在相关性。Sttans 等以不同浓度蔗糖培养玉米胚乳组织，用鲜重或干重作为生长指标时，两者的最适浓度不同，用鲜重表示时，蔗糖最适浓度为 2%，而用干重计算时，蔗糖最适浓度为 8%，蔗糖浓度增高，鲜重与干重比值减少。

诱导花药愈伤组织和胚培养时采用高浓度（9%～15%）的蔗糖可获得较好效果。如 Drew（1979）在胡萝卜胚状体的培养中，在无蔗糖的 White 培养基中进行滤纸桥培养，胚状体形成植株的比例仅为 15%，而加蔗糖的可达85%～95%，说明蔗糖对胚状体发育成植株有重要作用。

（四）有机化合物

除碳水化合物外，植物生长调节物质、维生素、氨基酸等有机物，对组织培养物的作用也极为重要。

1. 植物生长调节物质

植物生长调节物质是一些调节植物生长发育的物质。植物生长物质可分为两类：一类是植物激素；另一类是植物生长调节剂。植物激素是指自然状态下在植物体内合成，并从产生处运送到别处，对生长发育产生显著作用的微量（1μmol/L 以下）有机物。植物生长调节剂是指一些具有植物激素活性的人工合成的物质。但在平常工作中人们并没有将它们严格区分开来，而统称为"激素""植物激素"或"植物生长调节物质"。这类物质既可以刺激植物生长，也可抑制植物生长，对植物的生命活动真正起到调节作用。在植物组织培养中使用的生长调节物质主要有生长素和细胞分裂素两大类，少数培养基中还添加赤霉素（GA_3）等。

（1）生长素

生长素在植物体中的合成部位是叶原基、嫩叶和发育中的种子。成熟叶片和根尖也产生微量的生长素。在植物组织培养中，生长素主要被用于诱导刺激细胞分裂和根的分化。在植物组织培养中常用的生长素有：NAA（萘乙酸）、IAA（吲哚乙酸）、IBA（吲哚丁酸）、NOA（萘氧乙酸）、P-CPA（对氯苯氧乙酸）、2,4-D（2,4-二氯苯氧乙酸）、2,4,5-T（2,4,5-三氯苯氧乙酸）、毒莠定（4-氨基-3,5,6-二氯吡啶甲酸）等。NAA 有 α 和 β 两种形式，是由人工合成的，培养基中总是用 α 型，所以在配制培养基时总是加入 α-萘乙酸。与 IBA 相比，NAA 诱发根的能力较弱，诱发的根少而粗，但对某些植物如杨树等却具有很好的效果。IBA 在根的诱导与生长上作用强烈，作用时间长，诱发的根多而长，特别有效，但也不可一概而论。IBA 是天然合成的生长素，可在光下迅速溶解或被酶氧化，由于培养基中可能有氧化酶存在，所以在使用浓度上应相对较高（1～30mg/L）。对愈伤组织增殖最有效的是 2,4-D，特别是对单子叶植物，$10^{-7} \sim 10^{-5}$mol/L 即可以诱导产生愈伤组织，常常不需再加细胞分裂素。但 2,4-D 是一种极有效的器官发生抑制剂，不能用于启动根和芽分化的培养基中。毒莠定比 2,4-D 具有更多的优越性，它是一种水溶性的生长素，最先作为除草剂使用，在组织培养中比 2,4-D 的浓度更低即有效，在有效浓度范围内对培养的植物细胞更少毒副作用，可使愈伤组织直接分化产生植株。

（2）细胞分裂素

细胞分裂素是腺嘌呤（adenine，也称 6-氨基嘌呤）的衍生物。腺嘌呤的第 6 位氨基、第 2 位碳原子和第 9 位氮原子上的氢原子可以被不同的基团所取代，当被取代时就会形成各种不同的细胞分裂素。因此，确切地讲应该称作细胞分裂素类物质。植物和微生物中都含有细胞分裂素。细胞分裂素在植物生长发育的各个时期均可表现出它的调节作用，由于它是一种腺嘌呤的衍生物，所以人们联想到它的调节作用可能与对核酸的影响有关。它可以影响某些酶的活性，影响植物体内的物质运输，调控细胞器的发生，还可以打破某些植物种子的休眠和延缓叶片的衰老。现代生物学研究初步证明，细胞分裂素可以结合到高等植物的核糖核蛋白体上，促进核糖体与 mRNA 的结合，加快翻译速度，从而促进蛋白质的生物合成。它还可以与细胞膜和细胞核结合，影响细胞的分裂、生长与分化。在 tRNA 分子的反密码子附近发现有细胞分裂素的结合位点，这可能预示着细胞分裂素在基因表达的翻译水平上共有调节作用。其实，细胞分裂素本身就是 tRNA 的组成部分，植物 tRNA 中的细胞分裂素就有异戊烯基腺苷、反式玉米素核苷、甲硫基异戊烯基腺苷和甲硫基玉米素核苷等数种。

自然情况下，细胞分裂素主要在根中合成，但根并不是唯一的合成部位，茎端、萌发中的种子、发育中的果实和种子也能合成。

在组织培养中使用细胞分裂素的主要目的是刺激细胞分裂，诱导芽的分化、叶片扩大和茎长高，抑制根的生长。培养基中经常使用的天然细胞分裂素主要有：从甜玉米未成熟种子或其他植物中分离到的玉米素［6-（4-羟基-3-甲基-反式-2-丁烯基氨基）嘌呤］，在椰子胚乳中发现的玉米素核苷［6-（4-羟基-3-甲基-反式-2-丁烯基氨基)-9-p-D-核糖呋喃基嘌呤］，从黄羽扇豆中分离出来的二氢玉米素［6-（4-羟基-3-甲基丁基氨基）嘌呤］，从菠菜、豌豆和荸荠球茎中分离出来的异戊烯基腺苷［6-（3-甲基-2-丁烯基氨基)-9-p-D-核糖呋喃基嘌呤］等。人工合成的细胞分裂素主要有激动素（KT，6-呋喃氨基嘌呤）、6-苄基腺嘌呤（6-BA）、Zip（异戊烯氨基嘌呤）、IPA（adenine，吲哚丙酸）和 TDZ（thidiazuron，噻二唑苯基脲）等。

细胞分裂素常与生长素相互配合，用以调节细胞分裂、细胞伸长、细胞分化和器官形成。

（3）赤霉素

赤霉素主要是 GA_3，虽然已经用于顶端分生组织的培养和维管分化的研究，但在培养基中很少添加，因为它的作用往往是负面的。虽然也有赤霉素能刺激不定胚发育成正常小植株的报道，但在使用中仍需慎重，不可轻易添加。如果想在试验中添加赤霉素，则必须先用一些不重要的材料做预试验，待获得肯定结果时再用于正式试验。

（4）乙烯

乙烯的作用逐渐引起重视，它在芽的诱导和管胞分化上具有一定作用，管胞分化往往是器官发生的基础。乙烯单独地或与 CO_2 共同加入瓶中以代替 6-BA 或 6-BA＋2,4-D 的作用，促进水稻愈伤组织芽的生长，CO_2 对乙烯促芽的促进作用明显，$AgNO_3$ 可逆转乙烯和 2,4-D 的抑制作用，促进小麦愈伤组织生芽。在有 IAA 和 KT 时乙烯促进 Wigitalis obscura 芽的形成。乙烯对芽形成的这种相对独立的效果不只是因为种的差异，也与不同发育时期植物对乙烯的敏感性不同有关。如烟草的组织随着培养时间而对乙烯的敏感性有变化，在培养早期促进芽的分化，后期则起抑制作用。温度可以影响乙烯的产生量，25～35℃下产生量较高，可促进水稻培养细胞产生根，15℃或 40℃下产生量降低，不生根。番茄叶圆片培养时，乙烯抑制 IAA 诱导的生根。

一般说来，乙烯抑制体细胞胚胎发生，非胚性愈伤组织比胚性愈伤组织产生更多的乙烯。在悬浮培养中，乙烯对细胞的指数生长期有双向作用。由于乙烯是一种简单的不饱和碳氢化合物，在生理环境的温度和压力下，是一种气体，比空气轻，试验中很难掌握用量，所以一般不使用。高等植物各器官都能产生乙烯，但不同组织、不同器官和不同发育时期，乙烯的释放量不同。在组织培养中，培养的植物组织也会产生乙烯，如果封口用的是不透气的塑料膜，容器内就会逐渐积累乙烯，严重时可引起培养物的死亡。培养瓶内乙烯的积累量因植物种类而不同，小麦的悬浮细胞培养物 24h 中每克干重可产生乙烯 5nmol，水稻为 6nmol，亚麻可高达 900nmol。烟草愈伤组织产生的乙烯量比胡萝卜的高 400 倍。

2．维生素

整体植物是能够制造维生素的，在组织培养中，很多组织也能合成维生素，但大量试验证明，如果外加维生素于培养基中，则组织生长得更好。维生素在植物生活中非常重要，因为它直接参加有机体生命活动最重要的进程，如参加生物催化剂——酶的形成，参加酶、蛋白质、脂肪的代谢等。

维生素种类很多，从组织培养的生长强度来看，B 族维生素起着最主要的作用，经常使用的有维生素 B_1、维生素 B_6 等，一般使用浓度为 $0.1 \sim 0.5mg/L$。除维生素 B_1、维生素 B_6 外，在部分培养基中还添加维生素 BX（氨酰苯甲酸）、维生素 C（抗坏血酸）、维生素 E（生育酚）、维生素 H（生物素）、维生素 B_{12}〔氰钴胺酸）、维生素 BC（叶酸）、维生素 B_2（核黄素）、泛酸钙和氯化胆碱等维生素。除叶酸外各种维生素都溶于水，叶酸需要先用少量稀氨水溶解，再加蒸馏水定容。

（1）维生素 B_1（盐酸硫胺素）

维生素 B_1 可能是几乎所有植物都需要的一种维生素，缺少维生素 B_1 时离体培养的根就不能生长或生长十分缓慢。在培养基中添加维生素 B_1，不仅能增加愈伤组织的数量，而且能增加愈伤组织的活力，如维生素 B_1 低于 $0.0\,005mg/L$，则组织不久就转深褐色而死亡。培养花药的培养基中，一般维生素 B_1 都加到 $0.4mg/L$；维生素 B_1 常常以盐酸盐的形式即盐酸硫胺素加入培养基中。维生素 B_1 广泛参加有机体的物质转化，活化氧化酶，能促进生长素诱导不定根的发育。但维生素 B_1 不耐高温，在高压灭菌时，维生素 B_1 分解为嘧啶和噻唑，不过大多数植物组织能把这两种成分再合成为维生素 B_1。

在细胞分裂素浓度低于 $0.1mg/L$ 的情况下特别需要添加维生素 B_1，在细胞分裂素浓度高于 0.1mg/L 时，烟草细胞在没有维生素 B_1 的培养基上亦可缓慢生长，这表明细胞分裂素可能有诱导植物合成维生素 B_1 的作用。

（2）维生素 B_6（盐酸吡哆醇）

试验表明，维生素 B_6 可能有刺激细胞生长的作用，能促进番茄离体根的生长，特别在含氮物质转化中，维生素 B_6 作用更为显著，培养基中加入维生素 B_6 的量要少，否则对组织分化和培养物的细胞分裂及生长均无效。

（3）烟酸（维生素 PP）

烟酸对植物的代谢过程和胚的发育都有一定的作用。高浓度时大多对组织生长有阻碍作用。在花药培养中加入烟酸可能促进花粉形成愈伤组织。

（4）肌醇（环己六醇）

能起到促进培养物组织和细胞繁殖、分化以及细胞壁的形成，增强愈伤组织生长的作用，肌醇主要以磷酸肌醇和磷脂酰肌醇的形式参与由 Ca^{2+} 介导的信号转导，在培养基中加入肌醇还可增加维生素 B_1 的效应。1mg/L 肌醇就足以影响维生素 B_1 的效果，一般使用浓度为 100mg/L。

（5）其他维生素

培养基中加入叶酸，能刺激组织生长，一般培养物在光下生长快，在暗中生长缓慢，这与其在光下形成对氨基苯甲酸有关，后者是叶酸的一个组成部分。维生素 C 有防止组织变褐的作用。

3. 氨基酸

氨基酸为重要的有机氮源。天然复合物中的大量成分是氨基酸，氨基酸对培养体的生长、分化起重要作用。如胡萝卜不定胚的分化中，L-谷氨酰胺、L-谷氨酸、L-天冬酰胺、L-天冬氨酸、丙氨酸等一起使用起促进作用，但是，培养组织对复杂的有机氮利用功能较弱，所以大多数培养基中只添加简单的氨基酸-甘酸（氨基乙酸），比较容易被培养物吸收利用。有的还添加甲硫氨酸（蛋氨酸）、L-酪氨酸、L-精氨酸等氨基酸。添加少量甲硫氨酸有促进乙烯合成和刺激木质部发生的作用，但添加多种氨基酸后往往有抑制生长的作用，这可能是由于各种氨基酸之间的相互竞争而引起的。

（五）天然复合物

天然复合物的成分比较复杂，大多含有氨基酸、激素、酶等一些复杂的化合物，它对细胞和组织的增殖和分化有明显的促进作用，但对器官的分化作用不明显。对天然提取物的应用有不同观点，有的主张使用，有的主张不使用，因为其营养成分和作用仍不确定，但在用已知化学物质无法达到目的时，适当使用一些天然混合物，的确可使一些用常规培养方法无法获得愈伤组织或不能诱导再生的植物产生愈伤组织和分化形成植株。

1．椰乳（CM）

椰乳是椰子的液体胚乳，主要含有活性物质。它是使用最多、效果最好的一种天然复合物。一般使用浓度为 10%～20%，椰乳与其果实成熟度及产地关系很大，它在愈伤组织及细胞培养中有促进作用。

2．香蕉

香蕉用量为 150～200g/L。用熟的小香蕉，去皮，加入培养基后即变为紫色。香蕉对 pH 值的缓冲作用较大。香蕉主要在兰花的组织培养中应用，对发育有促进作用。

3．马铃薯

马铃薯去掉皮和芽后使用，用量为 150～200g/L。通常将马铃薯煮 30min后，过滤，取汁。马铃薯对 pH 值缓冲作用大。在培养基中添加马铃薯可得到健壮的植株。

4．水解酪蛋白（LH）

LH 为蛋白质的水解物，主要成分为氨基酸，使用浓度为 100～200g/L，受酸和酶的作用易分解，使用时要注意。

5．其他

酵母提取液（YE），使用浓度 0.01%～0.05%，主要成分为氨基酸和维生素。此外，尚有麦芽提取液（使用浓度 0.01%～0.05%），苹果和番茄的果汁、豆芽汁、西红柿汁、李子汁、香蕉粉、橘子汁、可可汁、胰蛋白胨、酵母和未成熟玉米胚乳浸出物等，它们遇热较稳定，大多在培养困难时使用，有时有一定的效果。

（六）前体物质

在细胞大规模悬浮培养中，有各种各样提高植物细胞培养产生特殊代谢物的尝试，其中有的尝试采用已知前体和（或）中间代谢物进行饲喂，目的是促进特殊酶的代谢途径。Yeo-man 等（1980）在用辣椒的愈伤组织培养生产辣椒素的工作中，得到令人鼓舞的结果。如在含放射性标记的苯丙氨酸和酪氨酸（辣椒素的氨基酸前体）、总氮水平低、且无蔗糖的培养基上（这样处理是用来限制生长，特别是阻抑蛋白质的合成）培养细胞时，标记物显示已渗入产物。在含较多中间前体，特别是香草胺和异癸酸（二者浓度均为 5mmol/L）的培养基中。培养细胞辣椒素产量得以提高。

启蒙者是一组特殊的触发因子。它们是一类从微生物中分离出的物质，能促进植物次生代谢的某些特殊方面。它们在诱导植物抗毒素（属不同类的化合物，如异类黄酮、类萜、聚乙炔和二烃菲）的形成上发挥作用，作为植物防御病原体机制的一部分。

（七）培养材料的支持物及其他添加物

1. 培养材料的支持物

除旋转和振荡培养外，为使培养材料在培养基上固定生长，要外加一些支持物。

目前，琼脂是一种极为理想的支持物。它是从海藻中提取的多糖类物质，它不是培养基中的必需成分，只是作为一种凝固胶粘剂使培养基变成固体或半固体状态，以支持培养物。虽然琼脂只是一种胶状物。但由于其生产方式和厂家不同而可能含有数量和种类不等的杂质，如 Ca、Mg、Fe、硫酸盐等，从而可能影响到培养效果或试验结果。在选择琼脂时，最好购买固定厂家的优质商品。琼脂的使用浓度取决于培养目的、使用的琼脂性能（胨力张度、灰分、热水中不溶物、粗蛋白等）等因素，一般浓度为 0.4%～1%，质量越差的琼脂用最越大。除琼脂外，为了更好地调控培养物的生长，现在发展的趋势是使用一种含有琼脂的混合物作为固体胶粘剂。如 Sigma 公司生产的 Agargel 就是用琼脂和 Phytagl 混合在一起的一种新型胶粘剂，可以用来控制培养物的玻璃化。如果经济条件允许，建议使用新型混合物来代替琼脂，可能会使试验获得更为理想的结果。

培养基中添加琼脂使培养基呈固体或半固体状态，使培养物能够处于表面，既能吸收必需的养分、水分，又不致因缺氧而死亡。但固体或半固体状态，一方面限制了培养基中营养成分和水的移动，另一方面也限制了培养的植物组织分泌物特别是有毒代谢产物的扩散，使培养物周围的营养成分逐渐匮乏，代谢产物逐渐积累，植物生长受阻或受到毒害。为了解决这个问题，人们试验使用其他支持物来代替琼脂。滤纸桥法即是一种，该法是将一张较厚的滤纸折叠成 M 型，放入液体培养基中，将培养的植物组织放在 M 的中间凹陷处，这样培养物可通过滤纸的虹吸作用不断吸收营养和水分。又可保证有足够的氧气。在此基础上，又发展出了一种类似于"看护"培养的方法，即在滤纸桥的中间凹陷处加一种固体培养基，固体培养基中也可混有分散的植物细胞团，将材料放在固体培养基上，再把滤纸放入另一种液体培养基中，用两种不同的培养基同时培养材料，可收到较好的效果。现在也有用玻璃纤维滤器或人工合成的聚酯羊毛代替滤纸的报道，并获得了成功。从滤纸、玻璃纤维滤器和聚酯羊毛代替琼脂的试验中人们或许能受到一些启发，即培养基中添加琼脂的目的主要是为了支持培养物，只要达到这个目的，可选用不同的材料和方法来进行代替琼脂的试验。需要考虑的主要问题是，这种材料必须无毒害作用，且不被培养的植物组织所吸收，不与培养液成分发生化学反应。

琼脂作为支持物或凝固剂对绝大部分植物都是有利或者无害的，但也有一些报道表明琼脂对某些培养物不利。在马铃薯、胡萝卜、烟草、小麦等作物组培中，均发现以淀粉代替琼脂更有利于培养物的生长和分化。

2. 活性炭（AC）

活性炭能从培养基中吸附许多有机物和无机物分子，它可以清除培养的植物组织在代谢过程中产生的对培养物有不良或毒副作用的物质，也可以调节激素的供应。也许是由于活性炭的存在使培养基变黑，产生了类似于土壤的效果，以利于植物的生长。还有报道指出，活性炭有刺激胚胎发生或组织生长和形态发生的作用。活性炭来源的不同也可能使它所起的作用不同，如木材活性炭比骨质活性炭含有更多的碳，而骨质活性炭中含有的混合物可能对培养物有副作用。活性炭的一般用量为 0.5%～3%。

（八）抗生物质

培养的植物组织很容易发生细菌或真菌污染。引起的原因是多方面的，有的是消毒不彻底，有的是无菌操作过程中器皿或操作人员不注意，有的是培养过程中由于培养容器的盖子破损或没扎紧，有的是培养的植物组织内部携带有病原物。污染常给组培工作带来很大影响或损失，尤其是已经培养一段时间的材料再发生污染所造成的损失更大。为了解决或防止这个问题，可在配置培养液时添加抗生素，如加 200～300U 的庆大霉素可使细菌污染受到很好的控制。浓度超过 600U 时可在一定程度上抑制分化。但这种抑制作用可在除去庆大霉素后一段时间内得到恢复。

（九）人参等中药提取物

我国的中药材以品种繁多、功效特异而闻名于世，同样在组织培养中也有其应用价值。徐是雄等（1980）的研究发现，补益药类有对生理功能和细胞新陈代谢有促进作用；跌打损伤科药类有加速恢复的功能，可以进行利用，尤其是和适量的激素配合时，效果更好。尝试过的多种中药中又以人参效果最好。

（十）渗压剂

植物细胞对水分的摄入是由液泡液和培养基之间的水势差控制的，在培养基中，影响水分可利用程度的主要因素是琼脂的浓度、蔗糖的含量以及作为渗压剂的非代谢物质。

① 琼脂（或卡拉胶）的浓度，固体培养基的硬度直接影响离体培养物的水势差。

② 蔗糖不仅提供碳源，而且增加离体培养物的渗透水势。

③ 糖醇（如山梨醇、甘露醇等）可作为外部渗压剂。

④ 聚乙二醇用于原生质体融合试验及培养物冷冻保存中的渗压剂。

（十一）硝酸银

硝酸银的主要作用机理是 Ag^+ 通过竞争性结合细胞膜上的乙烯受体蛋白，从而可起到抑制乙烯活性。因此，添加适量的 $AgNO_3$ 可以改善组培瓶苗的气体状况。

（十二）稀土元素

稀土元素在组织培养中应用主要以硝酸盐的化合物为主。稀土元素的作用机理：①稀土是生物活性金属的调节剂。②稀土元素对植物细胞超微结构的影响。③稀土元素对植物细胞增殖力及相关酶系的影响。④稀土元素对活性氧的清除作用。⑤稀土元素对细胞膜渗透性的影响。

硝酸镧在植物生长的影响：①促进根系生长，抑制主根生长，促进侧根生长。②降低 IAA 氧化酶活性，提高 IAA 含量。抑制外援细胞分裂素。

硝酸镧及硝酸铈应用最广，硝酸镧用量为 0.5～5.0mg/L，硝酸铈的用量较低。

任务 2　植物组织培养基的选择

要设计一种新的培养基，首先要了解植物组织细胞在营养上和生长上的要求。其次，应了解这种植物细胞对营养化合物的要求。同时，还要了解加入这些化合物与其他化合物是否有结合效应。选择合适的培养基是植物组织培养成功的基础。选择合适的培养基主要从以下两个方面考虑：一是基本培养基；二是各种激素的浓度及相对比例。

一、基本培养基的选择

在进行一种新的植物材料组织培养基本培养基的选择时，为了能尽快建立起再生体系，最好选择一些常用的培养基作为基本培养基。如 MS、B_5、N_6、White、SH、Nitsch、ER 等培养基。MS 培养基适合于大多数双子叶植物，B_5 和 N_6 培养基适合于许多单子叶植物，特别是 N_6 培养基对禾本科植物小麦、水稻等很有效，White 培养基适合于根的培养。首先对这些培养基进行初步试验，可以少走弯路，大大减少时间、人力和物力的消耗。当通过一系列初试之后，可再根据实际情况对其中的某些成分做小范围调整。在进行调整时，以下情况可供参考。一是当用一种化合物作为氮源时，硝酸盐的作用比铵盐好，但单独使用硝酸盐会使培养基的 pH 向碱性方向漂移，若同时加入硝酸盐和少量铵盐，会使这种漂移得到克服。二是当某些元素供应不足时，培养的植物会表现出一些症状，可根据症状加以调整，如氮不足时，培养的组织常表现出花色苷的颜色（红色、紫红色），愈伤组织内部很难看到导管分子的分化；当氮、钾或磷不足时，细胞会明显过度生长，形成一种十分笼松，甚至早期透明状的愈伤组织；铁、硫缺少时组织会失绿，细胞分裂停滞，愈伤组织出现褐色衰老症状；缺少硼时细胞分裂趋势极慢，过度伸长；缺少锰或钼时细胞生长受到影响。培养基外源激素的作用也会使培养物出现上述类似的情况，所以应仔细分析，不可轻易下结论。

二、激素浓度和相对比例的确定

组织培养中对培养物影响最大的是外源激素，在基本培养基确定之后，试验中要大量进行的工作是用不同种类的激素进行浓度和各种激素间相互比例的配合试验。在试验中，首先应参考相同植物、相同组织乃至相近植物已有的报道；如果没有可借鉴的例子，则在建立激素配比中，将每一种拟使用的激素选择 3～5 个水平按随机组合的方式建立起试验方案。在安排激素水平时，可将激素各水平的距离拉大一些，但各水平的距离应相等。如表 2-2 设计的激素配比试验方案。通过上述培养基的初试，你会找到一种或几种是比较好的。此后，再在这些比较好的组合的基础上将激素水平距离缩小，并设计出一组新的配方。如在表 2-3 中，如认为 6 号培养基试验结果最好，就可以在此基础上做出如表 2-4 的一组新的设计。

表 2-3　第一次激素配比组合试验

生长素/（mg/L）	细胞分裂素/（mg/L）			
	0.5	1.5	3	4.5
0	1	2	3	4
0.5	5	6	7	8
1.0	9	10	11	12
1.5	13	14	15	16

表 2-4　第二次激素配比组合试验

生长素/（mg/L）	细胞分裂素/（mg/L）			
	1.0	1.25	1.5	1.75
0.25	1	2	3	4
0.5	5	6	7	8
0.75	9	10	11	12

　　一般来说，经过第二次试验就可能选出一种适合于试验材料的培养基，或许不是最好的，但结果是可靠的。

　　上述随机组合设计的方法使用最广泛，结果分析最直接，但较难对试验结果进行定量分析，正交试验设计和均匀试验设计恰恰弥补了这种不足。

　　正交试验设计的使用使培养基的筛选工作更加科学合理，它解决了如下4个问题：①确定因素各水平的优劣；②分析各因素的主次；③确定最佳试验方案；④定量地反映各因素的交互作用。

　　均匀试验设计法是将数论的原理和多元统计结合的一种安排多因素多水平的试验设计，均匀试验设计除具有正交试验设计的"均匀分散、整齐可比"的优点外，还具有如下优点：① 试验次数少；② 因素的水平数可多设，可避免高低水平相遇；③ 可定量地预知优化结果的区间估计。由于均匀试验设计在同等试验次数情况下最大限度地安排各因素水平，因此在选择培养基中得到广泛应用。

　　至于培养基中其他成分的选择，一般多以 MS 培养基中的维生素、蔗糖和肌醇的量作为培养基设计中的一种起点浓度。如果要加有机氮（如水解干酪素），应做一系列的浓度试验。有机氮不一定必要，但有提高生长速度的效果，特别是愈伤组织起动时更是如此，在做添加维生素试验时，应设对照组，即只加盐酸硫胺素。因为已知盐酸硫胺素对某些植物细胞是必需的。

三、培养基效果鉴别

新培养基效果优劣鉴别，不仅要看其是否有较好的重复性，而且还要与现有的培养基比较，必须有 3 次以上的继代培养，每次都定量测定细胞生长速度和成分含量，才能肯定其优劣。此外，当一个细胞株转移到一个新的培养基中，因没有适应新的环境往往生长速度减缓。因此，只有经过 2～3 次继代培养后，才能正确评价某种培养基是否适宜于某种植物材料的生长。

任务 3　植物组织培养基的制备

配制培养基有两种方法可以选择：一是购买培养基中所有化学药品，按照需要自己配制；二是购买混合好的培养基基本成分粉剂商品，如 MS、B_5 等。

一、培养基的配制

为了方便起见，现以 MS 培养基为例介绍配制培养基的主要过程。

（一）母液的配制

培养基需经常配制，为了减少工作量，便于低温贮藏，一般配成比所需浓度高 10～100 倍的母液，配制培养基时只要按比例量取即可。

母液的配制通常按所使用药品的类别，分别配成大量元素、微量元素和维生素等。配制母液时要特别注意各无机成分在一起时可能产生的化学反应，如 Ca^{2+} 和 SO_4^{2-}、Ca^{2+}、Mg^{2+}、PO_4^{3-} 一起溶解后，会产生沉淀，不能配在一起作母液贮存，应分别配制和保存。

配制母液时要用蒸馏水等纯度较高的水。药品应采用等级较高的化学纯或分析纯，药品的称量及定容都要准确。各种药品先以少量水让其充分溶解，然后依次混合。

以 MS 培养基为例，根据各种药品的特点，母液可配成 6 种，见表 2-5。

配制好的母液瓶上应分别贴标签，注明母液号、配制倍数、日期及配 1L 培养基时应取的量。配制好的母液可贮藏在冰箱备用，在低温下可保存几个月。如发现有霉菌和沉淀产生则不能再使用。

（二）植物激素母液的配制

各类植物激素的用量极微量，通常使用浓度是 mg/L 级。各种植物激素要单独配制，不能混合在一起。

有些药品在配制母液时不溶于水，需先经加热或用少量稀酸、稀碱及95%乙醇溶解后再加水定容。常用植物激素和有机类物质的溶解方法如下。

1．植物生长激素母液配制

萘乙酸（NAA）：先用热水或少量95%乙醇溶解，再加水定容。

吲哚乙酸（IAA）：先用少量95%乙醇溶解后加水，如溶解不全可加热，再加水定容。

吲哚丁酸（IBA）、2,4-D、赤霉素（GA$_3$）等，溶解方法同 IAA。

2．植物细胞分裂素激素母液配制

激动素（KT）、6-苄基腺嘌呤（6-BA）等：先溶于少量的 1mol/L 盐酸，再加水定容。

玉米素（ZT）：先溶于少量95%乙醇中，再加热水定容。

3．有机物母液配制

叶酸：先用少量的氨水溶解，再加水定容。

表 2-5　MS 培养基母液配制

编组	分子式	用量/(mg/L)	母液用量/(g/L)(10 倍)	编组	分子式	用量/(mg/L)	母液用量/(mg/L)(100 倍)
大量元素	KNO$_3$	1,900	19.00	微量元素	H$_3$BO$_3$	6.2	620
	NH$_4$NO$_3$	1,650	16.50		ZnSO$_4$ · 7H$_2$O	8.6	860
	KH$_2$PO$_4$	170	1.7		MnSO$_4$ · H$_2$O	22.3	2 230
	MgSO$_4$ · 7H$_2$O	370	3.7		Na$_2$MoO$_4$ · 2H$_2$O	0.25	25
	CaCl$_2$ · 2H$_2$O	440	4.40		KI	0.83	83
Fe 盐	FeSO$_4$ · 7H$_2$O	27.8	2.78		CoCl$_2$ · 5H$_2$O	0.025	2.5
	Na$_2$-EDTA · 2H$_2$O	37.3	3.73		CuSO$_4$ · 5H$_2$O	0.025	2.5
有机成分	肌醇	100	10 000				
	甘氨酸	2.0	200				
	盐酸硫胺素	0.1	10				
	盐酸吡哆醇	0.5	50				
	烟酸	0.5	50				

（三）培养基的配制

配制培养基时要预先做好各种准备：首先将贮藏母液按顺序排好，再将所需的各种玻璃器皿（如量筒、烧杯、吸管、玻棒、漏斗等）放在指定的位置；称取所需的琼脂、蔗糖，配好所需的生长调节物质；准备好蒸馏水及盖瓶用的棉塞、包纸、橡皮筋或棉线等。由于琼脂比较难熔化，所以要及早放在水浴锅中，让其慢慢熔化。

先在量筒内放一定量的蒸馏水，以免加入药液时溅出。再依母液顺序，按其浓度量取规定量的母液。接着加入规定量的生长调节物质。加入母液或生长调节物质时，应事先检查这些药品是否已变色或产生沉淀，已失效的不能再用。加完后方可将其倒入已熔化的琼脂中，再放入蔗糖。继续加温，不断搅拌，直至琼脂和蔗糖完全溶解，最后定容到所需体积。琼脂必须充分熔化，以免造成浓度不匀。

（四）pH 值调整

培养基配制好，再用 0.1mol/L 的 HCl 或 NaOH 对培养基的 pH 值进行调整。一般调至 pH 5.4～6.0 为宜。可用 pH 试纸或酸度计进行测试。经高压灭菌后 pH 值又会下降 0.1～0.3 左右。pH 值的调整有的在灭菌前进行，也有的在灭菌后进行。培养基的 pH 值会影响离子的吸收，培养基过酸或过碱都对细胞、组织的生长起抑制作用，pH 值过高或过低还会影响琼脂培养基的凝固。

（五）培养基分装

配制好的培养基要趁热分注。分注的方法有虹吸分注法、滴管法及用烧杯直接通过翻斗进行分注，分注时要掌握好分注量，太多会浪费培养基，且缩小了培养材料的生长空间；太少则影响培养材料的生长。一般以占试管、三角瓶等培养容器的 1/4～1/3 为宜。分注时要注意不要把培养基溅到管壁上，尤其不能蘸到容器口上，以免导致杂菌污染，分注后立即塞上棉塞或加上盖子。有不同处理的还要及时做好标记。

（六）培养基灭菌

首先检查灭菌锅内有无足够量的水，最好用蒸馏水或去离子水，因为自来水往往含有较多的矿物质，容易使锅内形成水垢，影响锅的使用寿命。然后将需要灭菌的器皿、培养基等放入锅内，不要装得太满，以不超过锅容量的 3/4 为宜，加上盖拧紧后即可开始加热。当灭菌锅上的压力表指针达到

0.05MPa 时，断掉电源或其他加热源，打开放气阀放气至指针回复到 0。关上放气阀继续加热，当指针又升到 0.05MPa 时再断开加热源，放气一次。关上放气阀，继续加热直到指针至 0.1MPa 时开始计时，使指针在 0.1～0.15MPa 之间维持 20min。停止加热，使温度缓慢下降，直到 0.05MPa 以下时慢慢打开放气阀，使压力回复到 0，打开锅盖，取出物品，在室温下晾干。

在培养基灭菌的同时，蒸馏水和一些用具等也可同时进行消毒。

培养基灭菌后取出放在干净处让其凝固，并放到培养室中进行 3d 预培养，若没有污染反应，即证明是可靠的，可以使用。配好的培养基放置时间不宜太长，以免干燥变质。一般至多保存 2 周左右。

二、配制培养基时应注意的有关问题

1. 高温下培养基成分的降解

一些化学成分在高温高压下会发生降解而失去效能或降低效能。如经高温灭菌后赤霉素 GA_3 的活性仅为不经高温灭菌的新鲜溶液的 10%。蔗糖经高温后部分被降解成 D-葡萄糖和 D-果糖，果糖又可被部分水解，产生抑制植物组织生长的物质。高温还可使碳水化合物和氨基酸发生反应。

IAA、NAA、2,4-D、激动素和玉米素在高温下是比较稳定的。

维生素具有不同程度的热稳定性，但如果培养基的 pH 值高于 5.5，则维生素 B_1，会被迅速降解。植物组织提取物等要过滤灭菌，不能高温灭菌，否则会失去作用。高温高压还会影响培养基的酸度，促使琼脂部分分解，培养基颜色变深，且凝固性能降低。

2. 商品培养基

使用商品粉状培养基来代替自己配制的培养基，可简化手续、节约时间，更重要的是可使试验结果比较确定。MS 基本培养基、B_5 基本培养基等已有商品出售，可向 Sigma 等公司购买。在配制培养基时推荐使用缓冲液代替蒸馏水，这样更能充分发挥培养基各成分的作用。配制的各种培养基母液最好在尽可能短的时间内用完，一次配制量不要过大，这样既会影响其效果，也会因变质而造成浪费。维生素母液在冰箱中有效保存期为 1 个月，超过期限即使没有变质也要弃用。配制各种母液的容器及配制过程中使用的各种器皿、工具应尽量干净，最好都用过氧化氢冲洗烘干、高温灭菌后再用，这样才能保证母液不被微生物污染。

3. 高压灭菌锅的使用

高压灭菌锅是一种非常规压力性容器，操作不当可能会有一定危险。使用灭菌锅前需仔细检查其压力表、安全阀、放气阀、密封口等是否正常，以及锅内的水位（详见项目一中任务 2）。

任务 4 案 例

一、MS 培养基母液的配制

（一）材料与用具

1. 仪器与用具

电子分析天平（感量 0.000 1g），电子天平（感量 0.01g），磁力搅拌器，冰箱，水浴锅，药勺，标签纸，铅笔，玻璃棒，烧杯，容量瓶，量筒，棕色试剂瓶，移液管等。

2. 药品与试剂

95%乙醇，0.1～1mol/L NaOH，0.1～1mol/L HCl，配制 MS 培养基所需的各种无机物、有机物，蒸馏水，植物生长调节物质（植物激素）：IAA、NAA、IBA、6-BA、KT 等。

3. MS 培养基的配方表（表 2-5）

（二）方法步骤

母液是欲配制培养基的浓缩液，一般配成比所需浓度高 10～100 倍的溶液。

1. 大量元素母液的配制（100×）

将 MS 培养基配方中各大量元素的化合物，按表 2-5 中的其母液浓度的量分别在普通电子天平上称重。再分别用 100mL 烧杯加蒸馏水或去离子水将其溶解，待充分溶解后将它们分别移入 1 000mL 容量瓶中，并加蒸馏水定溶至 1 000mL，即分别配制为 1、2、3、4、5 号的大量元素的母液。然后将已配制好的大量元素母液移入 1 000mL 棕色试剂瓶中，并贴上标签，标签内容有：母液名称、培养基母液用量（mL/L）、配制日期、浓缩倍数。最后将母液放入冰箱保存备用。

2. 铁盐母液的配制

培养基常用的铁源是由硫酸亚铁（$FeSO_4 \cdot 7H_2O$）和乙二胺四乙酸二钠（Na_2-EDTA）配制而成。一般配制成 100 倍 MS 铁盐母液。依次称取 EDTA 二钠 3.72g，$FeSO_4 \cdot 7H_2O$ 2.78g（注：溶好一个后，再加下一个）配成 1L 母液，倒入 1L 试剂瓶中，存放于冰箱中。

3．微量元素母液的配制

一般将微量元素配制成 100 倍母液。用电子分析天平（感量为 0.000 1g）依次称取表 2-6 中的 7 号微量元素的母液浓度的量（注：溶好一个后，再加下一个）分别溶解后依次移入 1 000mL 的容量瓶，定容后配成 1L 母液，倒入 1L 试剂瓶中，存放于冰箱中。

注：$CuSO_4 \cdot 5H_2O$ 和 $CoCl_2 \cdot 6H_2O$ 由于称取量很小，如果天平精确度没有达到万分之一，可先配成调整液。分别称取 $CuSO_4 \cdot 5H_2O$ 0.05g，$CoCl_2 \cdot 6H_2O$ 0.05g 各自配成 100mL 的调整液，然后取 5mL 即为 0.002 5g 的量。

4．有机物母液的配制

将 MS 培养基配方中各有机物的化合物，按其所规定的量的 100 倍分别在电子分析天平上称重（表 2-6）。其配制方法同微量元素母液。

表 2-6　MS 培养基

编号	编组	成　分		母液浓度/（g/L）	培养基母液用量/mL	培养基剂量/（mg/L）
		中　文	分子式			
1	大量元素	硝酸钾	KNO_3	190.000 0	10	1 900.000 0
2		硝酸铵	NH_4NO_3	165.000 0	10	1 650.000 0
3		硫酸镁	$MgSO_4 \cdot 7H_2O$	37.000 0	10	370.000 0
4		磷酸二氢钾	KH_2PO_4	17.000 0	10	170.000 0
5		氯化钙	$CaCl$	44.000 0	10	440.000 0
6	铁盐	硫酸亚铁	$FeSO_4 \cdot 7H_2O$	2.780 0	10	27.800 0
		乙二胺四乙酸二钠	$Na_2\text{-}EDTA \cdot 2H_2O$	3.720 0		37.200 0
7	微量元素	硫酸锰	$MnSO_4 \cdot H_2O$	2.230 0	10	22.300 0
		硫酸锌	$ZnSO_4 \cdot 7H_2O$	0.860 0		8.600 0
		硫酸铜	$CuSO_4 \cdot 5H_2O$	0.002 5		0.025 0
		氯化钴	$CoCl_3 \cdot 6H_2O$	0.002 5		0.025 0
		钼酸钠	$NaMoO_4 \cdot 2H_2O$	0.002 5		0.025 0
		碘化钾	KI	0.083 0		0.830 0
		硼酸	H_3BO_3	0.620 0		6.200 0
8	有机物	肌醇		10.000 0	10	100.000 0
		盐酸硫胺素		0.010 0		0.100 0
		盐酸吡哆素		0.050 0		0.500 0
		烟酸		0.050 0		0.500 0
		甘氨酸		0.200 0		2.000 0

5．（植物激素）母液的配制

常用植物生长调节物质为：生长素和分裂素。常用生长素有：2,4-D、NAA、IBA、IAA；分裂素有：6-BA、KT、ZT 等。母液一般配制成 0.1～1.0mg/mL。

配制方法：

① 生长素母液配制（以 NAA 母液为例）　　配制 0.1mg/mL NAA 母液 250mL：用电子分析天平称取 25mg NAA，用少量的 95%乙醇溶液溶解（或用 1mol/L NaOH 溶液溶解），如发现溶解不彻底可加热，然后将其移入到 250mL 容量瓶中，并加蒸馏水定容至 250mL，摇匀即可。然后将已配制好的 NAA 母液移入棕色瓶中，并贴上标签，最后将母液置于冰箱内保存备用。

② 分裂素母液配制（以 6-BA 母液为例）　　配制 0.1mg/mL 6-BA 母液：250mL 配制方法同生长素母液配制类似，唯一不同的是分裂素溶解是采用 1mol/L HCl 溶解。

以上生长素或分裂素在溶解过程中，如果发现溶解不彻底，可将容量瓶放在热水中加热，直至彻底溶解为止。

二、配制固体 MS 培养基

以配置 1L MS 培养基为例，按顺序进行操作如下。

1．确定培养基配方及用量

配制 1L MS＋6-BA 2.0mg/L＋NAA 0.5mg/L＋蔗糖 30g/L＋琼脂 4g/L，pH 值为 5.8 的固体培养基。

2．准备好各种母液

将贮存的各种母液按顺序依次放置在操作台面上，并准备好蒸馏水。观察各母液是否有结晶、沉淀、絮状等不正常现象。如结晶应加热溶解摇匀，如沉淀、絮状加热仍无法溶解则应重新配制母液。

3．准备好各种用具

将各种洁净的玻璃器皿（如培养瓶、量筒、烧杯、移液管、玻璃棒、漏斗）、封口膜或瓶盖或棉塞、包纸、橡皮筋、标签纸、铅笔等放在指定的位置。

4．称取琼脂和蔗糖

用普通电子天平分别称取琼脂 4g 和蔗糖 30g，将琼脂置于电饭煲或放入 1 000mL 烧杯中再移入装有水的水浴锅内，加 500mL 蒸馏水于琼脂中，随后加热使之完全溶解，注意防止烟锅和溢出。

5．量取各种母液

按母液顺序，根据不同母液的浓缩倍数移取规定的量（表2-6）：量取浓缩100倍的大量元素母液中的1号硝酸钾、2号硝酸铵、3号硫酸镁、4号磷酸二氢钾、5号氯化钙各10mL；移取浓缩100倍的6号铁盐母液10mL；移取浓缩100倍的7号微量元素母液10mL；移取浓缩100倍的8号有机物母液10mL。当MS培养基中所规定的营养成分都加完后，加入本培养基配方中的生长调节物质，移取0.1mg/mL NAA母液5mL、0.1mg/mL 6-BA母液20mL。

6．定容

加蒸馏水搅拌均匀用量筒定容至1L。

7．pH值调整

用精密试纸或酸度计调整pH值至5.8。可用1mol/L的HCl和1mol/L的用来调溶液pH值。操作方法：如果培养基的pH<5.8，加适量的NaOH，如果培养基的pH>5.8，加适量的HCl，调整至刚好5.8。1mol/L HCl配制：用量筒量取8.3mL HCl配成100mL溶液。1mol/L NaOH配制：称取NaOH 4g配成100mL溶液。

8．分装培养基

培养基稍微冷却后，分装入培养容器中。无盖的培养容器要用封口膜或牛皮纸封口，用橡皮筋或绳子扎紧。

9．培养基灭菌

培养基放入高压灭菌锅灭菌，在121℃状态下保持灭菌20min。灭菌后从灭菌锅中取出培养基，平放在试验台上令其冷却凝固。

【思考与练习】

一、填空题

1．培养基的成分主要包括_____、_____、_____和_____。

2．配制培养基母液，不但节省_____，而且能够保证_____的准确性和快速移取，有效提高_____，也方便培养基的短期低温保存。

3．常用的基本培养基有_____。

4．为防止培养基中IAA、GA等不耐热物质失效，应采取_____方式灭菌。

5．培养基中琼脂和蔗糖的一般添加量分别是_____和_____。

二、问答题

1．为何要配制母液？配制母液有哪些方法？

2．在配制培养基时，为何要将铁盐配制成螯合铁盐？怎样才能配制成螯合铁盐？

3. 植物生长调节剂主要有哪些？它们的主要功能是什么？如何使用？

4. 活性炭在植物组培快繁中主要作用是什么？

5. MS 培养基的主要成分有哪些？

6. 培养基配制好为什么要进行 pH 值调整？如何调整？

7. 如何配制 MS 培养基？怎样对培养基进行分装与高压灭菌？如何保持培养基？

8. 植物激素母液的配制如何配制？

9. 稀土元素在组织培养中对植物生长的影响有哪些？

项目三

药用植物离体组织培养的技术

任务1 灭菌技术

植物组培要求在无菌条件下进行，需要常常对环境、接种材料、接种工具、接种用品进行灭菌。严格的消毒灭菌对药用植物组织培养快繁技术研究与应用工作极为重要，直接影响着整个试验、快繁生产能否顺利进行。组培实验室灭菌可分为物体表面和空间两大部分灭菌。目前常用的消毒灭菌方法多采用物理方法（如干热灭菌法、湿热灭菌法、过滤除菌法、射线杀菌法等）和化学方法（消毒剂、抗生素）两大类。

一、灭菌方法

（一）干热灭菌法

1. 恒温干燥箱灭菌法

① 灭菌器械　恒温干燥箱（图3-1）。

② 灭菌原理　是利用恒温干燥箱内 120～150℃的高温，并保持 90～120min，杀死细菌和芽孢，达到灭菌目的的一种方法。

③ 适用对象　主要适用于不便在压力蒸汽灭菌器中进行灭菌，且不易被高温损坏的玻璃器皿、金属器械以及不能和蒸汽接触的物品的灭菌。

④ 特点　灭菌的物品干燥，易于贮存。

2．酒精灯火焰烧灼灭菌法

① 灭菌器械 酒精灯。

② 灭菌原理 酒精灯火焰烧灼灭菌。

利用工作台面上的酒精灯火焰对金属器具及玻璃器皿口缘进行补充灭菌。

③ 适用对象 接种金属工具器械和玻璃培养容器瓶口灭菌。

④ 特点 灭菌不彻底。只能用于金属器具及玻璃器皿的灭菌。

3．接种器械灭菌器

① 灭菌器械 接种器械灭菌器（图 3-2）。

② 灭菌原理 保持 300℃温度烧灼灭菌。

③ 适用对象 接种金属工具器械。

④ 特点 自动控温，灭菌彻底，使用方便。

图 3-1 恒温干燥箱　　　　图 3-2 接种器械灭菌器

（二）湿热灭菌法

压力蒸汽湿热灭菌法是目前最常用的一种灭菌方法。它利用高压蒸汽以及在蒸汽环境中存在的潜热作用和良好的穿透力，使菌体蛋白质凝固变性而使微生物死亡。适合于布类工作衣、各种器皿、金属器械、胶塞、蒸馏水、棉塞、纸和某些培养液的灭菌。如高压蒸汽灭菌器的蒸汽压力一般调整为 $1.0 \sim 1.1 \text{kg/cm}^2$，维持 20～30min 即可达到灭菌效果。

（三）射线灭菌法

射线灭菌法是利用紫外线灯进行照射灭菌的方法。紫外线是一种低能量的电磁辐射，可以杀灭多种微生物。紫外线的作用机制是通过对微生物的核酸及蛋白质等的破坏作用而使其灭活。适合于实验室空气、地面、操作台面灭菌。灭菌时间为 30min。用紫外线杀菌时应注意不能边照射边进行试验操作，因为紫外线不仅对人体皮肤有伤害，而且对培养物及一些试剂等也会产生不良影响。

（四）过滤除菌法

过滤除菌法是将液体或气体通过有微孔的滤膜过滤，使大于滤膜孔径的细菌等微生物颗粒阻留，从而达到除菌的方法。过滤除菌法大多用于遇热易发生分解、变性而失效的试剂、酶液、血清、培养液等。目前，常用微孔滤膜金属滤器或塑料滤器正压过滤除菌，或用玻璃细菌滤器、滤球负压过滤除菌。滤膜孔径应在 0.22～0.45μm 范围内或用更小的细菌滤膜，溶液通过滤膜后，细菌和孢子等因大于滤膜孔径而被阻，并利用滤膜的吸附作用，阻止小于滤膜孔径的细菌透过。

（五）化学消毒剂消毒法

化学消毒剂消毒法用于那些不能利用物理方法进行灭菌的物品、空气、工作面、操作者皮肤、某些试验器皿等的灭菌。常用的化学消毒剂包括甲醛、高锰酸钾、70%～75%乙醇、过氧乙酸、来苏儿、0.1%新洁尔灭、环氧乙烷、碘伏或碘酊、灭菌灵等。其中，利用 70%～75%乙醇、0.1%～0.2%氯化汞、10%次氯酸钠、饱和漂白粉等进行试验材料的灭菌；利用甲醛加高锰酸钾 $[(2mL\ 甲醛+1g\ 高锰酸钾)/m^3]$ 或乙二醇（$6mL/m^3$）等加热熏蒸法进行无菌室和培养室的消毒。在使用时应注意安全，特别是用在皮肤或试验材料上的消毒剂，须选用合适的药剂种类、浓度和处理时间，才能达到安全和灭菌的目的。

（六）抗生素抑菌法

抗生素抑菌法主要用于培养液，是培养过程中预防微生物污染的重要手段，以及作为微生物污染不严重时的"急救"措施。常用的抗生素有青霉素、链霉素和新霉素等。

二、灭菌操作

（一）无菌室的灭菌

无菌室一般要求地面平坦、墙壁光滑，组培室装修材料要抗氧化、耐腐蚀，除出入口和通风口外，均应封闭并安装滑门。室内应尽量少放设备和器械，室内上方和门口安装紫外灯。

组培实验室的地面、墙壁、各类仪器表面、培养架、工作台的灭菌可用 2%新洁尔灭擦洗，然后用紫外灯照射 30min 左右。

凡是进入无菌接种室培养基、瓶苗、各种器械等的表面和工作人员的手可用 70%～75%乙醇擦洗。

实验室内空气净化灭菌可采用甲醛加高锰酸钾〔（2mL 甲醛＋1g 高锰酸钾）/m³〕或乙二醇（6mL/m³）等加热熏蒸法进行无菌室和培养室的消毒、臭氧灭菌等。

1. 甲醛加高锰酸钾的熏蒸灭菌

（1）材料与方法

甲醛的用量一般按 2～6mL/m³ 计算，高锰酸钾用量是甲醛的 1/2。室内准备妥当后，将称好的高锰酸钾放在瓷碗或烧杯内（最好在瓷碗下面铺上一张报纸，有利清洗），戴上口罩，然后将甲醛倒入瓷碗内，立即关上门。几秒后甲醛溶液立即沸腾挥发。高锰酸钾是一种氧化剂，当它与一部分甲醛作用时，由氧化反应产生的热可使其余的甲醛挥发为气体。

（2）注意事项

① 盛装制剂的器皿要敞口、宽大。两种药品混合，挥发迅速，器皿过小会起泡沫导致药品溢出。

② 先放高锰酸钾再放甲醛溶液，减轻甲醛过速挥发，尽量减少对工作人员造成的毒性伤害。

③ 操作人员应注意卫生防护，必须戴防酸碱手套、口罩。

④ 消毒后的工作室应将未消毒的器械或材料分隔开，做到先消毒后进室内以免引起再次被细菌等污染，致使消毒工作收效不大。

⑤ 甲醛的杀菌作用受温度、湿度和有机物影响明显，所以实验室室内、用具熏蒸消毒前应先擦洗干净，保持一定的温度和湿度。温度 15℃以上，湿度在 55%～75%之间。

⑥ 为增强甲醛气体的穿透力，要消毒的器物应充分摊开。若室内留有不需消毒和易损坏的物品，可用塑料薄膜盖严或搬出。消毒药物置好后，即关紧门窗，必要时用纸条贴封。

⑦ 接种室熏蒸要在使用前 24h 以上进行，熏蒸密闭 4h 以上才能进入接种室。如果发现有刺激性气味，可用氨进行中和。使用方法是在工作前 2h，将与甲醛等量的氨水倒入另一个烧杯中，迅速放入熏蒸室内，使甲醛与氨水发生中和反应。

2. 臭氧的灭菌

臭氧（O_3）是一种强氧化剂，灭菌过程属生物化学氧化反应。

O₃灭菌原理一般有以下 3 种：①O₃通过氧化分解细菌内部葡萄糖所需的酶，使细菌灭活死亡。②直接与细菌、病毒作用，破坏它们的细胞器和DNA、RNA，使细菌的新陈代谢受到破坏，导致细菌死亡。③透过细胞膜组织，侵入细胞内，作用于外膜的脂蛋白和内部的脂多糖，使细菌发生通透性畸变而溶解死亡。优点：O₃灭菌为溶菌级方法，杀菌彻底，无残留，杀菌广谱，可杀灭细菌繁殖体和芽孢、病毒、真菌等，并可破坏肉毒杆菌毒素。另外，O₃对霉菌也有极强的杀灭作用。O₃由于稳定性差，很快会自行分解为氧气或单个氧原子，而单个氧原子能自行结合成氧分子，不存在任何有毒残留物，所以，O₃是一种无污染的消毒剂。O₃为气体，能迅速弥漫到整个灭菌空间，灭菌无死角。而传统的灭菌消毒方法，无论是紫外线，还是化学熏蒸法，都存在不彻底、有死角、工作量大、有残留污染或有异味等缺点，并有可能损害人体健康。如用紫外线消毒，在光线照射不到的地方没有效果，有衰退、穿透力弱、使用寿命不长等缺点。化学熏蒸法也存在不足之处，如对抗药性很强的细菌和病毒，杀菌效果不明显。

图 3-3   臭氧灭菌器

臭氧灭菌器（图 3-3）的使用方法：每次消毒器时间以 0.5h 为宜，关闭消毒器 30min 后人员再进入房间。在消毒杀菌的同时也消除室内异味，因此，请勿与其他化学消毒剂共同使用，以免降低臭氧杀菌效果。

特别要注意，O₃具有很强氧化能力，金属易被氧化腐蚀（如铝合金等）。

（二）培养基及器具的灭菌

1. 培养基的灭菌

培养基在制备过程中带有各种杂菌，加之营养丰富，湿度又高，极易被杂菌感染。因此，培养基分装后应立即灭菌，并至少在 24h 之内完成灭菌工作。培养基常用灭菌方法是放入高压蒸汽灭菌锅内加热、加压灭菌；在锅内因密闭而使蒸汽压力上升，并因压力上升而使水的沸点升高。灭菌作用取决于温度，而不是直接取决于压力。所需的时间随着所需进行消毒的液体的容积而变化（表 3-1）。在高压蒸汽灭菌锅压力表 $1.1kgf/cm^2$ 的压力下，锅内温度就能达到 121℃。在 121℃的蒸汽气温下可以很快杀死各种细菌及它们高度耐热的芽孢，而这些芽孢在 100%的沸水中能生存数小时。一般少量的液体只需要 20min 就能达到彻底灭菌的效果，如果灭菌的液体量大，就应当延长灭菌的时间。特别要指出，只有完全排除锅内的冷空气，使锅内全部厚实蒸汽的情况下，1.1kgf/cm² 的压力才对应 121℃，否则灭菌不彻底。如果没有高压蒸汽灭菌锅，可用家用压力锅代替，也可采用间歇灭菌法进行灭菌，即将培养基煮沸 10min，24h 后再煮沸 20min，如此连续灭菌 3 次，也可达到完全灭菌的目的。

使用高压蒸汽灭菌锅要注意以下事项：

① 使用前应仔细阅读说明书，严格按要求来操作。

② 先在高压蒸汽灭菌锅内加水，加水量应按说明书上要求来操作。

③ 不可装得太满，否则因压力与温度不对应，造成灭菌不彻底。

④ 记住达到所需压力时的时间，通常灭菌要求 1.1kgf/cm²，锅内达 121℃，按不同灭菌要求维持压力 15～40min，一般情况真菌和细菌在 121℃温度下连续灭菌 20min 基本上失去活力。

⑤ 不能随意延长灭菌时间和增加压力。培养基要求比较严格，既要保证灭菌彻底，又要防止培养基中的成分变质、pH 值等发生变化，琼脂在长时间灭菌后凝固力也会下降，以致不凝固。

⑥ 当冷却被消毒的溶液时，必须高度注意，如果压力急剧下降，超过了温度下降的速率，就会使液体滚沸，从培养皿中溢出；务必缓慢放出蒸汽，不使压力下降太快，以免引起激烈的减压沸腾，使容器中的液体溢出，培养基玷污棉塞、瓶口等造成污染。

⑦ 打开高压蒸汽灭菌锅一定要等待压力表指示为"0"，才能开启高压蒸汽灭菌锅的锅盖，否则，会导致伤人事故。

经过灭菌的培养基应置于 10℃下保存，特别是含有生长调节物质的培养基，置于 4～5℃低温下保存会更好些。含吲哚乙酸或赤霉素的培养基，要在配置后的 1 周内使用完，其他培养基最多也不应超过 1 个月。在多数情况下，应在消毒后 2 周内用完。

2．特殊药品灭菌

有些生长调节物质（如 GA₃、ZT、IAA）、尿素以及有些维生素等，遇热时容易分解，将有 70%～100%失效，不宜进行高温灭菌。当使用这类化合物时，可将除这种遇热分解的化合物之外的全部培养基装于一个三角瓶中进行高压灭菌，然后置于超净工作台上的无菌条件下使之冷却。而热分解化合物溶液的灭菌是通过滤膜过滤进行的，然后再将之加入经高压灭菌过的培养基中。如果是要制备一种半固态培养基，须待培养基冷却到大约 40℃时（即恰在琼脂凝固之前）再加入这种无菌的热分解化合物；如果是制备液体培养基，则要待培养基冷却到室温后再加。在进行溶液过滤消毒时，可使用孔径为 0.45μm 或更小的细菌滤膜。将滤膜安装在适当大小的支座上，以铝箔包裹起来，或装入一个大小合适的有螺丝盖的玻璃瓶内，进行高压灭菌。过滤器的灭菌温度至关重要，不应超过121℃。把一个装有需要灭菌的溶液的带刻度注射器（不必消毒）安装到已灭过菌的过滤器组件一端（图3-4），缓慢地推动溶液使之穿越安装在这个过滤器组件中间的细菌滤膜，过滤后的溶液由过滤器组件的另一端滴下来，直接加入培养基中；或收集到经过灭菌的玻璃瓶内，然后再用一个灭过菌的刻度移液管加到培养基中。如要对大量溶液进行过滤消毒，也有大的过滤组件供应。不过，在进行上述操作之前，首先应澄清要进行过滤灭菌的溶液，方法是使之通过一个三号孔隙度的烧结玻璃过滤器，或先用一个0.65μm的过滤器进行初滤，这样既可减少0.45μm滤膜过滤器微孔的堵塞，从而使过滤灭菌进行得比较顺畅。

图3-4　用以进行小量液体灭菌的一种微孔过滤器组件

3. 器皿（具）灭菌

（1）玻璃器皿的灭菌

玻璃培养容器常与培养基一起灭菌。如果培养基已灭菌过，而只需单独进行容器灭菌时，玻璃器皿可采用湿热灭菌法（蒸汽灭菌），即使玻璃器皿包扎好后，置入高压蒸汽灭菌锅中进行灭菌；灭菌的温度为121℃，维持20～30min。

也可采用干热灭菌法，干热灭菌是在烘箱内对器皿进行杀菌处理，是一种彻底杀死微生物的方法；灭菌时间为150℃ 40min或120℃ 120min；若发现有芽孢杆菌，则应为160℃ 90～120min。干热灭菌的缺点是热空气循环不良和穿透很慢，因此，干热灭菌时，玻璃容器在烘箱内不应堆放得太满、太挤，以防空气流通，造成温度不均匀，而影响灭菌效果。灭菌后冷却速度不能太快，以防玻璃器皿因温度骤变而破碎，应等到温度下降到50℃左右时，方能打开烘箱门取出玻璃容器；否则，外部的冷空气会被吸入烘箱，使里面的玻璃器皿受到微生物污染，甚至把玻璃器皿放入水中进行煮沸灭菌。

（2）金属器械的灭菌

对于无菌操作所用的各种器械，如镊子、解剖刀、解剖针和扁头小铲等金属器械，一般用火焰灭菌法；即把金属器放在95%乙醇中浸一下，然后放在火焰上燃烧灭菌，待冷却后再使用。这一步骤应当在无菌操作过程中反复进行，以避免交叉污染。金属器械也可以用于干热灭菌法灭菌，即将拭净或烘干的金属器械用纸包好，盛在金属盒内，放于烘箱中在120℃的温度下灭菌2h；或用布包好后放在高压蒸汽灭菌器内灭菌。

（3）布质制品的灭菌

工作服、口罩、帽子等布质品均用湿热灭菌法，即将洗净晾干的布质品用牛皮纸包好，放入高压灭菌器中，在压力表读数为 1.1kgf/cm²，温度为121℃的情况下，灭菌20～30min。不可将干燥的布质品进行灭菌，否则灭菌不彻底。

（4）塑料器皿和器械

有些类型的塑料器皿也可以进行高温灭菌，如聚丙烯、聚甲基戊烯、同质异晶聚合物等在 121℃下可反复进行高压蒸汽灭菌；而聚碳酸酯（polycarbonate）经反复的高压蒸汽灭菌之后机械强度会有所下降，因此每次灭菌的时间不应超过20min。

（5）接种台灭菌

超净工作台在每次接种前，可先用紫外线灯照射20min 或用70%～75%乙醇喷雾灭菌，然后在超净工作台正常送风30～40min 后，才开始进行接种。乙醇只有在70%～75%之间的浓度，才能起灭菌作用。

操作人员在接种时，一定要严格按照无菌操作的要求和程序进行操作。

（三）洗涤技术

植物组培快繁所用的各种器具、器皿（含新购进的玻璃器皿）必须清洗干净后才能使用，这是组培快繁中最基础的一环，也是最基本的要求。

1. 玻璃和塑料器皿的清洗

清洗玻璃器皿的传统办法是用洗液（重铬酸钾和浓硫酸混合液）浸泡约4h，然后用自来水彻底冲洗，直到不留任何酸的残迹（但使用这种洗液要十分小心，避免无损腐蚀衣物，不得用手直接接触洗涤液）。目前器皿洗涤最常用的洗涤剂就是家庭用的洗涤剂，如洗衣粉及肥皂等，如果洗衣粉洗涤效力欠佳，可以增加浓度或适当加热，把器皿在洗涤液中浸泡足够的时间（最好过夜）以后，先以自来水彻底冲洗，然后再以蒸馏水漂洗。

洗瓶时现将瓶子在清水中浸泡一会，再经自来水冲刷，清洗瓶内污物，然后置于浓洗衣粉中，用瓶刷沿瓶壁上下刷和正反旋转两方向刷洗瓶外壁也同样要清洗干净。刷洗后再用自来水冲洗 3～4 次，以去除洗衣粉残留物。如果用过的玻璃器皿在管壁上或瓶壁上黏着干涸的琼脂，最好将它们置于高压灭菌锅中在较低的温度下先使其熔化。若要再利用已有污染物的玻璃器皿，极重要的一环是不揭盖直接把它们放入高压锅中灭菌，这样做可以把所有污染微生物杀死。即使带有污染物的玻璃容器是一次性消耗品，再把它们丢弃之前也应进行高压灭菌，以尽量减少细菌和真菌在实验室中的扩散。

洗好的培养瓶应透明锃亮，内外壁水膜均一，不挂水珠，即表面无污迹存在，直接放入洁净的大果菜篮中，再放搁架上沥水晾干，这可能是最省事、最节约空间的办法，也可制作晾洗架，将瓶子倒放在孔格中或挂在小木棍上。这样洗后要摆一遍瓶子，用时再收一遍瓶子，若培养瓶需急用，可用烘箱烘干，烘时缓慢升温，温度也无须太高，75℃左右为宜，瓶干燥后，贮存于防尘厨中。玻璃器皿如三角瓶、烧杯等在干燥时，都应口朝下，以利水能很快沥尽。如果要同时干燥各种器械或易碎的较小的物品，应在烘箱的架子上放上滤纸，将它们置于纸上。新买进的培养瓶亦可按上述方法处理。

2. 金属器械的清洗

无菌操作所有的各种金属器械，如镊子、剪刀、解剖刀、解剖针和扁头小铲等，在清洗时要注意安全，小心划伤，同时注意经流动水冲洗结束后，应沥干水并烘干备用。

3. 带刻度计量仪器的清洗

移液管之类的仪器，可将其置于 40℃左右的洗衣粉液中，用橡皮吸球（洗耳球）吸洗，再经自来水流水冲洗，垂直放置晾干即可。带刻度的计量仪器不宜烘烤，以免玻璃变形，影响计量的准确度。

（四）组培无菌操作技术

在植物组培快繁过程中会常常发生污染，其污染原因，从杂菌方面来分析主要有细菌及真菌两大类，其来源可能有：培养容器、培养基本身、外植体、接种室的环境、用于接种及继代转移的器械、培养室的环境、操作者本人等。在组培快繁中无菌操作是无菌技术的核心，要创造并保持一个良好的无菌环境，操作人员严格无菌操作程序，要严格灭菌，以防污染的发生。

灭菌是指用物理或化学的方法，杀死物体表面和空隙内的一切微生物或生物体，即把所有有生命的物质全部杀死；消毒是指杀死、消除或充分抑制部分微生物，使之不再发生危害作用。由此可见，灭菌与消毒的主要区别在于前者杀菌强烈彻底，能杀死所有活细胞；而后者作用缓和，主要杀死或抑制附在外植体表面的微生物，但芽孢、厚垣孢子一般不会死亡。但是，灭菌与消毒是相对的，如果消毒时间过长或消毒剂浓度过高，会杀死全部活的细胞，消毒就成为灭菌了。反之，灭菌剂只能起到消毒作用。所以，这里讲的无菌操作一般有两方面的意义，一是严格操作程序保证无菌；二是使操作环境中的微生物降低到许可的范围内，而并非绝对的无菌。

常用的物理灭菌方法，如干热灭菌、湿热灭菌、过滤灭菌、射线灭菌、火焰灼烧灭菌等，其中干热灭菌适用于玻璃器皿、金属器械的灭菌，灭菌时间一般为 150℃ 40min 或 120℃ 120min；若发现芽孢杆菌，则应为 160℃ 90～120min；而湿热灭菌（蒸汽灭菌）适用于各种培养基、蒸馏水、器皿。棉塞、纸等灭菌，灭菌的温度为 121℃，维持时间 20～30min；过滤灭菌适用于培养基中某些成分（如 ZT、GA_3 等遇到高温易分解的微量活性物质）灭菌；射线灭菌（用紫外灯照射）适合于无菌室空气、操作台等灭菌，灭菌时间 20～30min；火焰灼烧灭菌适用于接种器皿及金属接种工具的灭菌。通常用化学灭菌方法，如 35%甲醛水溶液（HCHO）、0.1%的升汞（$HgCl_2$）、苯酚（C_6H_5OH）、70%～75%乙醇、0.25%新洁尔灭、漂白粉液等，适用外植体、试验器皿、操作台表面等灭菌。灭菌时要严格按照其要求和操作程序来灭菌，否则灭菌不彻底，组培快繁过程中的污染就难以控制。

1．检验无菌室空气污染状况

检验无菌室空气污染状况，对及时了解无菌室空气污染程度，改进灭菌措施，从而降低污染率是必不可少的程序。

（1）平面检验法

在已用甲醛和高锰酸钾熏蒸、酒精喷雾过的接种室使用前 0.5h 或 1h 内，将装有常规培养基平板的培养皿打开，以打不开的培养皿作为对照，并在不同时间段盖好培养皿；将供试的与对照的平板一同放入 30℃的恒温箱中培养；经培养 48h 后，再检查有无菌落生长及菌落形态，并检测出杂菌种类。一般要求开盖 5min 的培养基平板中的菌落数不超过 3 个。

（2）斜面检验法

将常用的固体斜面培养基各取两管放入接种室，按无菌操作要求将其中一管的棉塞拔掉，经过 30min 后，再按无菌操作要求将棉塞塞满试管，然后连同对照一起放入 30℃的恒温箱中培养。经过 48h 培养后，检查有无杂菌生长。以开塞 30min 的斜面培养基不出现菌落为合格。

2．无菌操作方法及要求

操作人员的工作服、帽子、口罩等，要经常保持干净，并定期消毒或更换。在进入无菌操作区之前，工作人员必须首先剪好指甲，并用肥皂清洗手，特别是要注意指甲内的清洗。

接种时，应提前 10min 启动超净工作台，使不带菌类的超净空气吹过台面上的整个工作区域；在初次使用新购进的超净工作台时，应在启动后等待 20min 再进行操作。操作时，工作人员应穿好工作服，带上帽子和口罩，并用 70%～75%乙醇擦拭双手和工作台面；操作期间也应再擦拭数次。操作中打开三角瓶或试管的塞子或盖，最大的污染机会是管口边缘的微生物落入管内，因试管在贮存时可能积聚了少量灰尘，或是在室温冷却时管口形成负压，当塞子拔出或盖子打开时，空气进入而带入灰尘，所以在拔塞前，要用火焰烧瓶口，把灰尘固定在瓶口上，以杀死菌类。用硫酸纸或薄膜作瓶盖的，应在火焰附近打开盖子。接种中，试管应拿成斜角既减少灰尘和偶尔存在的细菌落入，又便于操作。

无菌操作时，严禁交谈并应戴好口罩，以防污染。凡已灭过菌的物品在超净工作台上处于敞开状态时，应将其放在超净台出风口的一侧，工作人员的手、手腕等不得从这些物体的表面上经过。已灭菌的外植体、接种工具不得接触工作台面和培养瓶外壁及各种物体表面。要防止交叉污染的发生，接种工具（如刀、镊子等）每次使用前都应高温灭菌或 70%～75%的乙醇中浸泡，然后在火焰上反复灼烧，放凉后才接种，否则会烫伤植物材料，用后工具仍然插入盛有乙醇的瓶或高温灭菌炉中。

3. 无菌操作程序

无菌操作技术水平决定着组培快繁的成败，接种是无菌操作的关键一环，整个过程均需无菌操作，接种是把表面灭菌好的植物材料（或无菌培养物）切割或分离出器官或组织或细胞，经无菌操作转接到无菌培养基上的全部操作过程，其无菌操作程序如下：

① 进入缓冲间，用肥皂洗清双手、戴上口罩、更换经灭菌的衣帽和鞋。

② 进入接种室，开启超净工作台和室内紫外灯（杀菌 20～30min）。

③ 准备好 70%～75%的乙醇（装好喷雾器）、无菌纱布等用具。

④ 关紫外灯；用 70%～75%的乙醇雾喷超净工作台表面；用 70%～75%乙醇擦拭双手，擦拭超净工作台表面（台面若为有机械玻璃不能擦拭）。

⑤ 打开风机，10min 后将接种器具和材料按规定置于台面。

⑥ 点燃酒精灯，将接种的金属器械放在高温灭菌炉中或酒精灯火焰上烧灼，后冷却待用。

⑦ 进入外植体的分离与接种（具体操作见接种）。

⑧ 接种完后清理工作台上的废弃物，用 70%～75%乙醇擦拭工作台和手。

⑨ 标注材料名称及接种日期。

任务 2　材料的选择与消毒

一、材料的选择

目前试验使用的植物组织培养材料中，几乎包括了植物各个部分的各种组织，如茎的切段、髓、皮层及维管薄壁组织、髓射线薄壁细胞、表皮及亚表皮组织、树木的形成层、块茎的贮藏薄壁组织、花瓣、根和茎尖、叶、子叶、鳞茎、胚珠、子房、胚乳、花药等。几乎可以说，植物的任何部分，均能在合适的条件下成功地进行培养。但这并不意味着一切植物材料的一切部分均适合培养或同一母体植株各个部分的组织在离体培养下的脱分化和再生能力是相同的。实际上，来自同一植物的各部分离体组织中，其脱分化和形态发生能力可因植株的年龄、季节及生理状态而各异。因此，在决定一个合适的研究材料时应考虑：①哪一部分器官最适于作为组织培养的材料来源；②器官的生理状态和发育年龄；③取材的季节；④离体材料（外植体）的大小；⑤取得离体材料的植株质量。譬如，许多兰科植物及石刁柏和非洲菊等的组织培养，用茎尖作材料最合适，而在旋花科植物中则宜用根。在秋海棠及茄科的一些植物中则宜用叶。侧柏属、冬青属中则用子叶更好。同一植物的不同部分在离体下的反应也有不同，如在粉兰烟草和矮牵牛中，它们茎的部分和愈伤组织，在细胞分裂素和生长素的影响下不能产生不定根和不定芽，但在同样条件下采用茎尖培养却能产生大量的不定根和不定芽。自然，在这种情况下，选择材料时显然应选择茎尖而不是茎。

外植体的生理年龄是影响器官形成的另一个重要因素。如在拟石莲花叶的培养中，用幼小叶为材料仅生根面用老叶可以形成芽，中等年龄的叶则能同时产生根和芽。

季节性变化对再生作用的影响也是微妙的。在马铃薯的组织培养中，12月和4月采取的马铃薯茎外植体有高的块茎发生能力，而在2月、3月或5月、11月取得的外植体却很少发生反应。

其他方面，如外植体大小、取材母株的全部生理状态等对试验结果的影响也是很明显。一般说来，较大的外植体比较小的外植体的再生能力强。不过，对于通过分生组织培养分离无病毒感染的清洁组织来说，则取材越小去掉病毒感染的可能性越大。此外，在正式开展工作以前，对材料进行一次全面的预试验是很有必要的。

二、材料的消毒

（一）材料的预处理

1. 喷杀虫剂、杀菌剂及套袋

提前选定枝条等取材部位，对取材部位喷施杀虫剂、杀菌剂，然后套上白色塑料袋，并用线绳扎住，待长出新枝条后再采样。也可对待采样的部位（如枝条、叶、芽等）采样前 7d 进行连续多次喷施杀虫剂及杀菌剂。

2. 材料预培养

挖取小植株，剪除一些不必要的枝条后，改为盆栽，喷杀虫剂和杀菌剂，然后置于室内或人工气候室内培养。也可将植株的枝条插入水中或低浓度的糖液中培养，再取它新的枝条或芽进行接种。

3. 外植体的修整

外植体在表面灭菌之前要预先进行必要的修整，方便材料表面消毒灭菌和外植体的剪切。常用外植体的修整方法和步骤（表 3-1）。

表 3-1 常用外植体的修整方法和步骤

外植体类型	修整方法及步骤
1. 茎尖、茎段	①用手术剪或刀，剪除枝条上叶片、叶柄、刺、卷须等附属物，保留基部叶柄 5mm 左右。②将修整好的外植体浸泡在洗衣粉饱和溶液中 60min。③用软毛刷从枝条基部往顶端方向轻轻刷洗，直至去除枝条表面蜡质、油质、枝毛及杂质等。④用清水冲洗干净。⑤枝条剪成带 2～3 个茎节，长度为 4～5cm。⑥用干净烧杯或其他容器装好，待下一步外植体表面消毒、灭菌
2. 叶片	叶片带蜡质、油质、茸毛，可用软毛刷蘸肥皂水刷洗，较大叶片可剪成带中脉的叶块，大小以能放入冲洗用容器即可
3. 果实、种子、胚乳	一般不用修整，直接冲洗消毒。对于种皮较硬的种子可去除种皮、预先用低浓度的盐酸浸泡或机械磨损

（二）外植体灭菌

为了成功地进行培养，在材料接种前必须消毒灭菌。因为植物体的表面常带有各种各样的微生物，一旦带入，它们就会迅速滋生，从而使试验前功尽弃。故此，在接种前，必须使材料完全无菌。外植体消毒灭菌的基本原则：既要将材料上附着的微生物杀死，同时又不伤及材料。所以，消毒时采用的消毒剂、浓度、处理时间等，均应根据材料的情况及对消毒剂的敏感性来定。

消毒前要事先选好适当的消毒剂。目前常用的消毒剂有好几种都能起到表面消毒作用。如次氯酸钠，它能分解成具有杀菌效能的氯气，然后散失在空气中而对植物组织无害；过氧化氢也易分解成无害的化合物而散失掉。低浓度的氯化汞溶液也是一种令人满意的消毒剂，但缺点是消毒后汞离子粘在材料上不易去掉，所以使用后，材料必须多次经无菌水清洗。对于有些带茸毛的材料，由于茸毛间带有空气常使药剂不易浸入，则可以在材料放入消毒剂之前先用 75%乙醇漂洗数秒钟或更长时间。75%乙醇比其他浓度乙醇有更强的穿透力和杀菌力，而且能使材料表面湿润以利于消毒剂的渗入及增加杀菌能力。但用 75%乙醇时如果时间稍久常容易把材料杀死，故应严格控制时间。表 3-2 为不同消毒剂的比较，为选择适宜消毒剂提供参考。

表 3-2 几种常用消毒剂的比较

消毒剂	使用浓度	去除消毒剂残留的难易	消毒时间/min	效果
次氯酸钙	9%～10%	易	5～30	很好
次氯酸钠	2%	易	5～30	很好
过氧化氢	10%～12%	最易	5～15	好
氯化汞	0.1%～1%	较难	2～15	最好
抗生素	4～50mg/L	中	30～60	较好

不同的植物组织或器官要求采用不同的消毒方法。

1. 花药的消毒

用于培养的花药，按小孢子发育时期要求，多未成熟，由于它的外面有花萼、花瓣或颖片保护着，通常处于无菌状态，所以一般只将整个花蕾或幼穗进行消毒就可以了。以茄子的花药为例，消毒时先去掉花蕾外层的萼片，用 75%乙醇擦拭花蕾，然后将花蕾浸泡在饱和的漂白粉上清液中 10min，经无菌水冲洗 2～3 次后即可接种。这一消毒程序对其他植物花药的消毒亦可获得良好效果。

2. 果实及种子的消毒

消毒前果实和种子分别用纯乙醇迅速漂洗一下，或将种子浸泡 10min。对于果实，一般只要将表面用 2%次氯酸钠溶液浸 10min，再用无菌水冲洗几遍后就可剖出内面的种子或组织进行接种。单个种子的情况要复杂一些，消毒时可先用 10%次氯酸钙浸 20～30min 甚至几小时，持续时间视种皮硬度而定。对难以消毒的，还可用氯化汞（0.1%）溶液或溴水（1%～2%）消毒 5min。对用于进行胚或胚乳培养目的的种子，有时因种皮太硬在无菌室

内很难操作，则可在消毒前去掉种皮（硬壳大多为外种皮），再用 4%～8%
的次氯酸钠溶液浸泡 8～10min 及用无菌水清洗后即可解剖出胚或胚乳进
行接种。

3．茎尖、茎段及叶片的消毒

茎尖、茎段及叶片的培养是进行植物无性繁殖或获得无病毒植株常用的
方法。它们的消毒程序与花药的消毒方法相似。但植物的茎、叶部分多暴露
于空气中且常有毛或刺等附属物，所以消毒前应先用自来水洗尽、吸干，再
用纯乙醇漂洗，以使附属物萎缩并赶出其中的气泡，消毒时按材料的老、嫩
及枝条的坚实程度，可分别采用 2%～10%的次氯酸钠溶液（现在市场上有
含此成分的"安替福民"商品出售，配制十分方便）浸泡 10～15min，再用
无菌水清洗 3 次后即可用于接种。

4．根及地下贮藏器官等的消毒

由于这类材料多埋于土中，取出后常有损伤并带有泥土，消毒较为困难。
一般除用自来水清洗外，对于凸凹不平处及芽眼或苞片等处，还应用软毛刷
轻轻刷洗以去掉杂物，用吸水纸（或粗滤纸）吸干后再用纯乙醇漂洗。消毒
液可用 0.1%～0.2%氯化汞浸 5～15min 或 2%次氯酸钠溶液浸 10～15min，
然后用无菌水洗 5 次并用消毒滤纸吸于后再接种。如果用以上方法仍不能完
全排除杂菌污染时，也可以将材料浸入消毒液中进行抽气减压，协助消毒液
渗入以彻底消毒。

特别注意事项：凡是组培时用于消毒灭菌的废水，应当采取无害化处理。
尤其是剧毒药品氯化汞。

任务 3　试管苗接种

一、无菌操作

预防污染是一项综合措施，除了前面提到的培养基、接种室及接种材料
等的消毒之外，操作过程中因工作人员本身不慎所引起的污染也常有发生。
一般说来，接种操作过程中的污染有细菌性污染和真菌性污染两种。

（一）细菌性污染

细菌性污染为接触性污染。

1．产生细菌性污染主要途径

① 工作人员使用了未经充分消毒的接种工具及用具（如镊子、手术刀、

培养皿、接种盘等）。

② 呼吸时排出的细菌所引起的。

③ 操作人员用手接触材料或器皿边缘，造成了微生物落入材料或器皿的机会。

2．采取的防范措施

① 接种前工作人员必须剪指甲并用肥皂洗手，然后还要用 75%乙醇擦拭双手，降低接种室空气湿度。

② 在工作时禁止谈话，戴口罩，穿上专用的试验服并戴上帽子等。避免工作人员接种时谈话或咳嗽所引起的呼吸所产生的污染。

③ 工作进程中，还应特别注意避免"双重传递"的污染，如器械被手污染后又污染培养基等。因此，每接种完一两瓶（管）材料后，最好再用酒精棉球擦拭手指。接种的镊子或接种针等插入接种消毒器中灭菌（或酒精灯的火焰上灼烧灭菌），冷却后再用于接种材料。接完材料后，将瓶口于火焰上转动，瓶口各部分都须烧到，以杀死存留在瓶口上的细菌及避免灰尘沾染瓶口。图 3-5 为花药培养时的接种方法。其他材料的接种过程也类似。

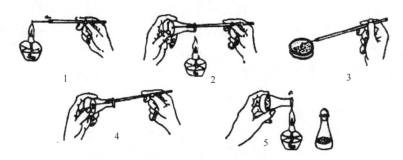

图 3-5　花粉接种程序

1．接种钩消毒　2．冷却接种钩　3．取花粉　4．接种　5．瓶口消毒及塞棉塞

（二）真菌性污染

真菌性污染属于空气传播污染。

1．产生真菌性污染主要途径

① 接种室的空气本身未很好消毒，空气中含有大量真菌孢子等污染源。

② 接种时由于打开棉塞使管口（瓶口）边缘沾染的真菌孢子落入管内。

③ 在去掉包头纸和解除捆扎包头纸的线绳时扬起了带有真菌孢子的灰尘等，致使接种室空间污染。

2．采取的防范措施

① 无菌室中空气循环过滤装置、超净工作台过滤网、空调机的过滤网应当及时清洁、消毒灭菌。

② 保持无菌室密闭不让外界空气进入。

③ 要严格进行定期检验无菌室空气污染状况，一旦发现污染要及时采取措施，如甲醛＋高锰酸钾熏蒸灭菌。

④ 每次工作之前应当打开紫外线照射灭菌 30min。定期在工作后（下班时）开启臭氧发生器灭菌 30min。

⑤ 要严格操作规范。如在接种前先去掉线绳；打开棉塞时动作要轻；不去包头纸的可以把棉塞同包头纸一起拔出。同时，打开棉塞时，瓶子应呈斜角并把瓶（管）口放在酒精火焰的前上方，这样亦可借助火焰上升的气流防止空气中飘浮的孢子进入瓶内。

二、切取外植体

接种时外植体的大小和形状取决于试验目的及对外植体的要求。对仅用于诱导愈伤组织的外植体，材料大小并无严格限制。只要将茎的切段、叶、根、花、果实、种子或其中的某种组织切成小片或小块接种于培养基上就可以了。而切块的具体大小可以考虑在 0.5cm 左右，太小产生愈伤组织的能力弱，太大在培养基上占的地方太多，所以应以适当为宜。若如是定量研究愈伤组织的发生，则对外植体的要求不但大小必须一致，形状和组成也要基本相同。只有这样，才能平行地比较试验的结果。用于进行这类研究的试验材料也要求用较大的组织块，以保证能提供足够数量和内容一致的培养材料。

从无菌块茎（块根）获得外植体的方法，是在无菌条件下用钻孔器在材料的薄壁组织部分先钻出一批圆柱形的组织块并将它们平行排好。然后用把镶有等距离刀片的刀将材料切割成等距离的圆柱形，这样就可迅速地获得长短一致的圆柱形外植体，圆柱形外植体长度及直径为 0.5～2cm。这样切段的表面积大，有利于组织块形成愈伤组织。至于茎尖、胚、胚乳等的培养则可按器官或组织单位切离即可。

三、接种

接种是将经过表面灭菌后的离体植物材料在无菌环境中切割或分离出器官、组织或细胞转入菌培养基上的过程。由于整个过程都是在无菌条件下进行的，所以又称为无菌操作。接种质量的好坏，直接影响到培养物的生长发育及污染率高低。

（一）无菌操作规程

① 接种前 4h，接种室灭菌（是指接种室不连续使用或经检测接种室空气菌落超标情况下）。

② 接种前 30min 打开紫外线灯。

③ 接种员洗手，在缓冲间换鞋、穿试验服，戴试验帽和 L 形口罩。

④ 关闭紫外线灯，打开日光灯。

⑤ 用 70%～75%的乙醇喷洒台面及双手，并擦拭。

⑥ 用乙醇擦拭接种工具、接种消毒器的表面，打开风机及接种消毒器。

⑦ 将镊子和切割刀插入接种消毒器内。将无菌冷却支架、纱布置于操作台面，接种盘倒置于台面一侧。

⑧ 按接种程序操作（图 3-6）。

⑨ 接种操作结束后作标示，清理台面，填写记录。关闭接种消毒器、超净工作台的电源。

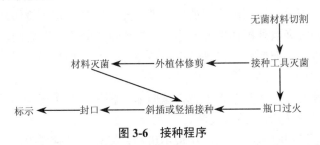

图 3-6 接种程序

（二）无菌操作要求与注意事项

1．无菌操作要求

（1）接种前的准备

接种前对接种室及超净工作台要进行彻底灭菌；接种用品准备要齐全，摆放位置要合理；用 70%乙醇浸泡过的无菌小棉巾擦拭双手、台面、器械，最好按一定的顺序和方向操作；接种材料要彻底灭菌。

（2）接种操作

外植体修剪要符合接种的规格要求（如带节茎段长为 1.0～1.5cm、要求节上 1/3、节下 2/3，叶片 0.5cm×0.5cm，微茎尖 0.2～0.5mm）；采取适宜接种方法。

（3）接种后续工作

标示位置要适宜；标示内容表达要清楚（主要标明接种材料的名称或缩写、接种人员、接种日期、培养基编号）；彻底清理台面；填写接种记录。

2. 接种注意事项

① 防止交叉污染。

具体做到以下几点：

a. 接种材料灭菌后要用无菌滤纸吸干水分，接触到接种盘或培养皿边缘及以外的外植体放弃或重新灭菌。

b. 外植体灭菌后要重新修剪，重新形成新的愈伤口，方可接种。

c. 修剪后的外植体不能重叠放置。

d. 每切割完一瓶母种材料要及时更换一个接种盘或无菌滤纸。

e. 接种工具不能碰到台面、管（瓶）的外壁、棉塞、薄膜。

f. 接种工具要全面充分灭菌，要严格按照规定的时间、温度消毒灭菌。

g. 接种工具在每次使用前最好用火焰灭菌。

② 必须在酒精灯火焰的有效范围（10cm 的半径圆区域）内操作，如修剪材料、开瓶、接种等。

③ 接种工具消毒灭菌后摆放要合理，充分冷却，防止烫伤外植体。

④ 接种时夹取外植体用力要适当，外植体、镊子、手指不能触及瓶口。

⑤ 开瓶时动作要轻，接种的培养瓶拿成斜角，瓶口与人呈 90°角，防止灰尘落入瓶中。

⑥ 接种人员要注意个人卫生，试验服、帽子、鞋子要经常清洗灭菌，口罩每次都要严格清洗消毒灭菌。

⑦ 无菌操作时戴上口罩，尽量不讲话，操作人员感冒生病不宜操作，防止呼吸、说话、咳嗽引起污染；双手不能离开超净工作台边缘，头部不能探入超净工作台内，手和手臂尽量避免减少从接种盘上方经过，离开超净工作台后重新接种双手应该重新消毒。

⑧ 接种材料灭菌后，要将无关器皿清理出台面，然后再接种。

⑨ 无菌操作要规范、准确，动作要迅速、协调。

任务 4　试管苗培养

一、试管苗培养方式

植物组织培养技术是从微生物培养技术演变过来的。培养方式可分为固体培养和液体培养两大类。植物的组织既可以培养在固体的琼脂培养基上，亦可以培养在不加琼脂的液体培养基上。在琼脂培养基上培养的方法对于细胞系的启动和保持较为方便，同时也是进行器官培养、胚胎培养及研究器官发生的常用方法。液体悬浮物则是由细胞团、细胞球和单细胞的混合物组成。培养物在液体培养基中的生长速度要比在琼脂培养基上的快得多。由于在液体培养基中较易控制环境，且大多数细胞处于培养基的包围之中，所以细胞材料在生理上更为一致。

1．固体培养

固体培养基是在培养基中加入一定凝固剂配制而成。最常用的凝固剂是琼脂和卡拉胶，使用浓度为 0.6%～1.0%。偶尔也有用明胶、硅胶、丙烯酸胶或泡沫塑料作为凝固剂的。

固体培养的最大优点是操作简便、规范，试验设备要求简单、工作效率高、成本低。缺点是外植体或愈伤组织只有部分表面接触培养基，当外植体周围的营养被吸收后就容易造成培养基中营养物质的浓度差异，影响组织的生长速度。同时，外植体插入培养基的部分，常因气体交换不畅及排泄物质（如分泌单宁酸等褐色物质）的积累影响组织的吸收或造成毒害。另外，还有因光线分布不均匀，很难产生均匀一致的细胞群体等缺点。尽管如此，由于其方法简便，目前仍是一种重要的、应用较为普遍的组织培养方法。

2．液体培养

（1）静止液体培养

静止液体培养即在试管里通过滤纸桥把培养物支持在液面上，通过此纸的吸收和渗透作用不断为培养物提供水分和养料。在花药培养中有人把花药直接飘浮在液面上，这也是一种静止液体培养的方式。静止培养方法目前采用不很普遍。

（2）振荡液体培养

此培养的特点就在"振荡"二字上，顾名思义，这一方法要使外植体在液体培养基中不断转动。振荡的方式有连续浸没及定期浸没两种。前者通过扰动或振动培养液使组织悬浮于培养基中，为了保证有最大的气相表面，造成较好的通气条件，一般要求培养液的体积只占容器体积的 1/5。进行中小量振荡培养时，可采用磁力搅拌器，其转速约在 250r/min。如果外植体体积较大，则应采用往复式摇床或旋转式摇床（图 3-7），振动速度一般为 50～100r/min。在定期浸没振荡液体培养中，培

图 3-7　恒温振荡培养箱

养的组织块可定期交替地浸在液体里及暴露在空气中，这样就更有利于培养基的充分混合及组织块的气体交换。进行定期浸没振荡培养的仪器是转床。转床在一根略为倾斜（12°）的轴上平行排列着多个转盘，转盘上装有固定瓶夹，培养瓶（用 T 形管或奶头瓶）就固定在瓶夹上。转盘向一个方向转动时，培养瓶也随之转动，这时瓶内的材料即随着转动而交替地处于空气和液体之中。

目前，药用植物组培瓶苗的培养空间为植物光照培养箱和可控恒温培养室（图 3-8、图 3-9）。

图 3-8 植物光照培养箱　　　图 3-9 培养架

二、试管苗培养环境

外植体在接种之后，必须置于适宜的环境条件下才能良好生长和发育。环境条件主要包括培养基、温度、湿度、光照和通气状况等。

（一）培养基

组织培养常用的固体培养基，由于养分和水分在基质内的移动扩散不完全，会造成各营养成分的分布不均匀。液体培养基则易使小植株呈水浸状，培养基所含糖类容易产生杂菌污染。

至今尚未研制出一种兼具两者优点，同时又能避免各自缺点的培养基和试管苗的支撑材料。

培养基的水势因基本培养基的种类、蔗糖、肌醇的浓度不同而异。在不同基本培养基和不同蔗糖浓度下，小苗生长速度不同。其原因目前尚不清楚，因此有必要加以研究，为开发新培养基提供依据。

由于部分植物组培苗的培养是以丛生的方式进行的，因此无支撑基质，仍然能直立，通常使用液体培养。目前，使用液体培养仅从降低成本的角度加以考虑，而与之相关的污染、水势等问题尚未见到报道。

（二）光照

光照是植物组织培养中另一重要的外界环境条件，它对生长和分化有很大影响。当然这也与材料的性质、培养情况以及由于光照而引起的温度上升等方面的因素有关。一般在采光条件好的培养室，用自然散射光就可满足要求；对采光差的培养室则需加人工辅助光，通常采用日光灯为辅助光源。同时，对光照的研究还应注意以下几个方面。

1．光照强度

有的材料适合光培养，有的材料适合暗培养，表现出不同培养材料对光照强度的要求不同。如玉簪的花芽和花茎培养，花芽愈伤组织的诱导率暗培养比光照下高，花茎愈伤组织则只有在暗培养下才能形成；而卡里佐枳橙的茎尖培养则随着光照强度的提高，分化产生的新枝数也随之增加。培养器皿内的光照条件一般多以培养架面的光照强度（Lux）来评价。但这一指标既不能充分体现与植物光形态建成的关系，也不能充分体现与光合作用的关系。如果改用被照射植株表面的光量子束 [$\mu mol/(m^2 \cdot s)$]，尤其是与光合有关的有效波长范围（400～700nm）的光量子束来表示则可能比较贴切。培养器内的光量子束，因培养器封口材料及培养照明灯的相对位置不同而有很大差异。显然，还随容器的、架面的光学性质、周转培养架的配置而有所不同，在进行光照调节时应充分考虑这一点。

2．光质

不同波长的光对细胞的分裂和器官的分化也有影响。红光对杨树愈伤组织的生长有促进作用，而蓝光则有抑制作用。倪德祥等人用白、红、黄、绿、蓝等不同光质培养双色花叶芋时，发现不同光质不仅能影响培养物的生物总量，还能影响器官发生的先后和多少，其中以黄光诱导发生频率最高。关于光质对培养物的增殖和分化的影响说法不一，可能与植物组织中的光敏色素有关。许多试验表明，光质是通过改变植物体内光敏激素的含量而发生作用的。如红光处理可使植物体内自由生长素含量减少，而使细胞分裂素的含量提高，这可能为组织培养中如何添加外源激素提供指导。

3．光周期

光周期对培养物的增殖与分化有影响，许多研究者都选用一定的光周期进行培养，最常用的光周期是 16h 光照、8h 黑暗，对光不敏感的植物可以缩短光照时间。

（三）温度

温度是植物组织培养中重要的外界环境条件之一。

1. 最适温度

在植物组织培养中多采用培养材料所需的最适温度，并保持恒温培养，以促其加速生长。通常采用 25℃±2℃的温度，对大多数植物来讲是合适的，但也因种类而异。温度不仅对增殖，而且对器官的形成也有影响。如烟草芽的形成以 18℃为最好，在 12℃以下、30℃以上形成率很低；菊芋块茎组织在 15℃ 以下发根受到很大影响。另外，在烟草细胞培养增殖条件的研究中发现，26℃时由于内源细胞分裂素在起作用，故不用添加外源细胞分裂素就能很好增殖，而 16℃时内源细胞分裂素不起作用，故需要添加外源细胞分裂素。这种对细胞分裂素需要情况的差异，说明温度控制了内源细胞分裂素代谢系统的变化，也就表现出不同温度对生长的影响。

2. 预处理温度

在进行植物组织培养以前先对培养材料进行低温或高温处理，往往有促进诱导生长的作用，因此常在培养实践中采用。如胡萝卜切片在 4℃下预处理 16～32min，比未处理的可大大加快生长；天竺葵茎尖在 10℃ 低温下预处理 1～4 周，比在 20℃和 30℃中的茎尖繁殖系数大大提高；菊芋块茎组织在低温或高温下预处理均可促进生根。另外，在胚培养中进行低温预处理，则有利于萌发。

（四）气体

培养物的生长和繁殖需要氧气，进行固体培养时，如果瓶塞密闭或将芽埋入培养基，都会影响其生长和繁殖。液体培养时，则需进行振荡或旋转或浅层培养以保证氧气供应。培养过程中，培养物释放的微量乙烯和较高浓度的二氧化碳，有时会有利于培养物的生长，有时会阻碍培养物的生长，甚至还会对培养物产生毒害。对这方面的研究目前不是很多。通常使用透气的封口膜和适时转移培养物等方法改善通气状况。培养容器内的气体浓度取决于小植株与培养基质间的气体交换速度、培养器内外气体交换的程度等。因此，有必要从培养器的角度加以研究影响小苗生长的气体因素。

普通培养条件下，小苗在光下可使高浓度二氧化碳迅速降至 70～90μL/L，这一浓度略高于植物的平均二氧化碳补偿点 50μL/L。这一现象在竹芋、猪笼草等不同植物上和培养器容积不同时均有类似表现。这说明茎叶分化的小植株虽然有光合能力，可以进行光营养生长，但是因为培养器内二氧化碳浓度低，限制了小植株的光合作用，而使净同化率降低，这就使小植株中蔗糖成为其生长的主要能量，即小植株的寄生营养性较强，光合自养生长性弱，而呈混合营养生长性质。这种状况势必不利于小苗在培养器内，甚至在驯化阶段乃至定植后的生长。

乙烯的产生与培养基中激素的含量有关。研究表明，培养基中生长素、细胞分裂素（如 IAA、BA、KT 等）的含量均可以促进乙烯的产生，对培养物的器官分化起抑制作用。但是二氧化碳可以抑制乙烯的产生，延缓植株衰老。至于其他气体，如臭氧、二氧化硫、二氧化氮及乙烯等在培养容器内的存在与含量的多少会对小植株的生长、繁殖、呼吸速度等带来什么影响，尚需深入的研究。

（五）湿度

培养器内空气湿度接近 100%，以至造成小植株叶片表皮角质层、蜡质及气孔等保护组织不够发达甚至丧失保护功能，使得在驯化期间植株水势较低而造成假植成活率不高。此外，培养器内空气的水势大大高于培养器外。因而小苗蒸腾量小，也不利于其光合作用的正常进行。可见调节容器内的空气湿度对于试管苗的生产具有重要的意义。高湿度的生长环境所培养的甘蔗腋芽苗植株瘦弱，假茎较短，叶片较长，叶片保护组织的功能较弱，以及根系吸收能力不高，是造成假植早期腋芽苗抗逆能力较差，植株体内水分供求不平衡的重要原因。由此通过改善培养器内的水分环境，可以培育出根系、叶片功能健全的壮苗，从而提高假植生活率。

任务 5 试管苗的启动与增殖培养

随着植物组培快繁技术的不断成熟，其技术体系已程序化。主要包括启动培养、增殖培养、壮苗与生根、组培苗驯化与移栽 4 个阶段。

一、启动培养

启动培养又称初代培养、诱导培养，是指经过灭菌的外植体在适宜的培养条件下进行诱导与分化，获得愈伤组织、不定芽（丛生芽）、无菌短枝（或称茎梢）、胚状体、原球茎等无菌培养物的过程。其目的是建立无菌培养体系（图 3-10）。

图 3-10 青钱柳启动培养

1. 启动培养基

这一阶段外植体诱导分化培养基的选择，要根据植物的种类、外植体类型、繁殖类型等来确定培养基类型及培养基中的成分构成。应配制与其相适应的培养基，才能获得最理想的效果。首次试验培养基一般可选择 MS、1/2MS、1/4MS、WPM、DCR 等基本培养基。

2. 生长调节物及其添加物

在外植体诱导分化培养基中，生长素和分裂素的浓度最为重要。如刺激腋芽生长时，细胞分裂素的适宜浓度一般为生长素的浓度为 0.01～0.1mg/L；诱导不定芽形成时，需要高水平的细胞分裂素，为 0.50～3.0mg/L，生长素的浓度水平 0.01～0.5mg/L；诱导愈伤组织形成，在增加生长素的浓度同时，适当增加一定浓度的细胞分裂素。

培养基可适当添加蔗糖、卡拉胶（或琼脂）、抗氧化剂、活性炭等物质。由于外植体离体密闭式培养，植物的碳元素主要靠蔗糖提供，因此，需要添加适当的蔗糖，一般为 20～40g/L。一般来说，初代培养植物本身携带大量原生物质（如单宁等高分子化合物）在伤口处极易被氧化形成褐色氧化物，所以应添加适量的抗氧化物质（如抗坏血酸等）、活性炭等物质。

3. 培养条件

诱导培养温度不宜太高，一般在 25℃左右。通常外植体的来源复杂，又携带较多杂菌，因此启动培养一般比较困难。因为外植体表面灭菌不一定能做到 100%不污染，所以启动培养时尽量用小容器，且每个容器最好只接 1～2 个外植体并保持一定距离，避免相互污染。

通常启动培养需要 4～6 周，启动后待芽长 1cm 以上，无污染的芽条转接到增值培养基上培养。

4. 初始培养阶段培养物的不良表现及改良措施

（1）培养物水浸状、变色、坏死、茎断面附近干枯

可能原因：表面杀菌剂过量，消毒时间过长，外植体选用不当（部位或时期）。

改进措施：调换其他杀菌剂或降低浓度，缩短消毒时间，试用其他部位，生长初期取材。

（2）培养物长期培养几乎无反应

可能原因：基本培养基不适宜，生长素不当或用量不足，温度不适宜。

改进措施：更换基本培养基或调整培养基成分，尤其是调整盐离子浓度，增加生长素用量，试用 2,4-D，调整培养温度。

（3）愈伤组织生长过旺、疏松，后期水浸状

可能原因：激素过量，温度偏高，无机盐含量不当。

改进措施：减少激素用量，适当降低培养温度，调整无机盐（尤其是铵盐）含量，适当提高琼脂用量以增加培养基硬度。

（4）愈伤组织太紧密、平滑或突起，粗厚，生长缓慢

可能原因：细胞分裂素用量过多，糖浓度过高，生长素过量。

改进措施：减少细胞分裂素用量，调整细胞分裂素与生长素比例，降低糖浓度。

（5）侧芽不萌发，皮层过于膨大，皮孔长出愈伤组织

可能原因：枝条过嫩，生长素、细胞分裂素用量过多。

改进措施：减少激素用量，采用较老化枝条。

二、增殖培养

通过初代培养所获得的不定芽、茎梢、胚状体或原球茎等无菌材料称为中间繁殖体。将中间繁殖体切割、分离后转移到新的培养基中培养增殖，这一过程称为增殖培养（又称继代培养）。该阶段是植物快繁的重要环节，其目的是扩繁中间繁殖体的数量，最后达到边繁殖边生根的目的。由于培养物在接近适宜的条件下生长，排除其他生物的竞争，所以外植体能以几何基数增殖，即可达到某一系数，这一增殖系数又称繁殖系数。例如，某外植体 1 株苗切成 3 段接种，培养一段时间后每段株苗又切成 3 段接种成 3 株苗，则该瓶苗的增殖系数为 3。

中间繁殖体有多种增殖类型，快繁增殖方式取决于培养方式和材料本身。

快繁增殖方式主要形式有以下几种。

（1）以芽生芽（或称以芽繁芽）增殖途径

以芽生芽是指用腋芽萌发或诱导不定芽产生，再以芽生芽的方式进行的一种繁殖方式（图 3-11）。

本方式适用于大多数木本植物和草本植物，特点是繁殖速度快，效率高、成本低，遗传性状稳定。适用于组培快繁工厂化生产。

图 3-11　金银花增殖培养

（2）原球茎增殖途径

原球茎增殖适用于兰科植物、百合等植物。

增殖周期是指上一代接种后经培养增殖后形成的丛生芽苗或单芽进行分割、转移到新培养基中继续培养的时间段，也称为继代周期。如果组培瓶苗经大量增殖后，若不及时转接就会发生发黄老化，过分拥挤致使无效苗增多，导致芽苗的浪费。

继代培养阶段培养物的不良表现及改良措施：

① 苗分化数量少、速度慢、分枝少、个别苗生长细高。

可能原因：细胞分裂素用量不足，温度偏高，光照不足。

改进措施：增加细胞分裂素用量，适当降低温度，改善光照，改单芽继代为团块（丛芽）继代。

② 苗分化过多，生长慢，有畸形苗，节间极短，苗丛密集，微型化。

可能原因：细胞分裂素用量过多，温度不适宜。

改进措施：减少或停用细胞分裂素一段时间，调节温度。

③ 分化率低，畸形，培养时间长时苗再次愈伤组织化。

可能原因：生长素用量偏高，温度偏高。

改进措施：减少生长素用量，适当降温。

④ 叶粗厚变脆。

可能原因：生长素用量偏高，或兼有细胞分裂素用量偏高。

改进措施：适当减少激素用量，避免叶片接触培养基。

⑤ 再生苗的叶缘、叶面等处，偶有不定芽分化出来。

可能原因：细胞分裂素用量偏高，或表明该种植物适于该种再生方式。

改进措施：适当减少细胞分裂素用量，或分阶段地利用这一再生方式。

⑥ 丛生苗过于细弱，不适于生根或移栽。

可能原因：细胞分裂素浓度过高或赤霉素使用不当，温度过高，光照短，光强不足，久不转移，生长空间窄。

改进措施：减少细胞分裂素用量，免用赤霉素，延长光照时间，增强光照，及时转接，降低接种密度，更换封瓶纸的种类。

⑦ 幼苗淡绿，部分失绿。

可能原因：无机盐含量不足，pH 值不适宜，铁、锰、镁等缺少或比例失调，光照、温度不适。

改进措施：针对营养元素亏缺情况调整培养基，调好 pH 值，调控温度、光照。

⑧ 幼苗生长无力、发黄落叶、有黄叶、死苗夹于丛生苗中。

可能原因：瓶内气体状况恶化，pH 值变化过大，久不转接导致糖已耗尽，营养元素亏缺失调，温度不适，激素配比不当。

改进措施：及时转接、降低接种密度，调整激素配比和营养元素浓度，改善瓶内气体状况，控制温度。

任务 6　试管苗壮苗与生根培养

近年来的研究发现，组培苗在试管内培养过程中在形态结构与生理方面发生很大的变化。导致圃地苗木移栽成活率低下，繁殖速度下降，效益降低。只有正确认识植物试管苗的这些变化，并根据其特征采取相应的技术措施才能有效提高试管苗的移栽成活率。

图 3-12　百合生根培养

一、试管苗的形态特征与生理特性

试管苗的主要器官就是根、叶片和部分的茎或假茎，其形态特征上出现异常变化也是根、茎和叶片。现将植物组培苗根、茎和叶片在形态特征及生理特性方面的变化分别阐述如下。

（一）根

1．根异常变化的形态特征

（1）无根或少根

无根或根较少是植物组培苗生产过程中经常遇到的问题。导致这一现象的主要原因有：①植物本身遗传基因决定。②继代次数过多，导致遗传因子衰减。③外植体黄化、玻璃化苗木。

王际轩等和薛光荣等都观察到苹果部分品种茎尖再生植株和花药培养的单倍体不生根或生根率极低，无法移栽而采用嫁接的方法解决。牡丹试管苗也因生根问题未解决而不能应用于生产。肖关丽等观察到甘蔗试管苗继代次数超过 8 代，其生根能力就会逐渐减弱，10 代以后生根率就会显著下降从而形成不生根或者每丛平均根数较少的现象，进而影响苗假植成活率。

（2）根与输导系统不相通

有的组培苗虽然能够生根，但因为根系是从愈伤组织上发生或产生在茎基部与茎的输导组织不相连，因此也不能承担水分和养分吸收的功能。Mccown 观察到桦木从愈伤组织诱导的根不与分化芽的输导系统相通。李甲轩等发现花椰菜等芸薹植物第一次培养可以诱导成苗,但培养的苗根系是从愈伤组织上产生的,与茎叶维管束不相通,需要将芽切下转移到生根培养基上再生根才与茎的维管束相通,移栽才能成活。Donnelly 等观察花椰菜植株,发现根与新枝连接处发育不完善,导致根枝之间水分运输效率较低。在杨树、橡胶和杜鹃等植物上均观察到类似的现象。

（3）无根毛或根毛很少

组培苗生长在高湿固体培养基甚至是液体培养基中,通过添加外源激素或其他措施能够促进其茎基部细胞横裂产生根,但是根上往往没有根毛或者根毛较少,根系表面积较小,虽有一定的吸收能力,但不能形成一个有效的吸收系统,难于满足地上部分对水分的需求。Red 报道了杜鹃在培养基上产生的根细小而无根毛。赵惠祥等报道珠美海棠试管苗形成的根上也无根毛。Hasegawa 报道玫瑰试管苗根系发育不良,根毛极少。曹孜义等报道葡萄试管苗生长在培养基内的根无根毛,而菊花试管苗在培养基内上根上生长有大量根毛,而下部则较少,其中有根毛的菊花试管苗移栽较葡萄易于成活。

2. 根异常变化的生理特性

试管苗根的生理特性主要是根系无吸收功能或吸收功能极低。由于试管苗在根系方面的上述特征,就会形成无法吸收水分和养分或吸收能力极弱的现象。Sklomen 等移栽金合欢生根试管苗,在间歇喷雾下栽入蛭石和泥炭基质中,很快就干枯死亡,如果植入 Haagland 溶液中培养 1 个月,再栽入上述基质,成活率达到 83%。由此可以认为,液体培养可以恢复根的吸收功能。徐明涛等测定了葡萄试管苗移栽炼苗过程中根系吸收能力的变化,结果表明葡萄试管苗根系吸收功能极低,仅为沙培苗的 1/18,温室苗的 1/39,低湿度下叶片大量失水,而根系又不能有效地吸水补充,故极易萎蔫、干枯。

（二）茎

试管苗茎维管束不发达,表皮组织输送能力差。马宝馄等对经强光和未经强光炼苗的苹果试管苗进行了形态解剖对比,结果发现未经强光没有打开盖子炼苗的试管苗,茎的维管束被髓线分割成不连续状,导管少。茎表皮排列松散、无角质,厚角组织也少。而经强光炼苗的茎,维管束发育良好,角质和厚角组织增多,自身的保护能力增强。

（三）叶

试管苗在高湿、恒温、弱光下异养培养而分化和生长的叶,其表面保护组织不发达甚至没有,所以容易失水萎蔫。同时异养环境使得叶片一些功能性组织的功能降低，光合作用能力较弱。现就试管苗的叶片形态和生理功能分述如下。

1. 叶片的形态特征

植物叶片有一层蜡质层，主要功能是降低叶片表皮细胞在阳光下的照射强度。而试管苗经过若干代在高温、高湿和弱光的环境下分化和生长，叶片表而角质层、蜡质层不发达或无，从而使叶片表皮细胞失去了天然屏障，极易失水萎蔫。Ellen 等观察了香石竹茎尖再生植株和温室苗的叶片表面蜡质的细微结构发现，再生植株茎尖 96%～98% 的叶片表面光滑，无结构状的表皮蜡质或有极少数的棒状蜡位，经过 10d 的遮阴和弥雾炼苗，才诱导产生表皮蜡质；而温室苗成熟叶片上下表面均覆盖一层 $0.2\mu m \times 0.2\mu m$ 的棒状蜡粒，幼叶上也有，但是少而小。沈孝喜观察了梨试管苗叶片表皮蜡质的发生过程，其中继代增殖的试管苗小叶片上有蜡质，转入生根培养基后，只有少数较大的叶片中偶尔可见，驯化 1 周后尚未发生，经过 2 周炼苗后才发现大量的表皮蜡质。而温室苗叶片蜡质增厚快于试管苗，Crout 和 Aston 认为上述现象是由于高温、高湿造成的。Sutter 和 Lomylems 甘蓝试管苗试验发现相对湿度降至 35% 时甘蓝试管苗就会产生具有蜡质的叶表皮。Warolle 等用干燥剂降低试管内的湿度时，花椰菜试管苗叶片表面产生较多的蜡质。对蜡质不产生或较少的原因，有人认为是高温、高湿、低光造成的，但也有人认为是激素造成的结果。

正常植物叶片表皮覆盖有一层表皮毛，它能有效地降低叶片表面的空气流速和降低表皮细胞的光照强度，从而起到保护叶片表皮细胞水分平衡的作用。试管苗叶片表皮毛极少或无毛。Donnely 等对比了黑色醋栗试管苗和温室苗叶片表皮毛的类型和数量，试管苗在叶柄和叶脉中存在有寿命极短的球形短柄毛和多细胞黏液毛，而温室苗这种类型的毛极少，但单细胞毛较多。二者均有刺毛，但是前者比后者少得多。试管苗叶片表皮毛极少或无毛、或存在球形有柄毛和多细胞黏液毛，保湿和反光性均较差，因此易于失水。

试管苗在水分充足的高湿度的生长环境中使得叶片结构稀疏，叶片组织间隙大，栅栏组织薄，易于失水，加之茎的输导系统发育不完善，供水不足，易于造成萎蔫，从而干枯死亡。Crout 和 Aston 报道了花椰菜的试管苗叶片未能发育成明显的栅栏组织。Brainerd 等比较了试管苗在驯化后和田间叶片解剖结构发现，试管苗、温室苗、田间苗的叶片栅栏组织厚度、叶组织间隙存在明显的差异，前者依次增加，而后者依次降低；上下表皮细胞长度差异不显著。曹孜义等在葡萄试管苗炼苗过程中、马宝烧等在苹果试管苗炼苗过程中也观察到类似情况。

观察还发现，试管苗叶片叶面积小、无复叶，气孔突出、气孔张开大。用扫描电镜观察苹果、玫瑰和橙试管苗叶片，发现气孔凸起呈井圈状、气孔保卫细胞变圆；而温室植株则气孔下陷、保卫细胞呈椭圆状。Donely 等测定醋栗试管苗、温室苗和丛生苗的叶面积、气孔大小和指数，结果发现，试管苗叶面积明显低于温室苗；气孔指数三者相近，气孔长度差异较小，但是宽度差异明显，随叶面积的增加，气孔总数大幅度增加；从气孔分布来看，醋栗试管苗上表皮也有气孔，并随着不断培养而向上生长，最后上下两面都着生，而且出现气孔凸起。Brainerd 等报道李试管苗叶片气孔密度（150 ± 60 个/mm^2）低于移栽苗（300 ± 60 个/mm^2）。胡春根等发现甜橙试管苗与田间正常生长的橙叶片气孔密度存在显著的差异，试管苗的气孔密度为 1 020 个/mm^2，而田间橙幼叶仅为 7.2 个/mm^2。

试管苗叶片存在排水孔。Donnely 等还报道了黑色树梅试管苗叶片、叶尖和叶缘存在排水孔。曹孜义等在葡萄试管苗叶片上除见到排水孔外，还看到一些假性水孔，这都是长期在饱和湿度下形成的，一旦假植到低湿度条件下，极易失水死亡。

2．叶片的生理特性

（1）极易散失水分

试管苗叶片因无保护组织，加之细胞间隙大，气孔张开大，所以，移栽到低湿度环境中失水极快。Brainer 等报道李试管苗叶片切下 30min 后即失水 50%，而温室苗要 1.5h 后才失水 50%。曹孜义等把处于不同炼苗阶段的葡萄试管苗叶片切下放于 43%湿度下，试管苗叶片 20min 萎蔫，而光培苗、沙培苗和温室苗则分别在 1.5h、8h、15h 后才萎蔫。试管苗极易失水，保水力较差，经过分步炼苗后，保水能力才逐渐增强。

（2）气孔不能关闭，开口过大

离体繁殖的小植株，与温室和大田生长的小植株气孔结构明显不同，其气孔保卫细胞较圆，呈现凸起。从观察的各类植物中，均报道试管苗的气孔是开放的，这种开放的气孔在低温、黑暗以及高浓度的 CO_2、ABA、甘露醇等诱导气孔关闭的诱导剂诱导下均无效，反而气孔张开更大。Donnely 等用扫描电镜观察黑色树梅，发现试管苗叶片气孔张开很大，以至从气孔开口外部可以看到气室内叶肉细胞的叶绿体。曹孜义等报道葡萄试管苗气孔开口很大且呈圆形，甚至有的气孔开口的横径过大，超过了两个保卫细胞膨压变化的范围，从而不能关闭。这种过度开放的气孔，要经过逐步炼苗以降低张开度，才能诱导关闭。Marin 等发现移栽后的试管苗离体叶片放在 45%的低湿度环境中，叶片气孔关闭率高达 80%，从表皮细胞纤维丝所产生的纤维素、果胶质、角质等的组织化学研究指出，试管苗叶片气孔是以非功能状态存在的，只有在一定的条件下气孔才能以功能状态存在。Shachett 等研究未损伤的苹果试管苗，在移栽至 90%湿度条件下，90%的气孔关闭。他们还用气孔计测定了试管苗在移栽后的 1～3d 内，叶片通过角质层和气孔散失的水分是其本身植株质量的 2～3 倍。试管苗叶片缺乏角质和蜡质、气孔不能关闭、开口过大的试验依据是：Fuchigami 等采用试管苗进行试验，用硅胶涂在叶片的上下表面，或者只涂在上表面或者下表面与不涂的进行对比，发现不管上表面涂抹与否，只要上表面涂抹就能明显降低叶片水分的散失。由此表明，试管苗失水萎蔫的主要原因是气孔不能关闭。

（3）光合作用能力极低

因试管苗生长在含糖培养基中，光和气体交换也受到限制，因此光合能力很弱。Cront 和 Aston 用 ^{14}C 测定了 CO_2 吸收，发现花椰菜试管苗在有光条件下同化能力极低。Donnely 等用红外气体分析仪测定红树梅试管苗同化能力也极低。但是，Kozai 等在无糖培养基下测定试管苗有干物质的积累。李朝周等测定了葡萄试管苗、沙培苗和温室营养袋苗的叶片气孔阻力、蒸腾速率、净光合速率、叶绿素含量等，发现试管苗叶片气孔阻力小，蒸腾速率高，叶绿素含量低，弱光下净光合速率呈现负值；而经过炼苗的沙培苗和温室营养袋苗，叶片气孔阻力逐渐增强，蒸腾速率下降，叶绿素含量增加，净光合能力增强等。Desjardins 综述了微繁植株的光呼吸率，认为试管苗叶片类似于阴生植物，栅栏细胞稀少而小，细胞间隙大，影响叶肉细胞中 CO_2 的吸收和固定。又因为试管苗气孔存在反常功能，气孔一直开放，导致叶片脱水而造成对光合器官持久的伤害。在含糖培养基中，糖对植物卡尔文碳素循环呈现反馈抑制，以及 CO_2 的不足使叶绿体类囊体膜上存在过剩电子流造成光抑制和光氧化，致使光合作用极低。Group 根据试管植物光合能力大小，将试管苗分为两类，一类是加糖培养基中不能进行有效光合作用，如草莓和花椰菜；另一类能积极进行光合作用并能自养，如天竺葵等。

试管苗光合能力弱是由于培养基中加有蔗糖，小苗吸收后，体内无机磷大幅度下降，减少了无机磷的循环，使 RuBP 羧化酶呈不活化状态，无力固定或者极少固定 CO_2。同时，由于蔗糖浓度状态的刺激，促使试管苗的呼吸速率增加，呼吸作用又大于光合作用。De Rjek 测定了在玫瑰生根阶段，玫瑰试管苗的光合作用与培养基中蔗糖的浓度状态有关，当蔗糖浓度高于40g/L 时，光合能力为 250mg/（m^2·h），蔗糖为 10g/L 时光合能力提高至 350mg/（m^2·h）。玫瑰试管苗在生根阶段，光合固定 CO_2 的量占碳素营养的 25%，其他 75%来自于培养基中的碳水化合物（蔗糖、葡萄糖等）。因此，

提高培养容器中的 CO_2 浓度可以提高试管苗的光呼吸率。但是，关于组培苗中蔗糖浓度高低与光合作用能力的强弱仍然存在争议，试验结论仍不一致。Cappelladts 等报道玫瑰在含糖 5% 的培养基中生长和适应性最好，马宝规等研究了在苹果试管苗培养中增加糖浓度至 3%～5%，光强达 3.5×10^4lx 有利于培养壮苗，能极显著地提高成活率。从试管苗光合特性来看，在移栽前进行较强光照的闭瓶炼苗，能促使小苗向自养化转化。试管苗光合能力低，RuBP 酶活性低，而呼吸作用强，PEP 酶活性高，促进了蔗糖的吸收和利用，有利于氨基酸和蛋白质的合成，促使新的细胞和组织形成。Hidider 和 Deesjandins 测定了草莓试管苗的 PEP 酶的活性，发现培养 5～10d 的植株比培养 28d 的植株高 2～3 倍。用 ^{14}C 测定 CO_2 的吸收和转化，首先出现在氨基酸上。试管苗光合能力低也与叶绿体发育不良及基粒中叶绿素分子排列杂乱有关，除 RuBP 羧化酶活性低外，光照和气体交换不充分也是一个限制因素。例如，用白桦试管苗和温室苗进行对比试验，当光强从 200μmol/（m^2·s）增加到 1 200μmol/（m^2·s）时，试管苗的净光合强度未增加，而温室苗却增加了 2 倍。

二、壮苗与生根培养

在组织培养过程中，壮苗培养及其较高的生根率和生根质量是提高假植成活率的重要基础。壮苗培养主要是在组培苗生产后期在培养基、培养环境等方面进行调整，培育出优良的植株个体（俗称有效苗）的过程，而生根的状况则是一个重要内涵。

（一）壮苗培养

植物试管苗通过不同过程、不同培养基、不同继代次数和不同发生方式而来，它能否成活或者从异养变为自养，取决于试管苗本身的生活力。凡生活力强，小苗健壮，有较发达根系的易于移栽成活；反之，一些倍性混乱或单倍体小苗，因生长不良，导致小苗、弱苗、老化苗、发黄苗及玻璃化苗，则不易移栽成活或者移植成活率极低。非洲菊试管苗基部木质化的粗茎苗比茎部未木质化的细茎苗移栽成活率要高得多，前者达到 100%，后者则在 76%以下。因此培育壮苗是移栽能否成活的首要基础。

基本培养基和植物激素的合理使用是壮苗培养的首要因素。选用 1/2MS、B_5、VW 和 Kc 4 种基本培养基，另添加相同的 NAA 2mg/L＋香蕉提取物 10%＋2%蔗糖的培养基培养铁皮石斛，B_5 和 1/2MS 两种基本培养基效果优于 VW

和 Kc。不同激素及其浓度对组培苗生长的影响是最大的，为了追求繁殖速度、降低成本、提高繁殖倍数，导致苗木质量下降，无效苗增加。应通过专门的试验研究，选择合理的使用浓度。在培养过程中培养后期控制细胞分裂素的浓度，降低繁殖速度，提高生长素浓度，促进组培苗的生长，也能提高组培苗的素质。

近年来研究发现，在培养基加入多效唑（MET）等植物生长延缓剂是培育壮苗的一种有效途径。例如，李明军等报道将多效唑加入到培养基中，可以使玉米试管苗的材质得到很大的改善，移栽后成活率显著提高。经过多效唑处理后的植物试管苗具有以下特点：①株高降低，茎秆粗壮；②发根快，根系粗壮；③叶色浓绿，叶绿素含最增加。因此，假植后其水分养分供应能力较强，从而提高假植成活率，有利于培育壮苗。除此之外，多效唑还在水稻、怀山药、甘蔗等植物上也观察到类似的情况。0.8mg/L 的比久（B_9）在马铃薯也具有类似的效果。目前，这种方法已经在多种植物组织培养广泛使用。生长延缓剂之所以能使植物组培苗的生长和生根情况明显改善，并能显著提高其假植成活率，主要原因是其抑制幼苗快速生长，使幼苗矮壮，促进生根，增强组培苗的抗逆性，从而有利于提高假植成活率。

硅酸钠、硼酸等添加在生根培养基中也能促进壮苗培育。张慧英等以甘蔗试管苗为材料，采用液体培养方法，以 MS 为基本培养基，附加激素 BA 3mg/L、NAA 0.5mg/L，另加硅酸钠 200mg/L，苗增殖率比对照提高 68%，而且叶色浓绿、叶片挺直、不早衰，比对照延长生长期 23d。

（二）生根培养

在植物组织培养中，生根培养是非常重要的一个环节，是植物组织培养的最终目的，是市场经济中的商品。在继代增殖阶段得到大量的无根苗，如果不能生根，则将前功尽弃。一般认为，影响组培苗生根的因素主要是培养基、继代次数和培养环境等（图 3-13）。

图 3-13 铁皮石斛生根培养

生根培养所采用的基本培养基通常是 MS 或 1/2MS 加全量铁盐，两者的比较试验表明在生根速度、数量和幼苗的粗壮程度等方面差异不大，但后者因其化学试剂用量减半，所以可以降低成本。外源激素以"NAA＋IBA"较为常用，尤其木本植物以"IBA＋NAA"最理想。NAA 的使用浓度不宜过高，否则会导致表根的形成，这种根不能与植物维管束相连，影响其移栽成活率。IAA 诱导效果较弱，蔗糖浓度以 2%～3%为好，使用高浓度的蔗糖会造成光合机制的反馈抑制，从其中得到的组培苗在炼苗期难以适应异养条件。另外，多效唑、硼酸等物质的添加均有利于提高生根率。多效唑 0.5～3.0mg/L 使甘蔗苗生根率达 98%，且根粗、苗壮，移栽成活率高。以 MS 基本培养基，附加硼酸 30mg/L，生根数比对照增加 53%，而且根长、苗壮。多效唑在促根壮苗培养中确实效果明显，但需要控制好它的添加浓度。浓度偏高，会严重抑制幼苗的生长，使幼苗过度矮化，反而给移栽带来困难。

丛苗的增殖需要通过多次继代培养得以实现，从某种程度上讲，快繁的意义也就体现于此。但我们发现，随着继代次数的增加，当超过一定的继代次数以后，丛苗的生根率会逐渐下降。这就构成了一对矛盾，毕竟已经繁殖了大量的丛苗只有在诱导生根以后才能够应用于生产。针对这一问题，用酶联免疫吸附测试法（ELISA），对甘蔗腋芽快繁继代培养过程中绿苗的内源激素进行测定，对相应代数的绿苗进行生根诱导，并对二者关系进行分析，以期找出继代过程中绿苗内源激素与生根率之间的关系，为进步提高甘蔗腋芽快繁效率提供内在生理依据。研究表明：甘蔗组培苗在继代过程，IAA、GA_3 有积累效应，其中 IAA 的积累较慢，CTK、GA_3 积累在第 9 代后较快，而第 9 代后生根率也明显下降，在第 10 代开始出现不能诱导生根的矮化丛生苗。绿苗中 IAA、GA_3 的含量与其生根率呈显著负相关（相关系数分别为-0.71、-0.96），即内源 IAA、GA_3 在继代绿苗中的积累，特别是 GA_3 的积累对绿苗生根率影响很大，随继代次数的增加，GA_3 含量增高，绿苗生根率降低。因此，为保证甘蔗腋芽苗的良好生根，继代培养最好不要超过 10 代。也可通过逐代降低外源激素的添加量，减少各种激素的累积量，协调绿苗内源激素含最，以保持较好的生根能力。

有些植物试管苗在试管苗内难于生根或者有根但是与茎的维管束不通，或根与茎联系较差，或有根而无根毛，或吸收功能较弱，假植不易成活，这就需要通过试管外生根的方法提高其假植成活率。在果树等园艺植物中，试管外生根应用较为普遍。一般试管苗外生根主要是结合试管苗的炼苗进行的。通常是用不加蔗糖的溺培养基和一些激素，如 1.0～5.0mg/L 的 IBA 或 IAA 浇淋假植于蛭石、珍珠岩、河沙等基质中的试管苗，促进其生根。

在设计试管苗生根培养基时，应当注意的主要事项：

① 选择基本培养基时，应当从低浓度到高浓度，培养基中的营养成分含量越低越容易生根。瓶苗生根时间的快慢顺序是 1/3MS＞1/2MS＞MS。

② 大部分植物 NAA 激素主要作用于伤口而发根；IBA 激素主要作用于节间发根形成不定根。NAA 发根粗短；IBA 发根粗长；IAA 发根细而长。

③ 木本植物以 IBA 为主加 NAA 或 IAA 或者不加。

④ 添加活性炭可促使生根。

⑤ 对于难以生根的植物可适量加 ABT 生根粉，有报道加硝酸盐稀土可促进生根。

⑥ 生根瓶苗接种后，尽量暗培养 4～7d。

⑦ 生根培养温度要略高于继代培养温度。

⑧ 生根瓶苗不宜在培养室放置时间太长。一般情况瓶苗生根长度达 1cm、根系两根就可以炼苗移植。

生根阶段培养物的不良表现及改良措施：

① 培养物久不生根，基部切口没有适宜的愈伤组织。

可能原因：生长素种类、用量不适宜；生根部位通气不良；生根程序不当；pH 值不适，无机盐浓度及配比不当。

改进措施：改进培养程序，选用适宜的生长素或增加生长素用量，适当降低无机盐浓度，改用滤纸桥液培养生根等。

② 愈伤组织生长过快、过大，根茎部肿胀或畸形，几条根并联或愈合。

可能原因：生长素种类不适，用量过高，或伴有细胞分裂素用量过高，生根诱导培养程序不对。

改进措施：调换生长素种类或几种生长素配合使用，降低使用浓度，附加维生素 B_2 或活性炭等减少愈伤，改变生根培养程序等。

任务 7　试管苗炼苗与假植

植物组培苗通常比较弱小，同时组织培养过程是在恒温、恒湿、养分充足等条件下进行的，组培苗的一些形态特征和生理特性均发生了很多变化。如果将其直接移栽到生长条件相对恶劣的大田中，成活是十分困难的。炼苗与假植是植物组培苗从生根试管苗到移栽到大田中的一个过渡阶段。通过炼苗使组培苗逐渐适应外界自然环境，进而假植到生长条件相对较好的苗圃上，进行精心管理，经过一段时间再移栽到大田中就能正常生长。这一过程实质就是试管苗对自然环境的适应过程和自身生理功能的恢复过程。

一、炼苗

试管苗叶片表面无角质、蜡质、表皮无毛或者极少，气孔不能关闭或者极易失水。在假植前应尽量诱导茎叶保护组织的发生和气孔及叶片功能的恢复。炼苗方法有很多，可以是开盖炼苗或不开盖炼苗，炼苗时间一般以 2～3d 为宜，也有更长的时间，但主要是将试管苗放置在一个培养室恒温环境和大田自然环境的过渡环境下一定时间。通过炼苗可以降低试管苗在培养瓶内的湿度，并逐渐增加光强，进行驯化，使其新叶逐渐形成蜡质，产生表皮毛，降低气孔口开度，逐渐恢复气孔功能，减少水分散失，促进新根发生以适应外界环境。这一过程的长短应控制在使原有叶片逐渐衰老，新生叶片逐渐产生时为宜。如果湿度降低过快，光强增加太大，常常会使试管苗叶片发生萎蔫甚至整株死亡。试管苗炼苗后能促进叶绿素含量的增加，自由水含量下降，束缚水含量上升，抗逆性增强，成活率提高（表 3-3）。

表 3-3　炼苗时间对芦荟组培苗生理和移植成活率的影响

炼苗天数/d	叶绿素含量/%	自由水含量/%	束缚水含量/%	质膜相对透性/%	丙二醛含量/%	移栽成活率/%
0	7.01	82.83	16.21	64.60	0.59	16.7
1	7.79	85.35	12.79	76.04	0.17	40.0
3	10.41	42.92	55.10	63.45	0.13	93.3
5	11.49	30.46	67.27	52.31	0.14	96.7
7	15.11	43.62	54.23	52.16	0.06	96.7
10	16.75	50.83	46.16	43.96	0.10	90.0

注：王爱勤，2002。

试管苗的炼苗方式有两种方式：

（1）闭瓶强光炼苗

当生根后或根系得到基本发育后，将培养瓶移到室外遮阴棚或温室中进行强光闭瓶炼苗 5～20d 左右，遮阴度宜为 50%～70%。

（2）开瓶强光炼苗

将培养容器的盖子或塞打开，在自然光下进行开瓶炼苗 3～7d，正午强光或南方光照较强地区要注意采取措施，如用阴棚或温室避免灼伤小苗。如果在开盖容器中培养不超过 1 周，一般不会引起含蔗糖培养基的污染问题。开瓶炼苗可以分阶段进行，即首先松盖（或塞）1～2d，然后部分开盖 1～2d，最后完全揭去盖。这种方法在相对湿度十分低的屋内特别有好处。培养容器的开口大小也影响开盖的速度，开口大的瓶应比开口小的瓶盖除去的速度慢一些。

二、假植

1．苗床准备

试管苗假植苗床要选择通风透光性好，接近水源，便于排水的地方，并建塑料大棚，以利于保温、保湿。苗床宽度以便于人工操作为宜，一般墒面宽 1.5m。采用高墒低沟的方式理墒。假植基质要求细碎、疏松、透水性好和干净。应用较多的有河沙、细土、珍珠岩、蛭石等。多采用几种基质混合使用。覆盖在墒面 2～3cm。苗床上搭建小拱棚，并覆盖遮阳网。

2．试管苗处理

试管苗炼苗后要洗净培养基，剪除老叶片或部分叶片，减少蒸腾面积，再进行消毒处理，消毒液可以选用广普杀菌剂，如 50%多菌灵可湿性粉剂、高锰酸钾、甲醛等。最后用 ABT 生根粉或生根宁蘸根，以促进根系生长。

3．苗床管理

苗床管理主要围绕组培苗的保湿、保温、防霉及水分和养分供应等方面进行。要注意保持一个较高的湿度，一般 75%～80%为宜。温度需要根据不同植物各自的生长习性而定，一般可保持在 20～30℃。在育苗过程中，要根据墒面的情况适时使用杀菌剂防止墒面发霉而感染组培苗。在管理中还要注意适时浇水，保持土壤水分，两周以后可以用 1/4 MS 培养基、0.1%～0.5%的尿素或配有 0.1%左右的磷酸二氢钾追肥。

任务 8　试管苗移栽

试管苗移栽是组织培养过程的重要环节，这个工作环节做不好，就会造成前功尽弃。试管苗从琼脂培养基中移出时要用长镊子小心取出，彻底清洗干净根部（因为残留的蔗糖和营养会成为潜在的致病微生物的生长培养基，洗不净容易引起移栽苗烂根死亡），并且避免损坏根系。之后直接移栽或使用 0.1%～0.3%的高锰酸钾或多菌灵等杀菌剂溶液中清洗，然后用清水清洗后移入苗床或盆钵，也可用水清洗后用多菌灵溶液浸泡 10～30min 后移栽，栽后淋足定根水。炼苗在塑料薄膜（或玻璃）温室内或遮阳网室内进行，使用温室或温棚时应注意设置通风口，防止浇水后高温引起萎蔫及高湿引起烂苗。生长基质应当具有适合的 pH 值、多空隙、良好的排水和通气性能，如一般用珍珠岩、蛭石、草炭土或腐殖土，比例为 1∶1∶0.5。也可用沙子∶草炭土或腐殖土为 1∶1。这些基质在使用前应高压灭菌，或用露天太阳暴晒烘烤来消灭其中的微生物。由于移出的试管小植株极容易感染病,所以生长环境的卫生状况和病害防治对移栽能否成功十分关键。通常对生长基质、培养容器和苗床进行消毒处理,采用新的培养容器或聚乙烯薄膜效果都很好,必要时可喷施稀的杀菌剂。

移出的试管苗一般在炼苗前 4 周遮阴要达到 50%～90%,并采用喷雾洒水保持一定的湿度(85%左右),之后逐渐降低湿度和增强光照。湿度降低幅度及光照增加量依不同植物而定,总体上应促使老叶缓慢衰退并同时产生新叶。如果降低或增加过快,会使叶片褪绿和灼伤,缓苗期延长,甚至导致移栽苗死亡。但是,只要小植株能够忍受,尽可能高的光照水平是有利的。温度不应低于 20℃,最好达到 25～30℃。但温度、湿度过高易于滋生杂菌,造成苗霉烂或根茎处腐烂,因此应对温度加以控制。遮阴和调节湿度(喷雾或塑料薄膜覆盖)也有助于控制温度。在炼苗时可适当施用大量和微量元素,如采用 1/4 MS 或 1/2 MS 培养基溶液。移栽后定期施肥才能保持苗木旺盛生长,具体施肥方法(顶部喷施或掺入基质)与施肥量随不同植物而异。移栽一般在春季进行,如果在北方早春或冬季较冷的时节,可能需要对移栽苗床下铺电线进行加温,促进根系功能的恢复,直至新叶形成为止。对于较难移栽的植物,可先经沙床或营养盘移栽后,再移至营养袋中培育壮苗,也可直接移入营养袋中。直到长成一定规格(一定的高度、粗度和新叶数)和无病害的壮苗后,在大田中定植。也可不进行体外生根培养,直接将试管外或瓶外生根与炼苗相结合,也就是对无根苗进行直接移栽。这种方法对某些植物行之有效,并可大大节约成本,所需要的环境条件与生根试管苗的炼苗要求相同,特别需要注意湿度、光照和温度。在向生根基质移植前,有时需要经生长素诱导生根处理。

任务 9　案　例

一、银杏茎段外植体消毒

1. 外植体采集

外植体采集时间:4 月。采集前连续晴天 3d 以上,且采集日为晴天。

外植体采集部位:采集前 3 个月对银杏无性系的采集部位进行修剪和预处理。当年 4 月采集植株上部修剪后当年萌生幼嫩长枝和短枝;当年 7 月、10 月两个采集时段时,应选择当年萌生木质化带包芽的长枝和短枝茎段。不同无性系优树外植体分别采集。采集好的外植体用自封口塑料袋包装及标签，及时冷藏保管。

2．外植体处理

将采集来的枝条当天剪去叶片，保留 3～5mm 叶柄，用 0.1%高锰酸钾水溶液预处理，用干净湿毛巾包扎放入冰箱 5℃保湿备用；次日用饱和洗涤液浸泡 60min，用软毛刷轻轻刷洗枝条表面；流水冲洗 120min；用干净滤纸吸收表面水分后置于超净工作台上待用。

在超净工作台上将嫩枝切成带 2～3 个叶芽的茎段，用 75%乙醇处理 20min，再用 0.1%升汞分组处理 8、10、12、15min，转接入诱导培养基中。

二、百合离体快繁培养

1．百合离体芽的诱导培养

将无菌的百合鳞茎放在无菌的培养皿中，用解剖刀剥离鳞片，切成0.5cm×0.5cm 大小的鳞片，接种于诱导培养基 MS＋6-BA 0.5mg/L＋NAA 0.1mg/L上诱导不定芽，外植体培养温度 23℃±2℃，光照强度 2 000～2 500lx，每天光照时间 10h。接种 1 周后，鳞片开始出现小突点，继续培养，可分化出不定芽或丛生芽（图 3-14）。

2．百合离体丛生芽的增殖培养

将诱导培养基上已萌发的嫩芽切下，转接到丛生芽增殖培养基 MS＋6-BA 1.0mg/L＋NAA 0.1mg/L 上进行继代培养，培养 4 周后形成丛生芽，增殖的丛生芽多，且芽生长健壮（图 3-15）。

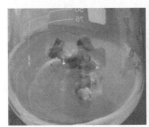

图 3-14　百合鳞片愈伤组织诱导和不定芽分化　　　图 3-15　百合增殖继代苗

3．试管苗的生根培养

选取继代培养中生长健壮的丛生芽，剪成 1.2～1.5cm 长的单芽茎段，转接到生根培养基 1/2MS＋NAA 0.2mg/L 上。15d 后根系发达，发育良好。

三、铁皮石斛试管苗移栽及栽后管理

1. 石斛苗

适宜移栽的石斛苗应有以下特点：①苗高 5～8cm，茎粗 0.2cm 左右，且细均匀，分节较为明显。②叶长≥1cm，叶色嫩绿至深绿，叶表光亮，叶鞘半包至全包茎节。③根数 2～5 条，根长≥2cm，根粗 0.1cm 左右，根浅绿色至亮白色，根皮晾干呈白至浅绿色，根尖无坏死组织。④茎基部无坏死组织，植株各部分均无损伤。⑤根长/茎长≤1.5。

2. 定植装置

定植杯应满足透气性、排水性好及基质易于压实等特点，根据经验，可选择一次性塑料饮水杯、市售定植杯、塑料花盆等。若小规模、简易栽培，选择一次性塑料饮水杯较为合适，移栽前要对其进行一定的处理：①用烧红的铁丝（直径 0.2～0.3cm）在塑料杯的底部突起部位（一般位于被子底部边缘）烧制 4 个孔，以利于基质中多余水分透过。②依上述方法于杯壁烧制若干孔洞：从上沿至下沿均匀分布 4 个为宜，圆周均匀分布 5 个为宜，以助于空气流通。③栽培前最好将杯子作灭菌处理。

3. 植料及其处理

栽培过程中发现，植料主要影响铁皮石斛对水分、养料以及空气的利用。兰科植物与一般植物不同的是，其根为气生根，对植料的透气性有较高的要求，铁皮石斛尤其是这样。如果植料保水性太好，少量的浇水会使基质积水而发生烂根；如果植料透气性太好，则保水性会受到影响，使石斛苗受干旱影响。但是保水性和透气性两者不可兼顾，只能选择透气性较好而保水性稍差的粗细混合型植料：

① 粗植料类　可以增加基质的透气性，其比例可以占到 50%～60%。主要有：小石块、红砖粒、陶粒、小木块、松鳞等，最好是一些具有微小孔洞的固体颗粒，其大小一般小于2cm³。

② 细植料类　主要是一些具有保水性的材料，如腐质土、泥炭土、细碎砖粒等，这些类型植料可以占到基质的 10%左右。

③ 中型植料　由一些吸水性较强的小颗粒型材料组成，如蛭石、兰石、木炭、木屑等，所占比例 10%～20%。

④ 其他材料　水苔是一种比较好的材料，可以单独使用，也可以和腐质土等混合使用。

现使用的基质中效果较好的基质为：碎砖粒∶木屑∶腐质土＝6∶2∶2（体积比）。

材料的准备：所有材料在栽培前均要进行灭菌处理，阳光下暴晒、高温灭菌均可以，灭菌前用清水将基质润湿，各种材料分开灭菌。用量较多、密度较大的材料可以采用药物灭菌，如 0.3%的高锰酸钾溶液浸泡 20～30min 或用喷雾器将药液喷于材料表面即可。

4．石斛苗的准备

（1）炼苗

炼苗是一个比较重要的环节，特别是在栽培环境与组培室环境差异较大的季节。将适宜移栽的石斛苗连瓶一起移至大棚，不打开瓶盖放置 2～3d，以适应温度和光照；然后打开瓶盖，放置 4～5d，以适应湿度和有菌的环境，但不可让基质及幼苗长出细菌或真菌。

（2）出瓶

用较钝的夹子或镊子将石斛苗轻轻从瓶中取出，注意不能损伤苗的任何部位，除去根部和基部带有的琼脂。

（3）洗苗

取出的苗用自来水洗去根部的残余琼脂，最好采用流水，以防止病菌的交叉感染。细根时动作要轻缓，不能使根受到损伤，洗至根部不再黏滑为止。洗净的苗置于干净报纸上放于通风处，晾去表面水分。

（4）消毒

待苗表面的水分晾干（根部出现白色），取 0.3%高锰酸钾溶液浸根，15～20min 后用自来水冲去高锰酸钾溶液；或用 0.1%多菌灵喷洒整个植株。后将苗置于干净报纸上放于通风处，晾去表面水分（至根部发白，茎部特别是叶鞘处不能有残留水分）。

5．定植

（1）纯水苔定植

取一定量的粗植料（红砖粒、小石块、陶粒等，兰石最好），体积在 2cm³ 左右，填充定植杯约 2/3 的容积，作底部支持，再于其上平铺一层水苔（约 0.5cm 厚），将苗置于其上，使根分散平铺于基质表面，再用水苔沿杯壁向苗四周填充，后稍用力沿杯壁往下挤压水苔，使苗四周的基质稍比其余地方的基质高，并让苗基部露于外面，以防止基部积水。

（2）混合植料定植

取一定量的粗植料（红砖粒、小石块等），体积在 2cm³ 左右，填充定植杯约 2/3 的容积，作底部支持，再于其上平铺一层混合基质（约 0.5cm 厚），将苗置于其上，使根分散平铺于基质表面，再用基质沿杯壁向苗四周填充，后稍用力沿杯壁往下挤压基质，使苗四周的基质稍比其余地方的基质高，并让苗基部露于外面，以防止基部积水。

（3）定植后处理

用烧开冷却后的自来水将基质浸润，不可太湿，以作定根水；将定植杯放于架空的网架上培养，并用 0.3%高锰酸钾或 0.1%～0.2%可杀得 2 000 喷洒地面及四周环境，以尽量减少环境中的致病菌。

6. 定植后及前期（1 月内）管理

前期管理是存活的关键，最重要的内容是除菌。刚移栽的石斛苗最容易被病菌所侵染，特别是一些细菌，如欧氏杆菌会引起烂腐病。可作以下处理进行防治：①在移栽后两周内可以频繁地（2～3d 一次）用杀菌剂喷洒四周环境、石斛苗表面以及浸润基质。②环境温度保持低于 30℃，以 25～28℃为宜，防治细菌的大量繁殖。③基质不可频繁浇水或浸水，以较干为宜，一方面防止真菌生长，另一方面防止积水烂根。④定期（每 7d）用 1/5MS 营养液浸润基质，每隔 2～3d 可用相同的营养液喷洒叶面，同时配以 1/1 000的硝酸钾喷洒，以使石斛苗能更快适应新环境，增强对病菌的抵抗力。⑤为促进石斛苗尽快发出新芽、长出新根，可用 2.0mg/L 的 NAA 喷于叶面，可以与营养液结合施用。一月内一次即可。

7. 日常管理

（1）环境

温度：15～30℃。温度太高会滋生细菌，引发石斛烂腐，表现为叶子腐烂枯萎，甚至植株也发生烂腐；温度过低，则会使石斛停止生长，表现为叶子发黄掉落。最适温度在 20～28℃。湿度：夏天 40%～60%，冬天 50%～70%。湿度太高，遇高温天气发生烂腐病，低温天气则会造成石斛冻伤。光照：夏天光照保持 10%～20%，冬天可以升至 30%～50%。空气：石斛属腐生兰，气生根发达，对空气有特殊需求，因而要求环境中空气流通。

（2）水肥

水：水质要清洁，无致病菌污染，无腐烂有机物，且水呈弱酸性。可用烧开冷却后的自来水。肥：以 MS（无有机物）为主，硝酸钾、腐质土为辅。

（3）管理

① 定期施肥　以 1/5MS（无有机物）溶液浸入基质，时间不超过 10s，基质浸润即可。另可不定期用 1/1 000（MS 大量元素＋微量元素）溶液进行叶面喷施。硝酸钾可以半月薄施（1/1 000）一次。

② 基质及环境湿度保持　基质湿度一般以润而不湿为好，切不可积水，

可定期（3～5d）采用浸渍的方法为基质补水，补水时以水浸透半数基质即可，高温天气可视情况采用沿基质表面靠杯壁处用喷壶注水的方式补水。一般注水一杯 10mL 左右，具体视基质的干湿程度而定。环境湿度保持在 40%～70%，低于 40%采用植株上空、叶面喷雾的形式保湿，并于大棚地面洒水以保持湿度。

③ 通风　大棚内应保持通风，一方面防止病菌滋生，另一方面使根部有良好的空气流通，利于其呼吸。可以在大棚内置排风扇以促进空气流通，风量不可太大，以植株叶子微动即可，切不可使风扇正对植株猛吹。风扇位置以高空、低空配合放置为好，低空低于定植杯底部，以促进底部空气流动，高空高于植株约 1m。

④ 温度保持　夏季高温天气，加盖 80%遮阳网于薄膜外，遮挡阳光，并可以适当提高排风扇转速，洒水、空中喷雾以降温，掀开大棚四周薄膜，促进空气交换。如气温较低，特别是在冬季，应去除遮阳网，放下四周薄膜。

⑤ 光照　不能直射、过强、过暗，可以利用遮阳网、电灯等对光照进行适当调节。每日早、中、晚 3 次对大棚进行看护，发现问题及时解决，遇天气不稳定、骤变等情况应随时观察。

【思考与练习】

一、名词解释

湿热灭菌法、增殖培养、壮苗、炼苗、接种。

二、填空题

1. 外植体表面灭菌的原则是_____。

2. 消毒与灭菌的根本区别是_____。

3. 在组织和细胞培养中，碳源是培养基的必要成分之一，碳源一般分为 3 类，即_____、_____和_____。

4. 组培工具、器具及培养基的常用物理灭菌方法，有干热灭菌、_____、_____、_____、_____等方法。

三、问答题

1. 怎样选择和处理外植体？

2. 怎样进行外植体的表面灭菌与接种？

3. 如何防止接种过程中的污染？

4. 细菌性污染与真菌性污染有哪些异同点？产生细菌性污染主要途径有哪些？

5. 简述甲醛加高锰酸钾的熏蒸灭菌方法步骤。

6. 臭氧的灭菌原理有哪些？

7．在设计试管苗生根培养基时，应当注意哪些主要事项。

8．简述初始培养阶段培养物的不良表现，如何进行改良措施？

9．试管苗在形态特征与生理特性有哪些具体表现？

10．简述无菌操作程序过程。

11．怎样对驯化的试管苗进行管理？如何提高试管苗的驯化成活率？

12．无菌室空气污染情况如何检验？需要注意哪些事项？

项目四

药用植物无病毒苗的培育

一、病毒在药用植物上的危害

病毒在药用植物中极为常见，危害植物的病毒有几百种，且随着生产栽培时间的延长，危害越来越大，种类越来越多，尤其是靠无性繁殖的作物，如利用茎（块茎、球茎、鳞茎、根茎、匍匐茎）、根（块根、宿根）、枝、叶、芽（顶芽、侧芽、球芽、不定芽）等通过嫁接、分株、扦插、压条等途径来进行繁殖的作物（如果树中的苹果、葡萄、草莓等）。花卉的百合、唐菖蒲、水仙、郁金香、香石竹、菊花等，蔬菜的马铃薯、姜，药用植物的七叶一枝花、多花黄精等。若以种子进行繁殖的种类，除豆类外，可随着世代的交替而去除病毒，即病毒只能危害一个世代；而无性繁殖的种类，由于病毒通过营养体进行传递，在母株内逐代积累，危害日趋严重。一些园艺植物以小规模集约栽培，造成连作危害问题，并加重土壤传染性病毒的危害。

病毒的危害给作物生产带来重大的损失，如草莓病毒使草莓产量严重降低，品质大大退化，葡萄扇叶病毒使葡萄减产10%～18%，危害马铃薯的病毒有几十种，给马铃薯生产带来严重阻碍。花卉上病毒的危害大大影响其观赏价值，表现花少而小，产生畸形、变色等。

为了提高作物的产量和质量，根除病毒和其他病原菌是非常必要的。虽然通过防治细菌和真菌的药物处理，可以治愈受细菌和真菌侵染的植物，但现在还没有什么药物可治愈受病毒侵染的植物。若一个无性系的整个群体都已受到侵染，获得无病毒植株的唯一方法就是消除营养体的病原菌，并由这些组织中再生出完整的植株。一旦获得了一个不带病原菌的植株，就可在不致受到重新侵染的条件下，对它进行营养繁殖。用组织培养法消除病毒是唯一行之有效的方法。

由于病毒对植物造成如此严重的危害，所以世界各国都重视这方面的研究，如日本用柑橘茎尖微嫁接繁殖无病毒柑橘营养系，美国用组织培养法，使苹果无病毒苗已工厂化育苗，并在全国普遍开展。

二、无病毒苗培育的意义

采用生物、物理、化学等途径防治病毒病收效甚微，甚至毫无成效。自从 20 世纪 50 年代发现通过组织培养的方法，可以脱除严重患病毒植物的病毒种类，提高产量、质量，植物组织培养脱毒技术便在生产实践中得到广泛应用（如草莓可增产 20%～50%，植株结果多，单果重增加，上等果比例提高；菊花切花品种的脱毒株，表现出株高增加，切花数增多，花朵大，切花较重），20 世纪 60 至 70 年代组织培养的技术在花卉、蔬菜和果树上得到了广泛的应用。

用组织培养方法生产无毒苗，是一个积极有效的途径，由于排除了使用药剂，所以对减少污染、防止公害、保护环境都有积极的意义。

任务 1   热处理脱毒

一、热处理法的发现及应用

1889 年，印度尼西亚爪哇人发现，患枯萎病的甘蔗（现证明为病毒病），放在 50～52℃的热水中保持 30min，甘蔗就可去病生长良好。以后这个方法得到了广泛的应用，每年在栽种前把大量甘蔗茎段放到大水锅里进行处理。自 1954 年 Kassanis 用热处理防治马铃薯卷叶病以后，这一技术即被用以防治许多植物的病毒病。

热处理又称温治疗法（theomtherapy）。原理是植物组织处于高于正常温度的环境中，组织内部的病毒受热之后部分或全部钝化，但寄主植物的组织很少或不会受到伤害。Kassanis（1954）认为，是感染植物体内病毒的含量，反映了病毒颗粒生成和破坏的程度。在高温下，不能生成或生成病毒很少，而破坏却日趋严重，以致病毒含量不断降低，这样持续一段时间，病毒自行消灭，从而达到脱毒的目的。

二、热处理方法

（1）温汤浸渍处理

温汤浸渍处理适用于休眠器官、剪下的接穗或种植的材料，在 50℃左右的温水中浸渍 10min 至数小时，方法简便易行，但易使材料受伤。

（2）热空气处理

热空气处理对活跃生长的茎尖效果较好，将生长的盆栽植株移入温热治疗室（箱）内，一般在 35～40℃。处理时间因植物而异，短则几十分钟，长可达数月。香石竹于 38℃下处理 2 个月，其茎尖所含病毒即可被清除。马铃薯在 35℃下处理几个月才能获得无病毒苗。草莓茎尖培养结合 36℃处理 6 周，比仅用茎尖培养可更有效地清除轻型黄斑病毒。亦可采用变温方法，如马铃薯每天 40℃处理 4h 可清除芽眼中马铃薯的叶片病毒，而且保持了芽眼的活力。

热处理方法主要缺陷是不能脱除所有病毒。例如，在马铃薯中，应用这项技术只能消除卷叶病毒。一般来说，热处理方法对球状病毒、类似纹状的病毒以及类菌质体所导致的病害有效，对杆状和线状病毒的作用不大。对寄主植物作较长时间的高温处理有钝化植物组织中的阻抗因子，致使寄主植物抗病毒因子不活化，从而增加无效植株的发生率。因此，热处理需与其他方法配合应用，才可获得良好的效果。

任务 2　茎尖培养脱毒

感染病毒植株的体内病毒分布并不均匀，病毒的数量随植株部位及年龄而异，越靠近茎顶端区域的病毒的感染深度越低，生长点（0.1～1.0mm 区域）则几乎不含或含病毒很少。这是因为分生区域内无维管束，病毒只能通过胞间连丝传递，赶不上细胞不断分裂和活跃的生长速度。在切取茎尖时越小越好，但太小也不易成活，过大则不能保证完全除去病毒。

茎尖培养脱毒由于其脱毒效果好，后代稳定，所以是目前培育无病毒苗的最广泛最重要的一个途径。

一、培养基

一般以 White、Morel 和 MS 培养基作为基本培养基，尤其是提高钾盐和铵盐含量有利于茎尖的生长。MS 培养基对某些植物的茎尖培养时，其中有些离子浓度过高应予以稀释。植物激素的种类与浓度对茎尖生长和发育具有重要的作用。在双子叶植物中，植物激素大概是在第二对最年幼的叶原基中合成，所以茎尖的圆锥组织生长激素不能自给，必须提高适当浓度的生长素（0.1～0.5mg/L）与细胞分裂素，在生长素中应避免使用易促进愈伤组织化的 2,4-D，宜换用稳定性较好的 NAA 或 IBA，细胞分裂素可用 KT 或 6-BA，GA_3 对某些植物茎尖培养是有用的。有时茎尖培养会添加活性炭。

茎尖培养中，由于操作方便，一般都使用琼脂培养基。不过，在琼脂培养基能诱导外植体愈伤组织化的情况下，最好还是用液体培养基。在进行液体培养时，须制作一个滤纸桥，把桥的两臂浸入试管内的培养基中，桥面悬于培养基上，外植体放在桥面上。

二、茎尖培养方法

进行脱毒培养时，由于微小的茎尖组织很难靠肉眼操作，因而需要一台带有适当光源的简单的解剖镜（8～40×）。除了需要植物组织无菌培养一般工具外，还需要一套解剖刀。剥离茎尖时，应尽快接种，茎尖暴露的时间应当越短越好，以防茎尖变干。可在一个衬有无菌湿滤纸的培养皿内进行操作，有助于防止茎尖变干。

和其他器官的培养一样，在进行茎尖培养时，首要一步是获得表面不带病原菌的外植体。一般来说，茎尖分生组织由于有彼此重叠的叶原基的严密保护，只要仔细解剖，无须表面消毒就应当能得到无菌的外植体。选取茎尖前，可把供试植株种在无菌的盆土中，放在温室中进行栽培。浇水时要直接浇在土壤中而不要浇在叶片上。另外，最好还要给植株定期喷施内吸杀菌剂，可用多菌灵（0.1%）和抗生素（如 0.1%链霉素）。对于某些田间种植的材料，可以切取插条插入 Knop 溶液中令其长大，由这些插条的腋芽长成的枝条，要比由田间植株上直接取来的枝条污染小得多。

为了保险起见，在切取外植体之前一般仍需对茎芽进行表面消毒。叶片包被严紧的芽，如菊花、兰花，只需在 75%乙醇中浸蘸一下；而叶片包被松散的芽，如香石竹、蒜和马铃薯等，则要用 0.1%次氯酸钠表面消毒 10min。对于这些消毒方法，在工作中应灵活运用，如在大蒜茎尖培养时，可将小鳞茎在 75%乙醇中浸蘸一下，再用灯火烧掉乙醇，然后解剖出无菌茎芽。

在剖取茎尖时，把茎芽置于解剖镜下，一手用细镊子将其按住，另一手用解剖针将叶片和叶原基剥掉，解剖针要常常浸入 90%乙醇，并用火焰灼烧以进行消毒。但要注意解剖针的冷却，可浸入无菌水进行冷却。当一个闪亮半圆球的顶端分生组织充分暴露出来之后，用解剖刀片将分生组织切下来，为了提高成活率，可带 1～2 枚幼叶，然后将其接到培养基上。接种时确保微茎尖不与其他物体接触，只用解剖针接种即可。

将接处好的茎尖置于 22℃ 左右的温度。每天 16h 在 2 000～3 000lx 的光照条件下培养。由于在低温和短日照下，茎尖有可能进入休眠，所以较高的温度和充足的日照时间必须保证。微茎尖需数月培养才能成功。

茎尖培养的继代培养和生根培养和一般器官的培养相同，这里不再叙述。

三、影响微茎尖培养的因素

1．外植体大小

在最适培养条件下，外植体的大小决定茎尖的存活率，外植体越大，产生再生植株的机会也就越多，而外植体越小脱毒效果越好。除了外植体的大小之外，叶原基的存在与否也影响分生组织形成植株的能力，一般认为，叶原基能向分生组织提供生长和分化所必需的生长素和细胞分裂素。在含有必要的生长调节物质的培养基中，离体顶端分生组织能在组织重建过程中迅速形成双极性两端。

2．培养条件

在茎尖培养中，照光培养的效果通常比暗培养好，如马铃薯茎尖培养时，当茎已长到 1cm 高时，光照强度增加到 4 000lx。

3．外植体的生理状态

茎尖最好要由活跃生长的芽上切取，在香石竹和菊花中，培养顶芽茎尖比培养腋芽茎尖效果好。但在草莓中，二者没什么差别。

取芽的时间也很重要，一般选作萌动期较好。否则采用某种适当的处理打破休眠才能进行。

任务 3　其他途径脱毒

一、愈伤组织培养脱毒

通过植物的器官和组织的培养去分化诱导产生愈伤组织。然后从愈伤组织再分化产生芽，长成小植株，可以得到无病毒苗。感染烟草花叶病毒的愈伤组织经机械分离后，仅有 40% 的单个细胞含有病毒，即愈伤组织无病毒植株。愈伤组织的某些细胞之所以不带病毒，可能是由于：①病毒的复制速度赶不上细胞的增殖速度。②有些细胞通过突变获得了抗病毒的抗性。对病毒侵袭具有抗性的细胞可能与敏感的细胞共同存在于母体组织之中。但是,愈伤组织脱毒的缺陷是植株遗传性不稳定,可能会产生变异植株,并且一些作物的愈伤组织尚不能产生再生植株。

二、茎尖微体嫁接

木本植物茎尖培养难以生根成植株,将实生苗砧木在人工培养基上种植培育,再从成年无病树枝上切取 0.4～1.0mm 茎尖,在砧木上进行试管微体嫁接,以获得无病毒幼苗。这在桃、柑橘、苹果等果树上已获得成功,并且有的已在生产上应用。

三、化学疗法脱毒

许多化学药品(包括嘌呤、嘧啶类似物、氨基酸、抗菌素等)对离体组织和原生质体具有脱毒效果。常用的药品有:8-氮鸟嘌呤、2-硫脲嘧啶、杀稻瘟抗菌素、放线菌素 D、庆大霉素等。例如,将 $100\mu g$ 2-硫脲嘧啶加入培养基可除去烟草愈伤组织中的 PVY(马铃薯 Y 病毒)。

任务 4 病毒植物的鉴定

从上述途径培育得到的植株,必须经过严格的鉴定,证明确实无病毒存在,是真正的无病毒苗,才可以提供给生产应用。鉴定的方法有多种。

一、指示植物法

指示植物法是利用病毒在其他植物上产生的枯斑作为鉴别病毒种类的方法,也即为枯斑和空斑测定法。这种专门用以产生局部病斑的寄主即为指示植物,又称鉴别寄主。它只能鉴定靠汁液传染的病毒。

指示植物法最早是美国的病毒学家 Holmes 在 1929 年发现的。他用感染 TMV 的普通烟叶的粗汁液和少许金刚砂相混,然后在心叶烟叶上摩擦 2～3d 后叶片上出现了局部坏死斑。在一定范围内,枯斑与侵染性病毒的浓度成正比。这种方法条件简单,操作方便,故一直沿用至今,仍为一种经济而有效的鉴定方法。枯斑法不能测出病毒总的核蛋白浓度,而只能测出病毒的相对感染力。

因为病毒的寄主范围不同，所以应根据不同的病毒选择适合的指示植物。此外，要求所选指示植物一年四季都容易栽培，且在较长的时期内保持对病毒的敏感性，容易接种，并在较广的范围内具有同样的反应。指示植物一般有两种类型：一种是接种后产生系统性症状，其病毒可扩展到植物非接种部位，通常没有局部病斑明显；另一种是只产生局部病斑，常由坏死、褪绿或环状病斑构成。

接种时从被鉴定植物取 1～3g 幼叶，在研钵中加 10mL 水及少量磷酸缓冲液（pH 7.0），研碎后用两层纱布滤去渣滓，再在汁液中加入少量的 500～600 目金刚砂作为指示植物叶片的摩擦剂，使叶面造成小的伤口，而不破坏表面细胞。之后用棉球蘸取汁液在叶面上轻轻涂抹 2～3 次进行接种，用清水冲洗叶面。接种时可用手指涂抹、用纱布或用喷枪等来接种。接种工作应在防蚜虫温室中进行，保温 15～25℃。接种后 2～6d 可见到症状出现。

木本多年生果树植物及草莓等无性繁殖的草本植物，采用汁液接种法比较困难，则通常采用嫁接接种的方法。以指示植物作砧木，被鉴定植物作接穗，常用劈接法。

二、抗血清鉴定法

植物病毒是由蛋白质和核酸组成的核蛋白，因而是一种较好的抗原，给动物注射后会产生抗体，抗体存在于血清之中称抗血清。不同病毒产生的抗血清有各自的特异性。用已知抗血清可以鉴定未知病毒的种类。这种抗血清就是高度专一性的试剂，特异性高，测定速度快，一般几小时甚至几分钟就可以完成。所以，抗血清法成为植物病毒鉴定中最有用的方法之一。

抗血清鉴定法要进行抗原的制备（包括病毒的繁殖、病叶研磨和粗汁液澄清等），抗血清的采收、分离等。血清可分装到小玻璃瓶中，贮存在-15～25℃的冰冻条件下。测定时，把稀释的抗血清与未知各植物病毒在小试管内仔细混合，这一反应导致形成可见的沉淀。然后根据沉淀反应来鉴定病毒。

三、电子显微镜检查法

人的眼睛不能观察小于 0.1μm 的微粒，借助于普通光学显微镜也只能看到小至 200μm 的微粒，只有通过电子显微镜才能分辨 0.5nm 大小的病毒颗粒。采用电子显微镜可以直接观察病毒，检查出有无病毒存在，并可得知病毒颗粒的大小、形状和结构，借以鉴定病毒的种类。这是一种较为先进的方法，但需一定的设备和技术。

由于电子的穿透力很低，制品必须薄到 10～100nm，通常制成厚 20nm 左右的薄片，置于铜载网上，才能在电子显微镜下观察到。近代发展了电镜结合血清学检测病毒，称为免疫吸附电镜（ISEM）。新制备的电镜铜网用碳支持膜使漂浮膜到位，少量的稀释抗血清孵育 30min，就可以把血清蛋白吸附在膜上，铜网漂浮在缓冲溶液中除去过量蛋白质，用滤纸吸干，加入一滴病毒悬浮液或感染组织的提取液，1～2h 后，以前吸附在铜网上的抗体陷入同源的病毒颗粒，在电镜下即可见到病毒的粒子。这一方法的优点是灵敏度高和能在植物粗提取液中定量测定病毒。

任务 5　无病毒植物的保存和利用

一、无病毒苗的保存繁殖

无病毒植株并不具有额外的抗病性，它们有可能很快又被重新感染。所以，一旦培育得到无病毒苗，就应很好隔离保存。这些原种或原种材料保管得好可以保存利用 5～10 年。

通常无病毒苗应种植在防虫网内，使用 300 目，即网眼为 0.4～0.5mm 大小的网纱，可以防止蚜虫进入。栽培用的土壤也应进行消毒，周围环境也要整洁，并及时喷施农药防治虫害，以保证植物材料在与病毒严密隔离的条件下栽培。有条件的地方可以到海岛或高冷山地种植保存，那里气候凉爽，虫害少，有利于无病毒材料的生长繁殖。另一种更便宜的方法，是把由茎尖得到的并已经过脱毒检验的植物通过离体培养进行繁殖和保存。

二、无病毒苗的利用

无病毒苗在生产中的利用也要防止病毒的再感染。生产场所应隔离病毒感染途径，做好土壤消毒或防蚜等工作。在此种植区及种植规模小的地方，要较长时间才会感染。而在种植时间长、轮作及种植规模大的产地则在短期内就可感染。一旦感染，影响产量质量的，就应重新采用无病毒苗，以保证生产的质量。

任务 6 案 例

一、怀山药茎尖脱毒技术

怀山药（*Dioscorea opposita* Thun b.）为薯蓣科多年生草本植物，在全国大部分地方均有种植，其肉质根状茎可菜药兼用，由于其药用价值高、品质好，故其产品畅销到东南亚和日本等国，具有重要的经济价值。在生产中，怀山药由于长期采用营养繁殖，病毒感染严重，造成产量下降、品质退化，另外，目前怀山药繁种主要用山药的食用部分，繁种速度慢、成本高。因此，开展健康种苗研究，采用生物技术的方法脱除病毒、提高产量、改善品质已成为山药生产中亟待解决的问题。受病毒侵染的山药终身带毒，目前尚无有效药物可以治愈，而对感病山药进行离体脱毒，培养脱毒苗，是解决山药病毒病的根本方法之一。

（1）茎尖诱导

取长势较好的茎段，剪取茎顶部 3cm 芽段，去除较大的叶片，用洗洁精水浸泡 20min 左右，期间放到摇床上慢慢摇动，之后用自来水冲洗干净，将材料移入超净工作台，放入无菌三角瓶，用 70% 的乙醇浸泡 30s，然后用 0.1% 的升汞（HgCl$_2$）溶液灭菌 8min，再用无菌水冲洗 5 遍，在超净工作台上利用解剖镜剥离茎尖，所剥茎尖约 0.1mm，不带叶原基，接种到茎尖诱导候选培养基 MS＋6-BA 1mg/L＋NAA 0.5mg/L 上。在温度 25℃、每天光照 16h、光照度 2 000lx 的条件下培养。

（2）茎段增殖

将消毒好的茎段切成单节茎段，接种到增殖培养基 MS＋6-BA 1mg/L＋NAA 0.5mg/L 上，添加 0.01% 聚乙烯吡咯烷酮（PVP），培养温度 25℃、每天光照 16h、光照度 2 000lx 的条件下培养。

二、菊花茎尖脱毒技术

（1）外植体的获得

用剪刀剪取生长健壮正常的菊花带顶芽茎段，长约 2cm，于流水中冲洗 30min，去掉表面泥土，在超净工作台内将材料放入 75% 乙醇中浸泡 30～40s，然后用 0.1%HgCl$_2$ 消毒 7～10min，无菌水冲洗 4～5 次，材料放入无菌的铺有滤纸的培养皿内。

（2）诱导侧芽生长

在 40 倍解剖镜下，用接种针将菊花的顶芽外面的幼叶小心剥掉，直至在解剖镜下能看到表面光滑、呈圆锥形的茎尖为止，再用已灭菌的解剖刀割取茎尖组织，长 0.5～0.6mm，接种于侧芽生长培养基 MS＋NAA 0.1mg/L＋6-BA 5.0mg/L＋蔗糖 3%＋琼脂 0.7%上。

（3）茎尖培养

将接种茎尖置于暗处培养 1～2d，然后转移至光照培养箱中培养，经过 10d 左右的培养，菊花茎尖颜色逐渐变绿，基部逐渐增大，茎尖也逐渐伸长，一般 25d 后可诱导丛生芽。

（4）继代培养

将丛生芽切割下，分开接种于增殖培养基 MS＋GA$_3$ 3mg/L＋6-BA 6.0mg/L＋蔗糖 3%＋琼脂 0.7%上，一般 15d 后可生长出丛生芽，取丛生芽在相同培养基上继代，则可在更短的时间内（约 10d）长出丛生芽。继代培养次数越多，从接种到长出丛生芽所需的时间越短，但不短于 7d，如不及时转接，芽苗会迅速长高。

（5）不定根诱导

取长 2～3cm 的芽苗分开接种于生根培养基 1/2MS＋NAA 0.1mg/L＋蔗糖 3%＋琼脂 0.7%上，进行诱导不定根的发生，10d 左右就可出现大量小根，最后有 1～6 条根，芽苗也迅速长高。

（6）试管苗的移栽

在芽苗生根后，先将瓶塞打开，让其由无菌环境转至有菌且湿度较低的环境中约 3d，取苗，流水洗去培养基残物，移栽到沙土中，适当遮阴，一周后即可成活。成活率达 95%以上，一个月即可上盆。

表 4-1 为生产中常用植物脱毒成功案例表。

表 4-1 常用植物脱毒成功案例表

植物	病毒种类	处理温度/℃	处理时间	获得效果	备注
康乃馨	轮纹病毒 嵌纹病毒 斑驳病毒	38 38 38（40）	2 个月 2 个月 2 个月 （6～8 周）	无毒茎尖	
红树莓	所有病毒	38±1	8 周	无毒茎尖	
草莓	斑驳病毒、星状觅萎病毒、番茄环斑病毒、花叶病毒、皱叶病毒、黄边病毒、脉结病毒	40～41	4～6 周	无毒茎尖	

（续）

植物	病毒种类	处理温度/℃	处理时间	获得效果	备注
菊花	无子病毒、轻斑驳病毒、脉斑驳病毒、潜隐病毒、绿斑驳类病毒、矮化病毒	37	4～6 周	无毒茎尖	
马铃薯	卷叶病毒	35 以下	几个月	无毒茎尖	变温处理
		40	4h		
		16～20	20h		
黄花烟叶	CMV 病毒	40	16h	无毒茎尖	变温处理
		22	8h		

【思考与练习】

一、名词解释

植物脱毒技术、微尖嫁接、指示植物、脱毒苗。

二、思考题

1．热处理脱毒的原理是什么？常用的处理方法有哪些？

2．为什么微茎尖脱毒培养能去除病毒？哪些因素会对脱毒效果有影响？

3．脱毒苗的鉴定有哪些方法？

4．指示植物鉴定法有几种？

5．为什么对脱毒处理后产生的植株必须进行病毒鉴定？为什么已经通过病毒鉴定的脱毒苗还必须重复鉴定？

5 项目五

药用植物组培技术研发

任务 1　组培快繁研究的技术路线

一、组培的基本理论

（一）植物细胞全能性

植物组织培养是建立在植物细胞全能性和植物的再生性的基本理论之上。所谓细胞的全能性，就是植物的每个细胞都具有该植物的全部遗传信息和发育成完整植株的能力。植物的再生作用，就是能够从植物分离出根、茎、叶等一部分器官，在切口处组织受到了损伤，但这些受伤的部位往往会产生新的器官，长出不定芽和不定根，从而成为新的完整的植株（图 5-1）。植物之所以会产生器官，是由于受伤组织产生了创伤激素，促进了周围组织的生长而形成愈伤组织，凭借内源激素和贮藏营养的作用又产生新的器官。

```
        脱分化        再分化        分化生长
外植体 ──────→ 愈伤组织 ──────→ 生长点 ──────→ 根、茎、叶或胚状体、原球茎 ──────→ 小植株
```

图 5-1　组织培养实现细胞全能性的过程

在自然情况下，一些植物的营养器官和细胞再生比较困难，主要是由于内源激素调整缓慢或不完全，外界条件不易控制等因素所致。在组织培养人工控制培养的条件下，通过对培养基的调整，特别是对激素成分的调整，就有可能顺利地再生。

在组织培养中再生植株还可通过与合子胚相似的胚胎发育过程进行，即形成胚状体再发育成完整植株。在组培中诱导胚状体与诱导芽相比有以下优点：数量多，速度快，结构完整。在组织培养的研究中，已发现有分化胚状体能力的种子植物已达 117 种。产生胚状体的离体培养物也是多种多样的，如从离体的根、茎、叶、花药、幼苗、子叶、子房中的合子胚、各种单细胞、游离的小孢子以及原生质体等。关于诱导胚状体产生的因素，目前认为是激素作用的结果。

（二）根芽激素理论

1955 年，Skoog 和 Miller 提出了有关植物激素控制器官形成的理论即根芽激素理论：根和芽的分化由生长素和细胞分裂素的比值决定，两者比值高时促进生根；比值低时促进茎芽的分化；比值适中时则组织倾向于以一种无结构的方式生长。因此，可通过改变培养基中两类激素的相对浓度控制器官的分化。

二、组培快繁研究的技术路线

影响组织培养的因素既有内因，也有外因。内因主要是植物自身生长发育的特点。虽然一般植物都具有扦插生根、根蘖出芽等营养繁殖的能力，但不同植物的难易程度不同，对环境条件要求也不同。对于能否生根、生根难易等植物自身的内因来说是无法改变的，而组培研究的主要目的是找出最有利的环境条件（外因）。影响组培的外因主要包括以下几类：①外植体（类型、取材部位、采集时期）；②培养基的种类；③激素（种类、浓度、配比）；④添加物及糖（种类、浓度）；⑤pH 值；⑥温度（高温、低温、恒温、变温）；⑦光照（光培养、暗培养、光周期、光质）；⑧培养方式（固体、液体、静置、振荡）。

针对上述影响因素，先试验什么，后试验什么，就是技术路线的问题。首先要确定的是外植体。最好的外植体是无菌的试管苗，其来源有 3 条途径：一是从企业、高校或科研单位购买；二是通过技术转让；三是种苗交换。如果没有试管苗，一般以腋芽和顶芽作外植体，取材时期最好在春夏之交植物旺盛生长的阶段。对于自己采的外植体，一般可参照以下步骤筛选培养条件；对于自我设计培养基配方开展试验研究，一般先在空白的 MS 培养基上过渡一代，然后再按相同步骤试验。

1. 生长素和细胞分裂素

一般以 MS 培养基为基础，首先筛选生长素和细胞分裂素的种类、浓度与配比。生长素和细胞分裂素的浓度范围平均为 0.5～2.0mg/L。一般在增殖阶段细胞分裂素多些，生长阶段生长素多些，生根阶段只加生长素，但组培过程中的特殊情况也较多，应具体情况具体分析。

2. 培养基种类

如果组培苗生长不理想，下一步就要筛选基本培养基。一般保持激素配方不变，比较 MS、B_5、WPM 等不同基本培养基的效果。

3. 糖和其他添加物

一般比较 2%～5% 的含糖量的差异，如果差异不明显，从节约成本角度考虑选最低含糖量。糖的种类一般都用蔗糖（生产上多用白砂糖）。椰乳、香蕉汁（泥）、水解乳蛋白、水解酪蛋白等有机添加物多在植物枯黄等特殊情况下使用。活性炭、聚乙烯醇（PVA）等无机添加物多在培养材料发生褐化情况下使用。

4. pH 值与离子浓度

培养基的 pH 值影响培养物对营养物质的吸收和生长速度。对大多数植物来说，培养基的 pH 值控制在 5.6～6.0，特殊植物如蝴蝶兰（pH 5.3）、杜鹃（pH 4.0）和桃树（pH 7.0）可以稍低或稍高。pH 值过高，不但培养基变硬，阻碍培养物对水分的吸收，而且影响离子的解离释放；pH 值过低，则容易导致琼脂水解，培养基不能凝固。一般培养基 pH 5.8 就能满足绝大多数植物培养的需要。离子浓度除了 1/2MS、1/4MS 之外，Fe^{2+} 的浓度有时会作调整（如培养材料发黄时调整为 2～3 倍铁盐等）。其他离子在选择好基本培养基后，一般不作调整。

5. 温度与湿度

温度不仅影响植物组织培养的生长速度，也影响其分化增殖以及器官建成等发育进程。温度处理要在不同的培养室进行。原则上培养室温度一般设定在 25℃±2℃ 范围内。因为大多数植物组织培养的最适温度在 23～27℃，但不同植物组培的最适温度不同（如百合的最适温度是 20℃，月季是 25～27℃）。一般都是幅度很小的变温培养，主要是受到照明发热和四季变化的实际影响。生产单位在冬季不低于 20℃，夏季不超过 30℃，均属正常。另外，需要注意的是，同一培养架的上下层之间有 2～3℃ 的温差（上高下低），放置培养瓶时可充分利用这种客观存在的温差。

湿度包括培养容器内和培养室的湿度条件。容器内湿度主要受培养基的含水量和封口材料的影响。培养基的含水量受到琼脂含量的影响，冬季应适当减少琼脂用量，否则将使培养基变硬，不利于外植体插入培养基和材料吸水，导致生长发育受阻。另外，封口材料直接影响容器内湿度情况，封闭性较高的封口材料易引起透气性受阻，也会导致植物生长发育受影响。培养室的相对湿度可以影响培养基的水分蒸发，一般设定 70%～80% 的相对湿度即可，常用加湿器或除湿器来调节湿度。湿度过低会使培养基丧失大量水分，导致培养基各种成分浓度的改变和渗透压的升高，进而影响组织培养的正常进行；湿度过高时，易引起棉塞长霉，导致污染。

6．光照

光照对植物组培的影响主要表现在光周期、光照强度及光质 3 个方面，对细胞增殖、器官分化、光合作用等均有影响。培养材料生长发育所需的能源主要由外来碳源提供，光照主要是满足植物形态的建成，300～500lx 的光照强度可以满足基本需要，但对于大多数的植物来说，2 000～3 000lx 比较合适。光周期影响植物的生长，也影响花芽的形成和诱导。光质对愈伤组织诱导、组织细胞的增殖以及器官的分化都有明显的影响。如百合珠芽在红光下培养 8 周后，分化出愈伤组织，但在蓝光下几周后才出现愈伤组织，而唐菖蒲子球块接种 15d 后，在蓝光下培养出芽快，幼苗生长旺盛，而白光下幼苗纤细。

组培研究时，一般先进行光照、暗培养的对比试验，然后选择光周期。一般保证每日 12～16h 的光照时间就能满足大多数植物生长分化的光周期要求。生产上一般不作光质试验，直接用日光灯照明。有条件的话，可用 LED 灯代替日光灯进行试验。

7．培养方式

一般采用固体静置培养。液体振荡培养多在胚状体、原球茎等离体快繁发生途径和细胞培养上使用。在一定的 pH 值下，琼脂以能固化的最少用量为准。

任务 2　组培试验的设计方法

在某种组培苗规模化生产前，必须通过反复试验研究，形成比较完善的技术体系，否则边生产边研究，很有可能会给生产带来非常大的市场风险和经济损失。因此，要高度重视组培技术的试验研究，做好组培试验设计。组培试验设计主要包括单因子试验、双因子试验、多因子试验 3 类方法。实际顺序是从多因子试验到单因子试验。

一、单因子试验

单因子试验是指整个试验中保证其他因子不变，只比较一个试验因子不同水平的试验。如含糖量 2%、3%、4%、5%的试验，pH5.6、6.0、6.2 等的试验等。这是最基本、最简单的试验方法。一般是在其他因子都选择好了的情况下，对某个因子进行比较精细的选择。

二、双因子试验

双因子试验是指在整个试验中其他因子不变，只比较两个试验因子不同水平的试验。常用于选择生长素与细胞分裂素的浓度配比。双因子试验多采用拉丁方设计。如研究 NAA、6-BA 两种因子对熏衣草增殖率的影响时，可以按表 5-1 设计试验。如此，自上而下，NAA 的浓度逐渐升高；自左至右，6-BA 的浓度逐渐升高；从左上到右下，二者的绝对含量逐渐升高；从左下到右上，NAA 的相对含量逐渐降低，而 6-BA 的相对含量逐渐升高。可见，这样的试验设计已经包括了 2 种激素的所有可能组合。

表 5-1　双因子试验设计　　　　　　　　　　　　　　mg/L

NAA	6-BA				
	1.0	2.0	5.0	合计	平均
0.1					
0.5					
2.0					
合计					
平均					

三、多因子试验

多因子试验是指在同一试验中同时研究两个以上试验因子的试验。多因子试验设计由该试验所有试验因子的水平组合（即处理）构成。此种方法主要用于对培养基种类、激素种类及其浓度的筛选。多因子试验方案分为完全方案和不完全方案两类，实际多采用不完全实施的正交试验设计。所谓正交试验是指利用正交表来安排与分析多因子试验的一种统计方法，目前用得最多，效率高。如采用 4 因子 3 水平 9 次试验的 $L_9(3^4)$ 正交试验，可以一次选择培养基、生长素、细胞分裂素、赤霉素等众多因子及其水平（表 5-2），然后查正交表组合因子及其水平（表 5-3）。

表 5-2 L$_9$（3^4）正交试验设计 mg/L

水 平	因 子			
	培养基	生长素（NAA）	细胞分裂素（6-BA）	赤霉素（GA$_3$）
1	MS	0.5	0.5	1.0
2	B$_5$	1.0	1.0	2.0
3	WPM	2.0	2.0	4.0

表 5-3 L$_9$（3^4）正交试验方案 mg/L

编 号	培养基	IBA	6-BA	GA$_3$
1	MS	0.5	0.5	1.0
2	MS	1.0	1.0	2.0
3	MS	2.0	2.0	4.0
4	B$_5$	0.5	1.0	4.0
5	B$_5$	1.0	2.0	1.0
6	B$_5$	2.0	0.5	2.0
7	WPM	0.5	2.0	2.0
8	WPM	1.0	0.5	4.0
9	WPM	2.0	1.0	1.0

任务 3 组培试验方案的制订

一、试验设计的基本要点

（1）确定试验因素

根据研究目的、试验设计方法和试验条件，确定试验因子。单、双因子试验设计的试验因子数是固定的，多因子试验设计一般不超过 4 个试验因子。

（2）确定试验方案图，正确划分各试验因子的水平

试验因子分为两类，即数量化因素与质量化因素。质量化因素是指因素水平不能够用数量等级的形式来表现的因素，如光源种类、培养基类型等都是不能量化的。

数量化因素在划分水平时应注意：①水平范围要符合生产实际并有一定的预见性。②水平间距（即相邻水平之间的差异）要适当且相等。③数量化因素通常可不设置对照或以 0 水平为对照。

二、组培试验方案的体例与撰写要求

组培试验方案的一般体例见图 5-2。

```
_____试验方案

1. 前言
2. 正文
(1) 试验的基本条件
(2) 试验设计
(3) 操作与管理要求
(4) 调查分析的指标与方法
3. 试验进度安排与经费预算
4. 落款
5. 附录
```

图 5-2　试验计划的撰写体例

撰写要求如下：

1. 课题名称（题目）

课题名称（题目）要求能精炼地概括试验内容，包括供试作物类型或品种名称、试验因素及主要指标，有时也可在课题名称中反映出试验的时间、负责试验的单位与地点，如"影响组培苗褐化的因素研究""大豆不同器官的组培试验"等。

2. 前言

前言主要介绍试验的目的意义。试验目的要明确：①说明为什么要进行本试验，引出你要研究的问题——试验因素；②试验的理论依据，从理论上简要分析试验因素对问题解决的可行性。③他人的同类试验方法与结论，以突出自己试验的特色。

3．正文

（1）试验的基本条件

试验的基本条件能更好地反映试验的代表性和可行性。主要阐述实验室环境控制与有关仪器设备能否满足植物培养与分析测定的需要。

（2）试验设计

一般应说明供试材料的种类与品种名称、试验因素与水平、处理的数量与名称，以及对照的设置情况。在此基础上介绍试验设计方法和试验单元的大小、重复次数、重复（区组）的排列方式等内容。室内试验的试验单元设计主要写明每个单元包含多少个培养瓶（或试管、袋子、三角瓶、盆……），每个培养瓶的苗数（种子数、组织数……）。组培试验一般设计 3 次重复，要求每个处理接种至少 30 瓶，每瓶接种 1 个培养物；或者每个处理 10 瓶，每瓶接种 3 个以上培养物。

（3）操作与管理要求

简要介绍对供试材料的培养条件设置与操作要求。组培试验主要介绍培养基的准备、消毒灭菌措施、接种方法要求、培养室温湿度与光照控制，以及责任分工等。

（4）调查分析的指标与方法

调查分析的指标设计关系到今后对试验结果的调查与分析是否合理、准确、完整、系统，因此科学设计要调查的技术指标，明确实施方法，从定性和定量两个方面进行设计与观察。一般以一个试验单元为一个观察记载单位，当试验单元要调查的工作量太大，也可以在一个试验单元内进行抽样调查。

4．试验进度安排及经费预算

试验进度安排说明试验的起止时间和各阶段工作任务安排。经费预算要在不影响课题完成的前提下，充分利用现有设备，节约各种物资材料。如果必须增添设备、人力、材料，应当将需要开支项目的名称、数量、单价、预算金额等详细写在计划书上（若开支项目太多，最好能列表），以便早做准备如期解决，防止影响试验的顺利进行。

5．落款与附录

写明试验主持人（课题负责人）、执行人（课题成员）的姓名和单位（部门）。附录主要是便于自己今后实施的需要，包括绘制试验环境规划图、制作观察记载表。

任务 4　组培试验成果观察与数据调查

一、组培快繁的易发问题

（一）褐变

褐变（又称褐化）是指培养材料向培养基释放褐色物质，致使培养基逐渐变褐，培养材料也随之变褐甚至死亡的现象。培养材料褐变是由于植物组织中的多酚氧化酶被激活，使细胞里的酚类物质氧化成棕褐色的酚类物质，并抑制其他酶的活性，导致代谢紊乱；这些酚类物质扩散到培养基后毒害外植体，造成生长不良甚至死亡。

1．褐变产生的原因

（1）植物种类和品种

在不同植物或同种植物不同品种的组培过程中，褐变发生的频率和严重程度存在较大差异，这是由于不同植物种类和品种所含的单宁及其他酚类化合物的数量、多酚氧化酶活性上的差异造成的。因此，在培养过程中应根据组培对象采取相应的褐变预防措施，特别对容易褐变的植物应考虑对其不同基因型进行筛选，力争采用不褐变或褐变程度轻的外植体作为培养对象。

（2）外植体的生理状态、取材季节与部位

由于外植体的生理状态不同，在接种后褐变程度也有所不同。一般来说，处于幼龄期的植物材料较从成年植株采集的植物材料褐变程度轻；老熟组织较幼嫩组织褐变程度严重。另外，处于生长季节的植物体内含有较多的酚类化合物，所以夏季取材更容易发生褐变，冬春季节取材则材料褐变死亡率最低。因此，从防止材料褐变角度考虑，要注意取材的时间和部位。

（3）培养基成分

无机盐浓度过高会使某些观赏植物的褐变程度增加；细胞分裂素水平过高也会刺激某些外植体的多酚氧化酶的活性，从而使褐变现象加重，如果外植体在最适宜的脱分化条件下，细胞大量增殖，会在一定程度于抑制褐变发生。

（4）培养条件

培养过程中光照过强、温度过高、培养时间过长等，均可使多酚氧化酶的活性提高，从而加速外植体的褐变。因此，采集外植体前，将材料或母株枝条做遮光处理后再切取外植体培养，能够有效抑制褐变的发生。初代培养的材料暗培养，对抑制褐变发生也有一定的效果，但应通过试验摸索出适宜的时间，否则暗培养时间过长，会降低外植体的生活力，甚至引起死亡。

（5）材料转移时间

培养过程中材料长期不转移，会导致培养材料褐变，最终材料全部死亡。

（6）外植体大小及受损程度

切取的材料大小、植物组织受伤的程度也影响褐变。一般来说，材料太小容易褐变；外植体受伤越重，越容易褐变。因此，化学灭菌剂在杀死外植体表面菌类的同时，也可能会在一定程度上杀死外植体的组织细胞，导致外植体褐变。

2. 褐变的预防措施

① 尽量冬春季节采集幼嫩的外植体，并加大接种量；外植体和培养材料最好进行 20～40d 的遮光处理或暗培养。

② 选择适宜的培养基，调整激素用量，在不影响外植体正常生长和分化的前提下，尽量降低温度，减少光照。及时更新培养基也是一种有效降低褐变的重要措施。

③ 在培养基中加入抗氧化剂或在含有抗氧化剂的培养基中进行预培养，可大大减轻褐变程度。在液体培养基中加入抗氧化剂比在固体培养基中加入的效果要好。常用的抗氧化剂有维生素 C、聚乙烯吡咯烷酮、L-半胱氨

酸、硫代硫酸钠、柠檬酸、活性炭等。通常在培养基中附加 0.1%～0.3%的活性炭或 5～20mg/L 的聚乙烯吡咯烷酮。

④ 加快继代转瓶速度，如山月桂树的茎尖培养中，接种 12～24h 转移到液体培养基上，然后继续每天转 1 次，这样经过连续处理 7～10d 后，褐变现象便会得到控制或大为减轻。

⑤ 合理使用灭菌剂。

⑥ 避免使用未充分冷却的接种工具。

⑦ 做到材料剪切时尽量减少外植体的受损面积，而且创伤面尽量平整。

⑧ 外植体切割要果断迅速，并且转接速度要快，减少伤口在空气中的暴露时间。

（二）试管苗玻璃化

当植物材料不断地进行离体繁殖时，有些培养物的嫩茎、叶片往往会呈半透明水渍状，这种现象通常称为玻璃化（也称为超水化现象）。发生玻璃化的试管苗称为玻璃化苗。玻璃化苗植株肿胀，失绿，茎叶表皮无蜡质层，无功能性气孔，叶、嫩梢呈水晶透明或半透明；叶色浅，叶片皱缩并纵向卷曲，脆弱易碎；组织发育不全或畸形；体内含水量高，干物质等含量低；试管苗生长缓慢，分化能力降低。一旦形成玻璃苗，就很难恢复成正常苗，严重影响繁殖率，因此，不能作为继代培养和扩繁的材料，加上生根困难，移栽成活率极低，会给生产造成很大损失。

1. 试管苗玻璃化的原因

试管苗玻璃化是在芽分化启动后的生长过程中，碳水化合物、氮代谢和水分状态等发生生理性异常引起的，它受多种因素影响和控制。因此，玻璃化是试管苗的一种生理失调症状。试管苗为了适应变化了的环境而呈玻璃状。引起试管苗玻璃化的因素主要有激素浓度、琼脂用量、温光条件、通风状况、培养基成分等。

（1）植物激素

许多试验证明，培养基中，6-BA 浓度和玻璃苗产生率呈正相关，6-BA 的浓度越高，玻璃苗产生的比例越大。在实际的组织培养过程中，6-BA 等细胞分裂素浓度偏高的原因有：①培养基中一次加入细胞分裂素过多；②细胞分裂素与生长素的比例失调，植物吸收过多细胞分裂素；③细胞分裂素经多次继代培养引起的累加效应。通常继代次数越多的，玻璃化苗发生的比例越大。此外，GA_3 与 IAA 促进细胞过渡生长会导致玻璃化；乙烯促进叶绿素分解和植株肿胀，也易形成玻璃化苗。

（2）培养基成分

培养基中无机离子的种类、浓度及其比例不适宜该种植物，则玻璃化苗的比例就会增加。培养基中含氮量过高，特别是铵态氮过高，也会导致试管苗玻璃化。

（3）琼脂与蔗糖的浓度

研究发现，琼脂与蔗糖的浓度与玻璃化呈负相关。琼脂浓度低，培养基硬度差，玻璃化苗的比例增加，水浸状严重。液体培养更容易形成玻璃化苗。虽然随着琼脂用量的增加，玻璃化的比例明显减少，但琼脂加入过多，培养基会变硬，会影响营养吸收，使苗生长缓慢，分枝减少。在一定范围内，蔗糖浓度越高，玻璃化苗产生的概率越低。

（4）温度和光照

适宜的温度可以使试管苗生长良好，但温度过高过低或忽高忽低都容易诱发玻璃化苗。增加光照强度可促进光合作用，提高碳水化合物的含量，使玻璃化的发生比例降低；光照不足，加之高温，极易引发试管苗的过度生长，会加速试管苗的玻璃化。大多数植物在每日 10～12h 的光照时间和 1 500～2 000lx 光强的条件下能够正常生长和分化。当每天的光照时间大于 15h 时，玻璃化苗的比例有增加趋势。日光灯光源比自然光源易发生玻璃化苗，如培养室靠窗的苗木发生玻璃化苗的程度明显降低。

（5）培养瓶内湿度与通气条件

试管苗生长期间，要求气体交换充分、良好。如果培养瓶口密闭过严，瓶内外气体交换不畅，造成瓶内空气湿度和培养基含水量过高，容易诱发玻璃化苗。一般来说，单位体积内培养的材料越多，苗的长势越快，玻璃化出现的频率就越高。当培养瓶内分化芽丛多、芽丛已长满瓶未能及时转苗，瓶内空气质量恶化，CO_2 增多，此时会很快形成玻璃化苗。

（6）植物材料

不同植物试管苗产生玻璃化苗的难易程度是不一样的。草本植物和幼嫩组织相对容易发生玻璃化。禾本科植物如水稻、小麦、玉米等试管苗却不易产生玻璃化苗。对容易玻璃化的植物材料如果长时间浸泡在水中，则玻璃化程度尤其严重。

2. 防止玻璃化苗发生的措施

① 利用固体培养基，适当增加琼脂的浓度，提高琼脂的纯度，适当增加培养基的硬度，造成细胞吸水阻遏，可降低试管苗玻璃化。

② 适当提高培养基中蔗糖含量或加入渗透剂，降低培养基的渗透势，减少培养基中植物材料可获得的水分，造成水分胁迫。

③ 使用透气性好的封口材料，如牛皮纸、棉塞、滤纸、封口纸等，尽

可能降低培养瓶内的空气湿度,加强气体交换,从而改善培养瓶的通气条件。

④ 适当提高培养基中无机盐的含量,减少铵态氮而提高硝态氮的用量。

⑤ 选择合适的激素种类与浓度,适当降低培养基中细胞分裂素和赤霉素的浓度。

⑥ 在培养基中适当添加活性炭、间苯三酚、山梨醇、聚乙烯醇(PVA)均可有效控制玻璃化苗的发生。

⑦ 尽量选用玻璃化轻或无玻璃化的植物材料。

⑧ 适当延长光照时间或增加自然光照,提高光强,可抑制试管苗玻璃化。

⑨ 适当控制培养瓶的温度。需要时可适当低温处理,避免温度过高,防止温度突然变化,可抑制试管苗玻璃化。一定的昼夜温差较恒温效果好。

⑩ 发现培养材料有玻璃化倾向时,应立即将未玻璃化的苗转入生根培养基上诱导生根,只要生根就不会再玻璃化了。

(三)污染

污染是植物组织培养最常见和首要解决的问题。所谓污染是指在组织培养过程中,由于细菌、真菌等微生物的侵染,在培养基的表面滋生大量菌斑,造成培养材料不能生长和发育的现象。对于工厂化育苗来说,污染往往是影响生产任务按时完成的主要原因。造成污染的病原菌主要有细菌和真菌两大类。细菌性污染症状是菌落呈黏液状,颜色多为白色,与培养基表面界限清楚,一般接种后 1~2d 就能发现;真菌性污染的症状,所形成的菌落多为黑色、绿色、白色的绒毛状、棉絮状,与培养基和培养物的界限不清。一般接种后 3~10d 后才能发现。实际培养中要明确分清,辨别污染的类型,以便有针对性地采取防治措施,从而提高组培效率和质量。

1. 产生污染的原因

综合来看,造成组培污染的原因主要包括以下 5 个方面:①外植体灭菌不彻底;②操作时人为带入;③培养基及接种工具灭菌不彻底;④环境不清洁;⑤转接时培养材料带菌。实际上这也是造成组培污染的 5 条主要途径。

2. 控制污染的措施

(1)防止外植体带菌

① 做好接种材料的室外采集工作,最好春秋采集外植体;晴天下午采集;优先选择地上部分作为外植体;外植体采集前喷杀虫剂、杀菌剂或套袋等。

② 接种前在室内或无菌条件下对材料进行预培养,从新抽生的枝条上选择外植体。

③ 外植体严格灭菌，在正式接种或大规模组培生产前一定要进行灭菌效果试验，摸索出最佳的灭菌方法，达到最好的灭菌效果。对于难于灭菌彻底的材料可以采取多次灭菌和交替灭菌的方法。

④ 外植体修剪时一定要防止交叉污染。

（2）培养基和接种器具彻底灭菌

① 严格按照培养基配制要求分装、封口。培养基分装时，液体培养基不能溅留到培养瓶口；封口膜不能破损；封口时线绳位置适当，松紧适宜。

② 保证灭菌时间和灭菌温度。灭菌时高压灭菌锅内的冷空气要彻底排放干净；认真登记灭菌时间和检查灭菌温度，防止灭菌时间不足或温度不够而带来的细菌性污染。

③ 接种工具、工作服、口罩、帽子等布质品在使用前彻底灭菌，而且在接种过程中，接种器具要经常灼烧灭菌。

（3）严守无菌操作规程，防止操作时带入

① 接种人员注意个人卫生，进入接种室前，应当用硫磺皂洗手，然后进入接种室。接种时经常用 75%乙醇擦手。

② 在酒精灯火焰的有效控制区域内操作。在操作规范的前提下，尽量提高接种速度。

③ 接种时，接种员双手不能离开工作台，如果离开工作台必须用酒精擦手后再接种。

④ 接种时开瓶和封口的动作要轻、要快。旋转烧瓶口并拿成斜角。

⑤ 尽量避免在接种用具和培养皿、揭开的培养瓶口上方移动。

⑥ 用于材料表面灭菌的烧杯和需要转接的种苗瓶最好在放入超净工作台前用酒精擦拭。

⑦ 操作区内不要一次性放入过多的空白培养基，避免气流被挡住。

（4）保持环境清洁

① 培养室和接种室定期用消毒剂熏蒸、紫外灯照射或臭氧灭菌。

② 及时拣出污染的组培材料，定期对培养室消毒。

③ 定期清洗或更换超净台过滤器，并进行带菌试验。

④ 经常用涂抹或喷雾方式清洁超净工作台。

⑤ 严格控制人员频繁出入培养室。

（5）转接时培养材料带菌

在培养室，接种前继代母种根据母种污染的程度进行分级。一般分为 A、B1、B2、C 共 4 级。其中，A 级为洁净母种，B1 级为轻微带细菌，B2 级为携带严重细菌，C 级为携带真菌（包含真菌＋细菌）。

采取措施：

① A 级直接作为下一级接种母种。

② B1 级不作为下一级继代接种母种，只作为生根接种母种。

③ B2 级、C 级禁止作为下一级接种母种，属淘汰母种。

（四）其他问题

组织培养过程中除了污染、褐变和玻璃化三大技术难题之外，还有黄化、变异、瘦弱或徒长、不生根或生根率低、移栽成活率低、材料死亡、增殖率低下或过盛等问题。这些问题产生的原因及预防措施详见表 5-4～表 5-7。

表 5-4　植物组织培养常见的问题与调控措施

常见问题	产生原因	调控措施
材料死亡	外植体灭菌过度；材料污染；培养基不适宜或配制有问题；培养环境恶化	灭菌温度和时间适宜；注意环境和个人卫生，严格操作；选用合适培养基；改善培养环境，及时转移和分瓶，加强组培苗的过渡管理
黄化	培养基中铁不足；矿质营养不均衡；激素配比不当；糖用量不足；长期不转移；培养环境通气不良；瓶内乙烯量高；光照不足；培养温度不适	正确添加培养基的各种成分；调节培养基组成和 pH 值；降低培养温度、增加光照和透气性；减少或不用抗生素类物质
变异和畸形	激素浓度和选用的种类不当；环境恶化和不适	选不易发生变异的基因型材料；尽量使用"芽生芽"的方式降低 CTK 浓度；调整生长素与 CTK 的比例，改善环境条件
增殖率低下或过盛	与品种特性有关；与激素浓度和配比有关	进行一定范围的激素对比试验；根据长势确定配方，并及时调整；交替使用两种培养基；考虑品种的田间表现和特性，优化培养环境
组培苗瘦弱或徒长	CTK 浓度过高；过多的不定芽未及时转移和分切；温度过高；通气不良；光照不足；培养基水分过多	适当增加培养基硬度；加速转瓶；降低接种量，提高光强，延长光照时间；减少 CTK 用量；选择透气性好的封口膜；降低环境温度
移栽死亡率高	组培苗质量差；环境条件不适；管理不精细	培育高质量组培苗；及时出瓶，尽快移栽；改善环境条件；采取配套的管理措施，加强过渡苗的肥水管理和病虫害防治
不生根或生根率低	种类和品种间的差异；激素种类和浓度；改善环境条件；繁殖苗的基部受伤	对难于生根品种，从激素种类和水平、环境条件综合调控；掌握移栽操作要领和质量要求；切割苗的基部时使用利刀，用力均匀，切口平整，损伤少

表 5-5　初始培养阶段的常见问题与调控措施

常见问题	产生原因	调控措施
培养物长期培养；几乎无反应	基本培养基不适宜；生长素不当或用量不足，温度不适宜	更换基本培养基或调整培养基成分；尤其是调整盐离子浓度；增加生长素的用量；试用 2,4-D，调整培养温度
培养物呈水渍状、变色、坏死、茎断面附近干枯	表面杀菌剂过量、消毒时间过长，外植体选用不当（部位或时期）	调换其他杀菌剂或降低浓度；缩短消毒时间；试用其他部位，生长初期取材
愈伤组织过于致密、平滑或突起粗厚，生长缓慢	细胞分裂素用量过多，糖浓度过高，生长素过量	减少细胞分裂素用量，调整细胞分裂素与生长素比例，降低糖浓度
愈伤组织生长过旺、疏松，后期水浸状	激素过量，温度偏高；无机盐含量不当	减少激素用量，适当降低培养温度；调整无机盐（尤其是铵盐）含量；适当提高琼脂用量，增加培养基硬度
侧芽不萌发，皮层过于膨大，皮孔长出愈伤组织	枝条过嫩，生长素、细胞分裂素用量过多	减少激素用量，采用较老化枝条

表 5-6　增殖培养阶段的常见问题与调控措施

常见问题	产生原因	调控措施
苗分化数量少、速度慢、分枝少、个别苗生长细高	细胞分裂素用量不足，温度偏高，光照不足	增加细胞分裂素用量，适当降低温度，改善光照，改单芽继代为团块（丛芽）继代
苗分化过多，生长慢，有畸形苗，节间极短，苗丛密集微型化	细胞分裂素用量过多，温度不适宜	减少或停用细胞分裂素一段时间，调节温度
分化率低，畸形，培养时间长时，苗再次愈伤组织化	生长素用量偏高，温度偏高	减少生长素用量，适当降温
叶增厚变脆	生长素用量偏高，或兼有细胞分裂素用量偏高	适当减少激素用量，避免叶片接触培养基
幼苗淡绿部分失绿	无机盐含量不足，pH 值不适宜，铁、锰、镁等缺少或比例失调，光照、温度不适	针对营养元素亏缺情况，调整培养基，调好 pH 值，调控温度、光照
幼苗生长无力，发黄落叶，有黄叶、死苗夹于丛生芽苗中	瓶内气体状况恶化，pH 值变化过大，久不转接导致糖已耗尽，营养元素亏缺失调，温度不适，激素配比不当	及时转接、降低接种密度，调整激素配比和营养元素浓度，改善瓶内气体状况，控制温度

（续）

常见问题	产生原因	调控措施
再生苗的叶缘、叶面偶有不定芽的分化	细胞分裂素用量偏高	适当减少细胞分裂素用量
丛生苗过于细弱，不适宜生根或移栽	细胞分裂素浓度偏高或赤霉素使用不足，温度过高，光照短，光强不足，久不转接，生长空间窄	减少细胞分裂素浓度，不用赤霉素，延长光照时间，增强光照，及时转接，降低接种密度

表 5-7　生根阶段的常见问题与调控措施

常见问题	产生原因	调控措施
培养物久不生根，基部切口没有适宜的愈伤组织	生长素种类、用量不适宜；生根部位通气不良；生根程序不当；pH 值不适宜；无机盐浓度及配比不当	改进培养基程序，选用适宜的生长素或增加生长素用量，适当降低无机盐浓度，改用滤纸桥液体培养生根等
愈伤组织生长过快、过大，根茎部膨胀或畸形，几条根并联或愈伤	生长素种类不适宜，用量过高，或伴有细胞分裂素用量过高，生根程序不当	调换生长素或几种生长素配合使用，降低使用浓度，附加维生素 B_2 或 AC 等减少愈伤组织，改变生根程序

任务 5　组培试验结果分析

　　组培试验效果如何，需要依据数据调查与结果分析来衡量。组培数据调查与结果分析是组培试验研究的重要内容。在调查的组培数据中，主要是出愈率、污染率、分化率、增殖率、生根率、成活率等需要计算的技术指标，也包括能够直接观察和测量的数据，如长势、长相、叶色、不定芽高度、愈伤组织大小与生长状况等。上述数据均为非破坏性的测量，即在测量之后，离体培养物仍能正常生长。有些数据需要在条件允许的情况下进行破坏性测量，如愈伤组织的质地判定等。在组培过程中，一定要充分利用转接、出瓶等时机，直接调查，采集数据。组培主要技术指标的含义及计算方法见表 5-8，组培苗观察与计算的主要内容见表 5-9。

　　组培试验的结果分析，没有特殊的要求。一般可直接比较大小、高低；在差异不明显时，需要进行显著性检验。多因子试验需要进行方差分析，以确定主要影响因子。

表 5-8　组培主要技术指标

指标名称	含　义	计算公式
出愈率	反映无菌材料愈伤组织诱导效果	愈伤组织诱导率＝（形成愈伤组织的材料数/培养材料总数）×100%
分化率	反映无菌材料的分化能力与再分化的效果	分化率＝（分化的材料数/培养材料总数）×100%
污染率	大致反映杂菌侵染程度和接种质量	污染率＝（污染的材料数/培养材料总数）×100%
增殖率	反映中间繁殖体的生长速度和增值数量的变化	$Y=mX^n$　Y：年生产量；m：每瓶苗数；X：每周期增殖倍数；n：年增殖周期数
生根率	大致反映无根芽苗根原基发生的快慢和生根效果	生根率＝（生根总数/生根培养总苗数）×100%
成活率	反映组培苗的适应性与移栽效果，一定程度上说明组培与快繁成功率的高低	成活率＝（40d时成活植株总数/移栽植株总数）×100%

表 5-9　组培苗观察的内容与方法

观察阶段	观察的内容要点	观察方法
初代培养	外植体变化（形态、结构、颜色）；愈伤组织、胚状体、或芽萌动时间与数量；愈伤率、分化率或原球茎的诱导率、污染率等异常现象	目视观察；照相；计算
继代培养	中间繁殖体的长势（生长量、健壮程度等）；长相（形态、结构、质地、大小、高度、颜色、位置等）；增长率和污染率、褐变率、玻璃化苗发生率、变异率等异常现象	目视；照相；显微观察；计算
生根培养	根发生时间；长势（根生长量、根发达程度等）；长相（根长、根数、根粗、根色、位置等）；生根率和污染率、畸形根发生率等异常现象	目视；照相；显微观察；计算
驯化移栽	试管苗长势（生长量、健壮程度等）；长相（株高、根数、根长、根色、叶厚、叶色、叶数等）；驯化移栽成活率；壮苗指数；变异率等	目视观察；计算；试验

一、正交设计试验结果的直观分析法

（一）直观分析法的特点

直观分析法也称极差分析法，该法计算简便、直观、简单易懂，是正交试验结果分析中常用的方法。该法主要适合无重复设置的试验结果分析；对设置重复的试验结果，则对各处理平均效应进行分析。

（二）直观分析法的实施

1．确定试验因素的优水平和最优水平组合

L_K（m^p）正交试验方案中，第 i 列（因素）第 j 水平对试验指标的影响可用该列水平所对应的试验指标（X_n）之和 K_{ij} 或其平均值 X_{ij} 表示，其中，$i=1$，2，$\cdots$，p；$j=1$，2，$\cdots$，m。

根据正交设计的特性，对某一因素来说，各水平间的试验条件是完全一样的（综合可比性），可进行直接比较。如果该因素对试验指标无影响时，那么各个 k 值间应该是相等的；若各个 K_{ij}（或 X_{ij}）值不相等，则说明该因素的水平变动对试验结果有影响。因此，根据各个 K_{ij}（或 X_{ij}）值的大小可以判断各水平对试验指标的影响大小，并进而确定该因素的最优水平。

2．确定因素的主次顺序

极差 $R_i = \max（X_{ij}）-\min（X_{ij}）$，根据 R_i 的大小可以判断各因素对试验指标的影响主次。

3．绘制因素与指标趋势图

为了更直观地表现试验指标随着因素水平的变化而变化的趋势，可绘制因素与指标趋势图。趋势图以各因素水平为横坐标，试验指标的平均值（X_y）为纵坐标进行绘制。具体绘制方法可参考有关文献资料。

（三）案例分析

例如表 5-10 试验，采用随机区组设计，3 次重复，实施 L_9（3^4）正交试验方案。在初代培养种子萌发并抽出幼芽后，切取幼芽转入继代培养基中进行继代增殖培养。每个试验单元 10 瓶，每瓶培养 4 个幼芽。30d 后按试验单元统计各处理的增殖率（表 5-10）。

表 5-10　继代增殖培养基配方的正交设计试验结果

处理编号	列号（因素）				增殖率/%				
	A	B	C	空列	Ⅰ	Ⅱ	Ⅲ	T_i	X（X_n）
1	1（0.5）	1（0.05）	1（20）	1	136	159	149	444	148（X_1）
2	1（0.5）	2（0.10）	2（30）	2	151	169	190	510	170（X_2）
3	1（0.5）	3（0.15）	3（40）	3	113	132	130	375	125（X_3）
4	2（1.5）	1（0.05）	2（30）	1	250	280	277	807	269（X_4）
5	2（1.5）	2（0.10）	3（40）	2	225	247	197	669	223（X_5）

（续）

处理编号	列号（因素）				增殖率/%				
	A	B	C	空列	I	II	III	T_i	X（X_n）
6	2（1.5）	3（0.15）	1（20）	3	201	241	221	663	221（X_6）
7	3（2.5）	1（0.05）	3（40）	1	289	319	310	918	305（X_7）
8	3（2.5）	2（0.10）	1（20）	2	245	274	264	783	261（X_8）
9	3（2.5）	3（0.15）	2（30）	3	318	342	300	960	320（X_9）
	T_i				1 928	2 163	2 038	6 129（T）	

注：A、B、C 分别代表细胞分裂素（6-BA）浓度、生长素（NAA）浓度和蔗糖浓度 3 个试验因素。

统计分析：

（1）确定试验因素的优水平和最优水平组合

表 5-10 的试验结果中，A 因素（6-BA 浓度）各水平所对应的增殖率之和 T_{1j} 及其平均值 X_{1j} 分别为：

A_1 水平（0.5mg/L）：$K_{11}=X_1+X_2+X_3=148+170+125=443$，
$X_{11}=443/3=147.7$

A_2 水平（1.5mg/L）：$K_{12}=X_4+X_5+X_6=269+223+221=713$，
$X_{12}=713/3=237.7$

A_3 水平（2.5mg/L）：$K_{13}=X_7+X_8+X_9=306+261+320=887$，
$X_{13}=887/3=295.7$

分析结果表明，A_3 的增殖率最高，且 $K_{13}>K_{12}>K_{11}$，所以可以判断 6-BA 浓度在 2.5mg/L 时为优水平。

同理，可以计算并确定 B 因素（NAA 浓度）的优水平为 B_1（0.05mg/L），C 因素（蔗糖浓度）的优水平为 C_2（30g/L），计算结果详见表 5-11。

不考虑因素间的交互作用，则 3 个因素的最优水平组合为各因素优水平的搭配，即本试验中，继代增殖培养基的最佳配方为 2.5mg/L 的 6-BA，0.05mg/L 的 NAA 与 30g/L 的蔗糖。

（2）确定因素的主次顺序

上例极差 R_i 的计算结果见表 5-11。比较各 R_i 值大小，可见 $R_i>R_3>R_2$。所以，试验因素对指标影响的主次顺序是 A>C>B，即 6-BA 浓度对继代增殖培养影响最大，其次是蔗糖浓度，而 NAA 浓度的影响较小。

（3）绘制因素与指标趋势图（略）

表 5-11　继代增殖培养基配方的正交设计试验结果分析

分析项目	试验因素		
	6-BA/（mg/L）	NAA	蔗糖/（g/L）
K_n	443	732	630
K_n	713	654	759
K_n	887	666	654
X_n	147.7	241.0	210.0
X_n	237.7	218.0	253.0
X_n	295.7	222.0	218.0
优水平	水平 3	水平 1	水平 2
极差 R_i	148.0	23.0	43.0

二、方差分析软件介绍

SPSS 是世界上最早的统计分析软件，由美国斯坦福大学的 3 位研究生于 20 世纪 60 年代末研制，同时成立了 SPSS 公司，并于 1975 年在芝加哥组建了 SPSS 总部。1984 年 SPSS 总部首先推出了世界上第一个统计分析软件微机版本 SPSS/PC$^+$，开创了 SPSS 微机系列产品的开发方向，极大地扩充了它的应用范围，并使其能很快地应用于自然科学、技术科学、社会科学的各个领域，世界上许多有影响的报刊纷纷就 SPSS 的自动统计绘图、数据的深入分析、使用方便、功能齐全等方面给予了高度的评价与称赞。

SPSS 是软件英文名称的首字母缩写，原意为 Statjstjfcal Package for the Social Sciences，即 "社会科学统计软件包"。随着 SPSS 产品服务领域的扩大和服务深度的增加，SPSS 公司已于 2000 年正式将英文全称更改为 Statistical Product and Service Solutions；意为 "统计产品与服务解决方案"，标志着 SPSS 的战略方向正在作出重大调整。迄今 SPSS 软件已有 30 余年的成长历史，全球约有 25 万家，产品用户，它们分布于通信、医疗、银行、证券、保险、制造、商业、市场研究、科研教育等多个领域和行业，是世界上应用最广泛的专业统计软件。

任务 6　案　例

（一）试验成果论文撰写范例

黄花倒水莲（*Polygala fallax* Hemsl）组培快繁技术研究

刘秀芳[1]，林文革[1]，苏明华[2]，陈绍煌[3]，吴美华[1]

1．地缘（厦门）生物科技有限公司，厦门 363000；2．福建省亚热带植物研究所，厦门 363006；3．福建省三明林业学校，福建三明 365000

摘要： 以当年生黄花倒水莲幼嫩带腋芽茎段作为外植体，开展组织培养试验研究。结果表明：最佳外植体诱导培养基为 1/2MS＋BA 2.0mg/L＋NAA 0.1mg/L，诱导率可达 95.1%；最佳增殖培养基为 WPM＋BA 1.5mg/L＋NAA 0.1mg/L，增殖系数为 6.12，周期为 25d，不定芽生长状况好；最佳生根培养基为 1/2WPM＋IBA 0.1mg/L＋ABT 0.4mg/L，生根率为 95.67%；以泥炭土∶黄泥土∶珍珠岩（2∶1∶1）为移栽基质，移栽成活率可达 92.6%，苗木长势好，叶色绿。

关键词： 黄花倒水莲；药用植物；组织培养；快繁

中图分类号： S722.8'9

文献标志码： A 文章编号：1001－4705（2012）02-0057-04

Study on Tissue Culture Techniques for *Polygala fallax* Hemsl

LIU Xiu-fang[1], LIN Wen-ge[1], SU Ming-hua[2], CHEN Shao-huang[3], WU Mei-hua[1]

1. Diyuan (Xiamen) Biotechnology Company Ltd., Xiamen 361006, China;

2. Fujian Institute of Subtropical Botany, Xiamen 361006, China;

3. Fujian Sanming Forestry School, Sanming Fujian 366000, China

Abstract: Stems with axillary buds from Polygala fallax Hemsl were used as explants for tissue culture.Theresults showed that the suitable medium of explants inducing was 1/2MS supplemented with BA 2.0mg/L and NAA 0.1mg/L, and the inducing rate was 95.1%. The WPM supplemented with BA 1.5mg/L and NAA 0.1mg/L was the optimized proliferating medium with multiplication coefficient being 6.12 and the growth cyclebeing 25d, and the shoots grew well. The best rooting medium was 1/2 WPM supplemented with IBA0.1mg/L and ABT 0.4 mg/L, and the rooting rate was 95.67%. The plantlets were transplanted in mixture media withpeat, yellow soil and perlite (2∶1∶1)，and the survival rate was 92.6%.

Key words: *Polygala fallax* Hemsl; medicinal plant; tissue culture; rapid propagation

黄花倒水莲（*Polygala fallax* Hemsl.）属远志科（Polygalaceae）远志属（*Polygala*）植物，别名黄花参、鸡仔树、吊吊黄、黄花吊水莲、观音串、黄花大远志等[1]，分布于湖南、福建、广西、江西、广东和云南等地，生于山坡疏林下或沟谷丛林中。黄花倒水莲属珍贵中药材，药用其全草[2]；具有补益、强壮、祛湿、散瘀功效，主治虚弱虚肿、急慢性肝炎、腰腿酸痛、跌打损伤[3]；黄花倒水莲提取物具活血、抗炎[4]、抗血脂作用[5]，同时通过小鼠试验表明黄花倒水莲具有增强免疫[6]及耐缺氧等作用[7]。黄花倒水莲药用价值早被民间所认知，近年来对其药用的日益重视，市场需求量大，而目前栽培仍以种子繁殖为主，种子产量低，采收困难，野生资源亦有限，导致资源严重短缺[8]。选取黄花倒水莲优株进行无性繁殖，既能快速繁殖苗木，且能保持其优良性状，是当前迅速扩大苗木供应以及种植规模的关键途径。然而，目前国内外关于黄花倒水莲研究主要集中于药用成分及药用机理等方面，而组织培养方面，仅见同属植物远志有相关报道[9]。因此，本研究选取综合性状优良的黄花倒水莲植株，以带腋芽（未萌发）茎段作为外植体，通过系列试验揭示其组培快繁技术，为黄花倒水莲优质苗木的规模化生产乃至资源培育与利用奠定基础。

1　材料与方法

试验材料为长势好的黄花倒水莲植株。

1.1　外植体采集及消毒

于 4 月晴天取带腋芽幼嫩茎段作为外植体，用饱和洗涤液浸泡处理 10min，用软毛刷轻轻刷洗茎段表面，流水冲洗 30min，置于超净工作台上，剪成带 1～2 个节间的茎段，0.1% $KMnO_4$ 处理 5min，无菌水冲洗 2 遍，75%乙醇处理 20s，再用 0.1%升汞浸泡处理 10min，无菌水冲洗 6 遍，接种于芽诱导培养基上。

1.2　培养基及培养条件

1.2.1　芽诱导培养基

设置①1/2MS、②1/2MS＋BA 1.0mg/L＋NAA 0.1mg/L、③1/2MS＋

BA 2.0mg/L＋NAA 0.1mg/L、④1/2MS＋BA 3.0mg/L＋NAA 0.1mg/L、⑤1/2MS＋BA 4.0mg/L＋NAA 0.1mg/L 五个处理，每处理 50 瓶，每瓶接种 1 个茎段外植体。30d 后对无菌率（未污染外植体数/接种外植体数）、诱导率（诱导成芽外植体数/未污染外植体数）及不定芽生长状况进行观察统计。

1.2.2　增殖培养基

以木本植物用培养基（WPM）为基本培养基，添加 BA（1.0、1.5、2.0mg/L）及 NAA（0、0.1、0.2mg/L）作双因素组合试验，同时以空白WPM 培养基作为对照，每个处理 3 次重复，每次重复 5 瓶，每瓶接种10 个单芽，25d 后对增殖系数及生长状况进行观察统计。

1.2.3　生根培养基

以 1/2WPM 为基本培养基，添加 IBA（0.1、0.2、0.3mg/L）及 ABT生根粉 1 号（0、0.2、0.4mg/L）做双因素组合试验，以 1/2WPM 空白培养基作对照，每个处理 3 次重复，每次重复 10 瓶，每瓶接种 10 个不定单芽（长 2～3cm），25d 后统计生根率，观察根系生长状况。以上培养基中均添加白砂糖 30g/L（生根培养基添加 15g/L），卡拉胶 6.5g/L，调节 pH 值5.8～6.0。培养条件为温度（25±1）℃，光照时间 11h/d，光照强度 3 000lx。

1.3　炼苗及移栽

待生根瓶苗 80% 长出根原基时进行炼苗，7d 后将瓶苗轻轻夹出，洗净根部培养基，进行移栽。移栽基质为：Ⅰ泥炭土：珍珠岩（3：1），Ⅱ黄泥土：珍珠岩（3：1），Ⅲ泥炭土：黄泥土：珍珠岩（2：1：1），Ⅳ泥炭土：黄泥土：珍珠岩（1：2：1）；每处理 3 次重复，每次重复500 株，移栽后做好田间温湿度管理，环境温度 25℃左右，喷雾保湿，保持空气湿度 85%～95%，覆盖遮阴率 70%遮阳网，每 7d 喷洒 1 次广谱杀菌剂（70%多菌灵、70%百菌清、70%甲基托布津 1 000 倍液交替使用），30d 后长出新根，浇 1 次两倍 MS 大量溶液，约 5d 后长出新叶，此时统计成活率，观察苗木长势。

1.4　试验数据统计方法

应用 Excel 软件对试验数据进行方差分析，用新复极差法进行多重比较。

2　结果与分析

2.1　不定芽诱导

从表 1 可以看出，BA 浓度对外植体芽诱导具有明显影响，BA 浓度为 0~2mg/L 范围内，诱导率随浓度升高而升高，且一定浓度 BA 可诱导外植体产生多芽（图 1-1）；当 BA 浓度 3~4mg/L 时，易诱导产生玻璃化不定芽，基部诱导产生无效愈伤组织，不利于外植体诱导成芽。③号即 1/2MS＋BA 2.0mg/L＋NAA 0.1mg/L 为最佳诱导培养基，诱导率可达 95.1%，且 60% 为多芽。

表 1　初代培养基对黄花倒水莲外植体芽诱导的影响

编号	接种量（个）	未污染量（个）	诱导成芽量（个）	诱导率（%）	生长状况
①	50	37	30	81.1	单芽
②	50	40	36	90.0	10% 为多芽 10%
③	50	41	39	95.1	60% 为多芽 60%
④	50	38	26	68.4	20% 玻璃化，褐色愈伤
⑤	50	43	21	48.8	45% 玻璃化，褐色愈伤

2.2　增殖培养

将外植体诱导产生的不定芽转入增殖培养基进行增殖培养。从表 2 可看出：在未添加激素的空白 WPM 培养基上，不定芽能正常生长，但增殖系数低，仅为 1.62；附加 BA 浓度在一定范围内（0~1.5mg/L），增殖系数随浓度升高而增加，而随浓度继续升高（2.0mg/L），增殖系数反而下降，并出现畸形芽；同时附加低浓度 0.1mg/LNAA 能提高增殖系数及瓶苗质量，附加 0.2mg/L 的 NAA，则诱导产生褐色愈伤组织，降低增殖系数及瓶苗质量。

表 2　BA 及 NAA 对黄花倒水莲不定芽增殖的影响

处 理	BA（mg/L）	NAA（mg/L）	增殖系数	生长状况
1	0	0	1.62	＋＋＋
2	1.0	0	3.59 eE	＋＋＋
3	1.0	0.1	3.80d DE	＋＋＋＋
4	1.0	0.2	3.42 e E	＋＋＋
5	1.5	0	5.23 b B	＋＋＋
6	1.5	0.1	6.12 a A	＋＋＋＋
7	1.5	0.2	5.11 b B	＋＋＋
8	2.0	0	4.47 c C	＋＋

（续）

处　理	BA（mg/L）	NAA（mg/L）	增殖系数	生长状况
9	2.0	0.1	5.12 b B	＋＋
10	2.0	0.2	3.92 d D	＋

注：（1）基本培养基为 WPM；（2）表中字母为 Duncan 多重比较结果，小写字母为 0.05 水平上显著，大写字母为 0.01 水平上显著，下同；（3）生长状况列："＋"不定芽为生长状况差，基部褐色愈伤组织多，10%畸形芽，颜色发黄；"＋＋"不定芽为生长状况一般，基部有一定量愈伤组织，10%畸形芽，颜色基本正常；"＋＋＋"为不定芽生长状况良好，颜色较绿；"＋＋＋＋"为不定芽生长状况好，颜色亮绿。

　　BA 浓度、NAA 浓度及其交互作用对黄花倒水莲增殖系数均存在极显著影响（$p < 0.01$）。多重比较结果（表 2）表明：6 号处理的增殖系数最大，极显著高于其他处理。对瓶苗生长状况进行观察，6 号处理不定芽生长状况好，颜色亮绿（图 1-2）。因此，最佳增殖培养基为 6 号处理，即 WPM＋BA 1.5mg/L＋NAA 0.1mg/L，增殖系数为 6.12，周期为 25d。

2.3　生根诱导

　　对长 2～3cm、生长正常的不定芽进行生根培养。从表 3 可以看出，未添加激素时，无根系产生；附加一定浓度的生长素，能诱导不定芽生根；使用单一激素 IBA，浓度在 0.1～0.3mg/L 范围内，生根率随浓度升高而升高，且基部无愈伤组织产生；随浓度继续升高，生根率降低，基部产生愈伤组织；附加一定浓度的 ABT，均产生毛细须根。IBA 浓度、ABT 浓度及其交互作用对黄花倒水莲生根率均存在极显著差异（$p < 0.01$）。多重比较结果表明，4 号处理生根率最高，与 3 号、6 号处理差异显著（$p < 0.05$），与其他处理均差异极显著。对瓶苗进行观察，4 号处理瓶苗基部无愈伤组织产生，根系较粗、有毛细须根产生（图 1-3、图 1-4）。因此，最佳生根培养基为 4 号，即 1/2WPM＋IBA 0.1mg/L＋ABT 0.4mg/L，生根率为 95.67%，根系质量高。

表 3　IBA、ABT 对黄花倒水莲不定芽生根的影响

处理	IBA(mg/L)	ABT(mg/L)	生根率(%)	生根状况	愈伤组织情况
1	0	0	0	细弱	无
2	0.1	0	63.33 d C	细弱	无
3	0.1	0.2	89.33 b A B	较粗、有毛细须根	无
4	0.1	0.4	95.67 a A	较粗、有毛细须根	无
5	0.3	0	84.33 b B	细弱	无

（续）

处理	IBA（mg/L）	ABT（mg/L）	生根率（%）	生根状况	愈伤组织情况
6	0.3	0.2	90.67 b AB	粗壮、有毛细须根	少量
7	0.3	0.4	85.33 c B	粗、短、有毛细须根	少量
8	0.5	0	72.33 d C	粗、短	少量
9	0.5	0.2	68.33 d C	粗、短、有毛细须根	大量
10	0.5	0.4	57 e D	粗、短、有毛细须根	大量

注：基本培养基为 1/2WPM。

2.4 试管苗移栽

对黄花倒水莲生根瓶苗进行炼苗移栽，从表 4 可看出，移栽基质对其移栽成活率存在极显著差异（$p < 0.01$）。多重比较结果表明，Ⅲ号移栽成活率最高，极显著于其他组合。因此，最佳移栽基质为泥炭土：黄泥土：珍珠岩（2：1：1），移栽成活率达 92.6%，且茎秆呈半木质化，叶色浓绿（图 1-5、图 1-6）。

表 4 不同移栽基质对黄花倒水莲试管苗移栽的影响

编号	基质	移栽成活率（%）	生长状况
Ⅰ	泥炭土：珍珠岩（3：1）	88.2 bB	嫩，叶色绿
Ⅱ	黄泥土：珍珠岩（3：1）	76.0 dD	叶色略黄、掉叶
Ⅲ	泥炭土：黄泥土：珍珠岩（2：1：1）	92.6 aA	茎秆半木质化，叶色绿
Ⅳ	泥炭土：黄泥土：珍珠岩（1：2：1）	83.7 cC	茎秆半木质化、叶色黄

3 小结与讨论

（1）激素 BA 在不定芽诱导及不定芽增殖中均起重要作用，且不同培养阶段适宜浓度不同。不定芽诱导阶段以 2.0mg/L BA 为最佳，浓度为 3～4mg/L 时，会不同程度诱导产生玻璃化不定芽，这一现象同高浓度细胞分裂素会增加油樟玻璃化苗相一致[10]：不定芽增殖阶段以 1.5mg/L BA 为最佳，浓度继续升高反而降低增殖系数，这与同属植物晋产远志试验结论一致[9]。

（2）生长素和细胞分裂素比例协调能增大增殖系数，提高成苗质量[11]。试验中当细胞分裂素 BA 浓度为 1.5mg/L 时，附加 0.1mg/L NAA较未添加 NAA 处理，黄花倒水莲增殖系数显著提高，生长状况好；附加 0.2mg/L NAA 时，增殖系数较前者低，不定芽品质亦有所下降。

注：黄花倒水莲组织培养。1 为外植体诱导产生多芽；2 为增殖阶段瓶苗；3~4 为生根瓶苗；5~6 为移栽成活苗。

图版 1

（3）一定浓度的生长素有利于黄花倒水莲不定芽生根，提高生根率；但生长素浓度过高，生根率反而下降，同时诱导产生愈伤组织，而基部愈伤组织的形成会大大降低根系品质，影响移栽成活率[12]。一定浓度范围内，IBA 同 ABT 生根粉 1 号互作可显著提高黄花倒水莲试管苗生根率，1/2WPM＋IBA 0.1mg/L＋ABT 0.4mg/L 诱导生根，生根率高达 95.67%；且 ABT 的添加诱导其形成毛细须根，大大提高根系品质，有利于试管苗移栽成活。

（4）试管苗移栽成活率存在差异与基质本身的保水、保肥、透气性和自身稳定性有关[12]。不同移栽基质对黄花倒水莲移栽成活率及生长状况有显著影响，移栽基质黄泥土∶珍珠岩（3∶1）移栽成活率最低，且叶片发黄，下部叶片掉落，可能原因为所选用黄泥土易板结成块，透气性差；移栽基质泥炭土∶黄泥土∶珍珠岩（2∶1∶1）移栽成活率最高，达 92.6%，且茎秆呈半木质化，叶色绿，长势好。

（5）黄花倒水莲是一种药用价值很高的植株，经两年的试验研究，现已总结出一套黄花倒水莲苗木组培扩繁体系，对于开发利用黄花倒水莲具重要意义。

参考文献：

[1] 中国科学院中国植物志编辑委员会. 中国植物志（第 43 卷第 3 分册）[M]. 北京：科学出版社，1997：151-152.

[2] 陈书坤. 中国远志属植物的分类研究[J]. 植物分类学报，1991，29（3）：193-229.

[3] 江苏新医学院. 中药大辞典（下册）[M]. 上海：上海科学技术出版社，1986：2079.

[4] 寇俊平，马仁强，朱丹妮，等. 黄花倒水莲的活血、抗炎作用研究[J]. 中药材，2003，26（4）：268-271.

[5] 李良东，李洪亮，范小娜等. 黄花倒水莲提取物抗血脂作用的研究[J]. 时珍国医国药，2008，19（3）：650.

[6] 何勇，李洪亮，卓占宇等. 黄花倒水莲提取物对小鼠免疫作用的影响[J]. 赣南医学院学报，2006，26（6）：828.

[7] 朱秋萍，李洪亮，范小娜. 黄花倒水莲水提物耐缺氧作用的研究[J]. 赣南医学院学报，2007，27（4）：510-511.

[8] 张杭颖，郑可利，卓翠蓝，等. 药用植物黄花倒水莲研究进展[J]. 三明学院学报，2008，25（2）：197-199.

[9] 胡侃. 晋产远志种子萌发、组织培养及根显微结构研究[D]. 山西：山西大学硕士毕业论文，2008.

[10] 曹春英. 植物组织培养[M]. 北京：中国农业出版社，2009：40-41.

[11] 刘长春，陈泽雄，龚雪芹. 金富猕猴桃离体培养与植株再生的优化研究[J]. 西南师范大学学报：自然科学版，2007，32，5：124-127.

[12] 鞠志新，李志清，宁显宝等. F1 大丽花组培苗快繁技术研究[J]. 安徽农业科技，2007，35（27）：6374-6375，6401.

【**思考与练习**】

一、名词解释

植物细胞全能性、单因子试验、双因子试验、多因子试验、正交试验、褐化、玻璃化苗、污染。

二、填空题

1. 植物组培快繁中植物生长培养基的筛选，一般是以_____培养基为基础，首先筛选_____和_____的种类、浓度与配比。

2. $L_9(3^4)$ 正交试验是表达_____因子_____水平_____次试验。

三、判断题

1. 增殖培养外植体可以持续 20 代。　　　　　　　　　　　　（　　）

2．一般 2,4-D 在诱导愈伤组织形成过程中效果较好。 （ ）

3．一般认为矿物质元素浓度较高时有利于促发茎、叶，而较低时有利于生根，所以生根培养基大多采用 1/2MS、1/3MS、1/4MS 的培养基。 （ ）

4．对于不知培养基配方的试管苗，一般可先在 MS 培养基预培养，根据培养效果再正式设计试验方案。 （ ）

5．培养基中添加植物激素是一种营养成分。 （ ）

6．幼龄材料、材料太小、外植体受伤严重，越容易褐变。 （ ）

7．培养基中 6-BA 浓度和玻璃化苗的产生呈负相关。 （ ）

8．试管苗黄化是缺铁造成的。 （ ）

9．组培苗观察内容包括组培苗的生长分化情况和相关技术指标等。 （ ）

10．降低细胞分裂素的添加量，有助于缓解玻璃化苗的发生。 （ ）

四、问答题

1．造成组培污染的原因主要包括有哪几个方面？

2．影响组织培养的主要因素有哪些？

3．pH 值与离子浓度是如何影响培养物的生长？

4．阐述褐变产生的原因？

5．如何防止玻璃化苗发生，详细说明采取的措施？

6．组培快繁过程应如何防范控制污染，如何采取行之有效措施？

6 项目六

药用植物组培苗快繁工厂化生产

任务1 工厂化生产基地规划与设计

　　植物组培苗快繁工厂化生产是指在人工控制的最佳环境条件下，充分利用自然资源和社会资源，应用植物组培快繁技术，采用标准化、机械化、自动化技术高效优质地按计划批量生产健康、无毒、无菌植物组培苗木。

　　我国植物组织培养的苗木商品化生产，始于20世纪80年代中期，一开始由于规模、条件的限制，其生产流程和生产模式只是简单地将实验室研究的整套操作规程简单扩大化，不但生产规模受到制约、生产效率不高，而且生产成本较高，影响了组培苗市场的开拓和组培苗产业的发展。随着种苗需求市场的扩大和组培苗商品化生产的发展，在客观上，一方面需要不断提高劳动生产率，扩大生产规模，降低生产成本；另一方面要求确保种苗质量，解决种苗质量方面存在的各种技术问题。目前，全国各地的政府、大学、科研机构、商家等纷纷看准了组培苗的应用前景，在各地各单位相继立项资助、注资投入建立植物组培苗生产工厂（或称组培中心、繁育中心等）。

　　建立组培苗快繁生产工厂的依据主要是：①市场的需求；②组培苗工厂化生产工艺流程；③组培苗生产管理流程。只有依据组培苗工厂化生产工艺流程与部门组织结构来设计和建造工厂，才能最好地发挥工厂硬件设施功能，节省能耗，提高生产效率，降低生产成本，井然有序进行生产，达到定时、定质、定量地向客户提供高品质的组培苗产品的目标和创造出显著的经济效益、社会效益和生态效益。组培苗生产工厂的布局主要参照因素有：植物的种类、大致的生产量、环境条件洁净、发展规划等。

药用植物组培苗工厂化快繁生产的规划及设计原则应遵循干燥、无菌无尘、能通风换气、符合生产工艺流程、最大限度体现节能低耗与环保、低成本的原则。

具体的规划与设计原则：

① 适合组培苗生产工艺流程使用。

② 工厂运作成本最低，运作效率最高。

③ 各组成部分布局合理，按工艺流程、工作程序先后安排成一条连续生产线，空间利用率最大化。

④ 因地制宜，注意走向，避免风、尘、水、光对工厂造成负面的影响，充分利用散射的自然光。

⑤ 交通便利，远离交通主干道，远离粉尘大的工厂，远离微生物生产厂。

⑥ 符合中国国情，使用国产设备，节省投资。

⑦ 厂区园林绿化好，起到净化、美化环境的作用。

⑧ 厂区面积大小要与生产规模相适宜。

⑨ 依市场需求大小和市场前景预测生产规模，并留有扩大生产规模的余地。

组培苗厂址应选择地势较高、干燥通风、阳光充足和远离尘埃的场地。根据组培苗生产工艺流程，组培苗厂房主要分为清洗、配药、高压消毒、接种、培养（继代培养、生根培养）、炼苗等生产车间。各生产车间的面积依年计划生产能力和出苗期长短而定。一般洗瓶、配药、消毒车间和仓库设在一楼。接种、继代、生根培养室最好设在楼上，而且要求整体密封，各个房间之间有共用通道，各房间应设有进出缓冲间，有条件的应在无菌室通道口处设通风清洁装置，以便工作人员进入时将身上附着的灰尘吸除掉。接种室面积每间不超过 $20m^2$，每间放 4 张超净工作台。如果房间过大或超净台过多，易造成操作者相互影响，增加污染机会。炼苗棚可设在楼顶，要求四周能遮风挡雨，棚顶遮阳率可调，确保全天候炼苗之需。

任务 2 工厂化生产的设施、设备、器材

植物组培苗的工厂化生产所需要解决的首要问题是工厂化生产设施与设备条件。组培苗单株生产利润低，只有发挥规模效益才能实现盈利。另外一个需要解决的问题是工厂化生产技术较实验室研究技术或小规模生产技术究竟存在多大差异。

一、设施与设备要求

进行植物组培苗的工厂化生产所需要的设施、设备要求与普通的组培实验室基本一致，所不同的是需要把一个组织培养过程的若干环节进行分工，并分解成不同的专业室。通常可以按洗涤室、配药室、灭菌室、接种室、培养室和炼苗温室等进行划分，这些专业室可以合在一个统一的组培工厂内。

1. 方便原则

组织培养工厂在设计时应尽量将其主要功能房间集中在同一层楼，可避免楼上楼下搬运物品的麻烦，方便操作。

2. 无菌原则

除选择环境干净的地方外，组织培养室最好要设走道。人员从外边进入，要先经过一个缓冲走道后才能进入组织培养实验室的各个房间，这样可有效地保持清洁，减少污染。同时，接种室最好设一准备间，以便工作人员更换衣帽等。准备间及接种室内均需安装紫外线灯，可随时消毒。

3. 节能原则

组织培养室中用作培养室的房间应建在房屋的南面，除南面设有大窗户外，东边或西边也应有大窗户，以便尽量利用自然光照，减少照明费用，降低成本。同时，培养室房间应小，门也宜小，最好装成滑门，便于保温，节省能源。

4. 安全原则

组培室中用作接种室的房间因长久处于密闭状态，容易造成室内空气污浊，影响工作人员的身体健康，因此需要在其墙壁上安装空气循环过滤装置，保持室内空气新鲜。

二、功能设置

根据植物组织培养技术流程的要求，应设置以下功能房间。

1. 贮藏室

贮藏室用于贮存暂时不用的器皿、用具、药品等，也可用作种质保存。贮存室应当背阳，室温较低，能见一点散射光更好。

2. 配药室

配药室主要用于药品的称量和培养基的配制、分装等。因此，要有实验台、器皿架、药品柜、天平、冰箱、烘箱等设备。将各种化学药品置于柜内，量筒、移液管等玻璃器皿洗净、烘干、放在架子上,配制好的母液及要求在低温条件下贮藏的药品应放置在冰箱中。

3. 洗涤室

进行组织培养所用的玻璃仪器必须清洗干净,否则将影响试验结果,因此最好能有一个专用的洗涤室。室内要有自来水或存放水的设备。商业性实验室通常把蒸馏水器安装于此间,主要是为了在制备蒸馏水的同时,将由蒸馏水器流出来的冷却水接到洗涤盆内用于洗涤,这样既方便又提高了水的利用率。

4. 灭菌室

灭菌室是培养基、玻璃器皿及接种工具等进行灭菌的地方。多采用各种型号的高压灭菌锅。要求室内通气良好,有安全的水电设施等。

5. 接种室

接种室主要进行培养材料的表面灭菌、接种以及试管苗的分割转移等,要求室内干净、透气、光线好。房间宜小,需装配空气循环过滤器、紫外灯、超净工作台等设备。为保证室内的无菌状态,还应定期用甲醛和高锰酸钾混合熏蒸消毒。

6. 培养室

为满足培养材料生长、繁殖所需的温度、光照、湿度和通风等条件,培养室必须有照明和控温设备。培养温度一般要求在25~28℃。为使温度恒定和均匀,应配有自动控温的电炉或空调等设备。培养室内主要放置培养架,培养架上的光源一般用40W的日光灯。安放在培养物的上方或侧面,在温度较低的地方,利用其散热而加温。而在温度较高的地方,镇流器应安放在培养室外边,以防增温过高。电子镇流器发热要少一些,但价格较高。日光灯管距上层台板约4~6cm。每层安放2~4支日光灯管,每管相距20cm,此时光强大为2 000~3 000lx,如能安装自动计时器控制光照时间,则可免去每日开启、关闭。

7. 炼苗温室

炼苗温室主要是种植培养材料,保存种质,对试管苗进行炼苗假植。一般都要求具有温室或塑料大棚,面积依据是否进行炼苗和炼苗的多少决定。

除以上功能房间的设置外,若条件允许,可设一间观察室,放置显微镜、解剖镜及照相设备等,以便对实验材料进行观察、分析和照相。

三、组培快繁常用仪器设备

1. 天平

① 药物天平　也称粗天平,称量精密度为0.1g。用来称取蔗糖、琼脂

以及用量较大药品等。

②　分析天平　精度为 0.000 1g。用来称取微量元素和植物激素及微量附加物。放置天平的地方，要平稳、干燥，避免腐蚀性药品和水汽。

③　电子天平　精度高，称量快，但价格高。有条件的最好购买电子天平，以保证称量的准确和方便。

2.　高压蒸汽灭菌锅

高压蒸汽灭菌锅是植物组织培养最基本的设备，用于培养基、器械等的灭菌。有大型卧

图 6-1　卧式高压蒸汽灭菌锅

式、中型立式、小型手提式和电脑控制型等多种，可根据生产规模和财力加以选用。大型的效率高，小型的方便灵活。如果不是进行工厂化生产，则通常选用小型手提式蒸汽灭菌锅，分内热式和外热式两种。内热式加热针在锅内，省时省电，但不能用火炉加热；外热式可用电炉、煤炉、煤气等加热。若在小型手提式内热高压灭菌锅上配一个 3kW 调压变压器和定时装置，可实现半自动灭菌，并省电 40%。一个普通实验室或小型生产车间配备两个手提式内热高压灭菌锅即可满足要求。

3.　烘箱

洗净后的玻璃器皿，如需迅速干燥，可放在烘箱内烘干。温度以 80～100℃为宜。若需要干热灭菌，温度升高至 150～160℃，持续 1～3h 即可。

4.　冰箱

某些试剂、药品和母液需低温保存，需要有冰箱。一般备有家庭用冰箱即可。

5.　pH 计

培养基中的 pH 值十分重要，因此配制培养基时，需要用 pH 计来进行测定和调整。一般用笔式 pH 计比较方便。若不做研究，仅用于生产，也可用精密 pH 试纸（pH 4～7）来代替。测定培养基 pH 值时，应注意搅拌均匀后再测。

6.　蒸馏水器

水中常含有无机和有机杂质，如不除去，势必影响培养效果。植物组织培养中常使用蒸馏水或去离子水，蒸馏水可用金属蒸馏水器大批制备。在水质好的地区，若进行工厂化育苗，为降低成本，也可用自来水直接配制培养基，但需先做小批量的试验，注意观察培养效果。

7.　空调机

空调机用于培养室恒温控制。

8．超净工作台

超净工作台是接种、转苗的无菌工作台面。有单人、双人及三人式的，也有开放和密封式的类型。超净工作台一般较宽，购置和设计房屋时应注意，以防门太窄而搬不进去。超净工作台主要是通过风机送入的空气经过细菌过滤装置，再流过工作台面。因此，超净工作台应放置在空气干净、地面无灰尘的地方，以延长使用期，使用过久，引起堵塞时，需要清洗和更换过滤器。

9．解剖镜

解剖镜也称立体显微镜，一般以双筒实物显微镜较常用。主要用于培育脱毒苗时剥取茎尖，以及瓶外观察培养物的生长情况。

10．培养架

内装培养材料的培养瓶需要放置在培养架上。制作培养架时应考虑使用方便、节能，并能充分利用空间，以及安全可靠。架子可用金属、木材制作，隔板可用玻璃、金属筛网等，隔层台板下方装日光灯作辅助光源。

11．振荡培养机和旋转培养机

振荡培养机和旋转培养机用于液体振荡（旋转）培养时改善培养液中的氧气状况。

四、必要的器具

1．玻璃器皿

玻璃器皿主要包括计量器皿、烧杯、试剂瓶、培养瓶、酒精灯等，其中需要量最大的是培养瓶。

（1）计量器皿

计量器皿用于培养基母液和其他一些试剂的配制、分装、吸取等。

① 量筒　有 10mL、25mL、50mL、100mL、200mL、500mL、1 000mL 等规格，用于配制、量取 10mL 以上的液体。

② 容量瓶　有 50mL、100mL、250mL、500mL、1 000mL、2 000mL 等规格，用于各种溶液的定容。

③ 吸管　又称移液管，有 0.1mL、0.2mL、0.5mL、1mL、2mL、5mL、10mL 等规格，用于配制、量取 10mL 以下的液体。

（2）烧杯

烧杯有 50mL、100mL、200mL、500mL 等规格，用于溶解各种试剂。

（3）试剂瓶

① 棕色磨口瓶　有 500mL、1 000mL 等规格，用于分装配制好的各种

母液，存放在冰箱中。

② 滴瓶　盛装一定浓度的碱液或酸液，用于调整培养基的 pH 值。

（4）培养瓶

试管苗生产所用的培养瓶，过去主要用三角瓶（锥形瓶）和试管，但不好操作。现在一般是用罐头瓶（350mL）、果酱瓶（220mL）代替，因瓶口大，操作方便，可提高功效，减少材料消耗，加上透光好、空间大，材料生长健壮，而且大幅度降低了成本。罐头瓶有不同型号，可根据需要加以选择。

（5）酒精灯

酒精灯用于金属器具在接种时的灭菌和在其火焰灭菌圈内进行无菌操作。

2．金属器械

（1）镊子

小型尖头镊子适用于解剖和分离叶片表皮；16～25cm 的枪状镊子，因其腰部弯曲，使用方便，适合用于转移外植体和培养物。

（2）剪刀

常用的有大、小手术剪，以及长 12～30cm 的眼科用弯头剪，特别适于培养瓶内剪苗。

3．瓷盆和电炉

在一大小适宜的搪瓷盆或铝锅里配制培养基，然后根据需要放在电炉上熬制，搪瓷盆或铝锅的规格由灭菌锅容量的大小而定，每熬制一盆培养基分装的培养瓶数量，应是灭菌锅一次所能容纳的数量。

4．封口材料

接种完成后，培养瓶要封口，以防止污染和培养物干燥。封口材料和方法有多种。小瓶口通常用纱布包住棉花塞，外面再包一层牛皮纸，用线绳或橡皮筋扎好，也可用铝箔包住。大瓶口可用聚丙烯薄膜、聚酯薄膜或双层硫酸纸封口，也可用耐高温、高压的半透明塑料盖直接封口。应根据具体情况加以选用。

5．器具的消毒与清洗

金属器具的消毒通常与培养基的灭菌共同进行，即用高压蒸汽灭菌锅消毒，也可在接种时用消毒液浸泡或直接在酒精灯火焰上灼烧。而各种玻璃器皿在使用前就进行彻底清洗，以防止带入一些有毒的或影响培养效果的化学物质、微生物等。

五、试管苗移栽设施和设备

① 保护设施有温室、塑料大棚、防虫网、遮阳网等。

② 组培苗移栽设备与设施有基质处理设备和育苗容器。

基质处理设备：主要有搅拌机、装盘机、喷药消毒机、手推车等。

育苗容器：主要有育苗筒、育苗穴盘、育苗等。

任务3 组培快繁工厂化的生产技术

一、组培快繁工厂化生产工艺流程

最早的植物组织培养作为一种科研手段并没有考虑其经济效益，但是随着工厂化生产的发展，经济效益的问题就成为植物组织培养工厂能否生存的关键所在。植物组培苗生产工艺流程的研究将有助于组培苗从实验室研究阶段过渡到工厂化生产阶段。其各个环节的分析与探讨可以提高人们在工厂化过程中对组培苗生产的目标意识的清晰程度，从而增强对目标意识的预见性，并最终很好地控制整个工艺流程，生产出低成本、高质量的产品。植物组培苗生产工艺流程见图6-2。

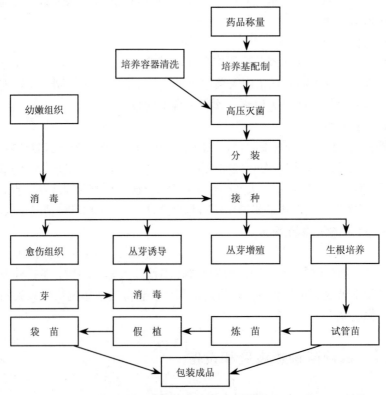

图6-2 植物组培苗生产工艺流程图

从图 6-2 可以看出，在植物组培苗生产工艺流程中，操作技术大致分为外植体接种、诱导培养、继代增殖、生根培养、苗圃假植 5 个步骤；成苗途径包括愈伤组织成苗、芽诱导成苗两条技术路线；供苗途径则可以分为试管成品苗、营养袋苗两种方法。

二、组培快繁工厂化生产技术

工厂化生产主要有以下 5 个技术环节：品种选育和母株培育、离体快繁组培试管苗、试管苗的驯化移栽、苗木传送和运送、苗木质量检测。

（一）品种选育和母株培育

根据市场实际情况选择市场发展潜力大或生产市场需求量大的品种，要求优质品种纯度好、无病虫害，建立材料和原种材料培育圃。

（二）离体快繁组培试管苗

经无菌苗建立、继代快繁增殖、生根等工序，获得健壮基本苗（详见组培快繁技术）。

（三）组培苗的驯化与移栽

1．准备工作

（1）选择育苗容器

组培苗移栽驯化一般用穴盘，经济实惠。原苗移栽可选穴格、穴容稍大的，组培苗、扦插苗可选二者较小的，可节省空间，降低生产成本。

（2）选配基质

基质选配有固定原则。基质的作用是固定幼苗、吸附营养液、改善根际透气性。基质需具有良好的物理特性，通气性好；需具有良好的化学特性，不含有对植物和人类有毒的成分，不与营养液中的盐类发生化学反应而影响苗正常生长；需对盐类有良好的缓冲能力，维持稳定、适宜植物个体的 pH 值。选用基质还需物美价廉，便于就地取材。基质种类分有机基质和无机基质。

① 有机基质　主要由泥炭和碳化稻壳两类。泥炭由半分解的水生、沼泽湿地生、藓沼生或沼泽生的制植被组成，有较高的持水能力，pH 3.8～4.5，并含有少量的氮，不含磷、钾，不易分解，适合作育苗基质。碳化稻壳，将稻壳烧制成炭料，或用未烧透稻壳，可也用锅炒制，碳化程度以完全碳化但

基本上保持原型为标准，质地疏松，保湿性好，含有少量磷、钾、镁和数种微量元素，pH 8 以上。应用前要用水反复冲洗，必要时用 300 倍硫酸洗涤。移苗前 7d 灌营养液，待 pH 值稳定后再用。利用碳化壳作基质，营养液配方中的磷、钾含量要适当降低。除上述两种基质外，锯木屑也可以使用，但要慎重，因为有的木屑含有毒成分，特别是酚类化合物。除有毒和有油的树种外，一般树种的剧木屑都可以使用，为了安全起见，最好进行水冲洗或高温焖制等预处理。

② 无机基质　有炉渣、沙、蛭石、次生云母矿石、珍珠岩等。炉渣，把充分燃烧的煤炭炉渣粉碎，先用 3mm 孔径的筛子过筛，再用 2mm 孔径的筛子筛出 2～3mm 的炉渣，用水冲洗备用。沙，粒径以 0.1～2.0mm 为宜。沙含有部分锰、硼、锌等微量元素。蛭石、次生云母矿石和珍珠岩等，质轻、透气性和保湿性好，具有良好的缓冲性，是很好的基质材料。

上述基质除单独应用外，还可多种基质混合应用，取长补短。组培苗的移栽一般用无土栽培，为提高空间利用率常选用格小的穴盘，能容纳的营养基质少，因而对基质的要求较高。要求基质保肥，吸水力强，透气性好，不易分解，支撑性好。采用泥炭、珍珠岩、蛭石、沙及少量有机质、复合肥混合调配为好，如美国的加州混合基质（JZ）和康乃尔草炭混合基质（KNE）（表 6-1）等。

表 6-1　复合基质配方

加州混合基质（JZ）		康乃尔草炭混合基质（KNE）	
材料名称	用　量	材料名称	用　量
细沙	0.5m³	2 号、3 号园艺用珍珠岩	0.5m³
粉碎草炭	0.5m³	粉碎草炭	0.5m³
硝酸钾	145g		
硫酸钾	145g	5-10-5 复合肥	3.00kg
白云石或石灰石	4.5kg	白云石或石灰石	3.00kg
钙石灰石	1.5kg		
20%过磷酸钙	1.5kg	20%过磷酸钙	1.20kg

（3）场地、工具及基质灭菌、装盘

移栽场地及所有工具必须用灭菌药水清洗（10%漂白粉溶液或 800 倍高锰酸钾液泡 10～15min），基质要先充分混均用 1 000 倍百菌清喷雾、搅拌。如果基质内含土壤，消毒更严格，还可应用下列消毒剂。

① 65%代森锌粉剂消毒　苗床土用药 60g/m³，药土混拌均匀后用塑料

膜盖 2～3d，然后撤掉塑料膜，待药味散后使用，具有一定防病效果。

② 福尔马林消毒　能防治猝倒病和菌核病。用千分之五的福尔马林喷洒床土，混拌均匀，然后堆放并用塑料膜封闭 5～7d，揭开塑料膜使药味彻底挥发后方可使用。

③ 蒸汽消毒和微波消毒　用蒸汽消毒床土，可以防止猝倒病、立枯病、枯萎病、菌核病和黄瓜花叶病毒病等，效果良好。用蒸汽把土温提高到 90～100℃，处理 30min。蒸汽消毒的床土待土温降下去后即可使用，消毒快，又没有残毒，是良好的消毒方法。微波消毒是用微波消毒照射土壤，能灭草、线虫和病毒。行走式微波消毒机由功率 30kW 发射装置和微波发射板组成，前进速度为 0.2～0.4km/h，工作效率高。

（4）营养液成分、来源与浓度表现方法

① 营养液主要成分　植物生长需要的大量元素有 C、H、O、N、P、K、Ca、Mg、S。微量元素有 Fe、Cl、Mn、B、Zn、Cu、Mo。大量元素中的 C、H、O 是从植物周围的空气和水中获得的。微量元素中的 Cl 在大多数情况下是从水中获得的，配制营养液时可不考虑 C、H、O、Cl 这 4 种元素，只配制含其他 12 种元素的营养液。

② 常用盐类的来源　配制营养液常用的盐类是由工厂提供的工业化合物。微量元素用量少，可用化学药品代替。

氮肥：硝酸钙、硝酸钾、磷酸二氢铵、硝酸铵、尿素、氮磷钾三元复合肥。

磷肥：磷酸二氢钾、氮磷钾三元复合肥。

钙肥：硝酸钙、硫酸钙、过磷酸钙、石膏。

镁肥：硝酸镁、硫酸镁钾。

硫肥：硫酸镁、硫酸钾。一般以工业用泻盐（硫酸镁）作镁、硫供源。

铁肥：螯合态铁最好，如没有也可用硫酸亚铁。

硼肥：硼酸、硼砂。

钼肥：钼酸铵、钼酸钠。

锌肥：硫酸锌。

铜肥：硫酸铜。

锰肥：硫酸锰、螯合态锰。

③ 营养液浓度表示方法　在营养液育苗时以百分比浓度最为常用。百万分比浓度就是一百万份溶液中所含溶质的份数，实际上就是质量分数。如百万分之一浓度的锰，就是 10^6g 溶液中含有 1g 锰。计量标准规定用溶质的质量分数，即 1×10^{-6} 表示。

（5）营养液配方

不同植物种类所需营养液配方有所不同。

配方1：（单位：mg/kg）尿素450；磷酸二氢钾500；硫酸钙700；硼酸3；硫酸锰2；钼酸钠3；硫酸铜0.05；硫酸锌0.22；螯合态铁40。

配方2：（单位：mg/kg）硝酸钙950；硝酸钾810；硫酸镁500；磷酸二氢铵155；硫酸锰2；钼酸钠3；硫酸铜0.05；硫酸锌0.22；硼酸3；螯合态铁40。

配方3：（单位：mg/kg）复合肥（$N_{15}P_{15}K_{12}$）1 000；硫酸钾200；硫酸镁500；过磷酸钙800；硼酸3；硫酸锰2；钼酸钠3；硫酸铜0.05；硫酸锌0.22；螯合态铁40。

配方4：（单位：mg/kg）硝酸钾411；硝酸钙959；硫酸铵137；硫酸镁548；磷酸二氢钾137；氯化钾27；硼酸3；硫酸锰2；钼酸钠3；硫酸铜0.05；硫酸锌0.22；螯合态铁40。

配方5：（单位：mg/kg）硝酸钙950；磷酸二氢钾360；硫酸镁500；硼酸3；硫酸锰2；钼酸钠3；硫酸铜0.05；硫酸锌0.22；螯合态铁40。

配方6：（单位：mg/kg）硫酸镁500；硝酸银320；硝酸钾810；过磷酸钙1160；硼酸3；硫酸锰2；钼酸钠3；硫酸铜0.05；硫酸锌0.22；螯合态铁40。

（6）营养液的配制方法

① 化肥用量及溶解 营养液配方的各种化肥数都是配1 000kg水的用量，可根据情况按实际培液量与1 000kg的比值乘以每种化肥克数，算出具体用量，称取配制。在配置过程要防止沉淀的发生，如硫酸镁和硝酸钙、硝酸钙和磷酸铵在高浓度的原液混合时，很容易产生硫酸钙的沉淀。因此，最好先将各种肥料分别溶解，再加入盛水容器中，充分搅拌。尿素、硫酸镁、磷酸二氢钾等都比较易溶，而硝酸钾、硝酸钙尤其磷酸二氢钙溶解需要一定时间。常用的几种钙肥除硝酸钙外溶解度都比较低，溶解时应加一定量的水。

② 配制微量元素原液 微量元素用量低，为避免每次称量麻烦，一般先配成原液，在暗处保存，使用是按一定比例取出原液加入营养液中。用温水溶解肥料可加快速度。

③ 调整pH值 为控制营养液适宜的pH值，首先应进行测定，然后矫正。如需降低pH值，可加入硫酸或盐酸；如需提高pH值，加入氢氧化钠或氢氧化钾。大部分营养液的pH值在4.5～6.5之间，以5.5～6.5为最适。

④ 水质及其盐含量 配制营养液的水质一般问题不大，但在沿海或盐碱地区的地下水有的含盐量比较高。用这种水配制的营养液，经过一段时间

后，盐分浓度容易超过允许界限，导致苗受害。所以使用前应进行测定，盐分以不超过 200～400mg/L 为限。

2．组培苗移栽

（1）自然适应

组培苗由试管内条件转入温室，暴露于空气中，环境落差大，需逐步适应。一般要求从培养室内将培养瓶拿到室温下先放置 2 周左右，再打开瓶盖，置架上 4～12h。

（2）起苗、洗苗、分级

将苗瓶置于水中，用小竹签伸入瓶中轻轻将苗带出，尽量不要伤及根嫩芽，置水中漂洗，将基部培养基全部洗净。将苗分为有根苗和无根苗 2 类。

（3）移栽

用竹签在基质上拨开一个小洞，将苗根部轻轻植入洞内，撒上营养土，将穴盘轻放入育苗池中，待水慢慢上升。渗透后，将盘放在传送带上，送入缓苗室。无根苗需先蘸生根液再行移植。若用栽苗机应按规定操作。

3．组培苗扦插

为加快繁殖，提高繁殖系数，还可将组培苗切段扦插繁殖。具体操作时将经自然适应的小苗洗净，每叶节切一段，基部向下扦插在洇足水的沙盘中。如果苗不易生根，可先蘸生根液，再扦插。然后同试管苗一样移栽。

4．幼苗驯化管理

组培苗移栽后送入驯化室，驯化室一般为防虫温室。移栽后 1～2 周为关键管理阶段，主要是光照、水分、通风、透气等方面。本阶段需弱光、适当低温和较高的空气相对湿度。高温季节易温室回升快，应加强通风、透气，进行人工喷雾。本阶段可适施薄肥，结合喷水喷施 3～5 倍 MS 大量元素液。1 周后每隔 3d 叶面喷施营养液 1 次。由于空气湿度高，气温低，幼苗易感染立枯病、猝倒病、枯叶病，造成死亡，因此要及时喷药，防治病虫害。

5．组培苗驯化

（1）适宜的基质

不同栽培基质对组培苗移栽成活率有显著影响，见表 6-2 和表 6-3。

表 6-2　不同栽培基质对大蒜组培苗移栽成活率的影响

基　质	移栽株数	成活株数	成活率/%	效果比较/%
消毒土	50	38	73	77.7
沙　土	50	37	67.5	71.8
蛭　石	50	47	94	100

注：引自吴殿星，胡繁荣．植物组织培养．上海交通大学出版社，2004。

表6-3　不同栽培基质对芳草香樟组培苗移栽成活率的影响

基　质	移栽株数/株	存活数/株	存活率/%
黄　土	20	10	50
全　沙	20	11	55
珍珠岩	20	4	20
苔　藓	20	18	90
黄土∶沙（1∶1）	20	16	80
黄土∶沙（2∶1）	20	13	65
黄土∶沙∶繁殖土（2∶1∶1）	20	12	60
黄土∶沙∶谷糠灰（1∶1∶1）	20	6	30
珍珠岩∶繁殖土（2∶1）	20	6	30

注：引自吴殿星，胡繁荣. 植物组织培养. 上海交通大学出版社，2004。

芳香樟以苔藓为基质成活率最高。大蒜的组培苗以蛭石为基质，移栽成活率最高达94%。要针对不同植物要求筛选最佳移栽基质，才能保证取得较高的移栽成活率。

（2）苗的生理状况影响试管苗移栽成活率

将石刁柏的组培苗分为合格苗（2根以上）、1根苗、无根苗3类，在细沙、腐殖土、蛭石按3∶1∶1的土壤基质上种植，采取相同的管理条件。经过1个月左右缓苗观察，发现1周左右因正出缓苗阶段，苗成活率差别不明显；2周左右苗成活率表现出明显差别。合格苗成活率最高，达90.5%，1根苗、无根苗分别为72.1%和26.5%。

（3）温、湿度影响移栽成活率

组织苗比较纤柔，适应能力差，需逐渐地适应驯化。高温季节应注意遮阳、保温、通风通气，并经常进行人工喷雾。以温度18～20℃，空气相对湿度保持在70%～85%为宜。为防止杂菌污染，用1 000倍百菌清溶液中浸根3～5min，可提高移栽成活率。

6．"绿化炼苗"

温室组培苗移栽成活4～6周后，可逐渐移至遮阳大棚进行"绿化"炼苗。本阶段特点是幼苗由驯化、缓苗期进入正常的生长，幼叶长大，嫩芽抽梢，肥水管理非常重要。

首先，要结合浇水浇灌营养液。如果用稻壳或炉渣为基质，采用河水、自来水等浇灌时，可不用加微量元素。营养液的供给时间应适当提前，一般3～5d应供给营养液1次。在施用营养液时，应根据不同的植物种类，采用不同的配方。绿化前期，秧苗较小，营养液的浓度应低一些，一般为0.15%～

0.2%。随着秧苗长大，营养液浓度可逐渐加大到 0.3%左右，使幼苗顺利实现从异养生长向自养生长的过渡。

其次，要逐渐延长光照时间，增加光照强度。要保持透明覆盖物的洁净和及时掀揭。绿化室内光照强度应由弱到强，循序渐进，否则会因光照强度增加过快而导致秧苗的灼烧。有条件的可以在绿化期进行人工补充光照。补充光照时可用植物效应灯、高压氯灯或日光灯，使秧苗受光在 3 000lx 以上。补充时间因作物而异，茄果类秧苗为 6～10h，加上自然光照时间总计光照时间不超过 16h；黄瓜每天补充光照时间 4～6h，加上自然光照时间每天总计光照时间不超过 12～16h。

再次，绿化室内苗密集，空气湿度大，病害易发生，每隔 7～19d 需交替喷 1 000 倍百菌清或灭枯净。

7. 成苗管理

（1）及时供水

成苗期苗木较大，需水量大，气温升高，通风多，升水快，要注意及时供水。特别是采用营养钵育秧或电热温床育苗，更应经常浇水，保持育苗基质湿润。

（2）苗床温度

开始，苗床的温度可稍高些，茄果类蔬菜和黄瓜苗，白天控制在 25～28℃，夜间 20℃，以促进生根缓苗。以后逐渐降低温度，白天 20～25℃，夜间 15℃左右。这一时期的苗床温度主要是利用阳光热和保温、通风措施加以调节。

（3）追肥

在育苗基质肥料充足的情况下，可不追肥，如有条件可每隔 3～5d 根外追肥 0.2%磷酸二酸钾液，也可撒施或随水追施复合肥，施用量为 15～30g/m^2。追肥后一定要及时浇水，防止烧苗。此期间还应注意防治苗期病虫害。总之，成苗管理苗床温湿度要适宜，促控结合，使苗木即不徒长，又不老化。同时，还需根据气象预报，注意防寒、通风换气，确保苗木的正常生长发育。

（四）苗木传送和运输

商品植物苗木的地区间流动随着商品性生产的发展，特别是植物育苗业的发展、育苗技术和交通条件的改善而蓬勃兴起。组培快繁苗异地育苗、运输，可发挥技术优势为异地培育优质、价廉的苗木。组培快繁苗要求集约化程度高，设施及技术要求严格。要创造较完善的苗木繁育设施及掌握快繁技术难度较大。技术优势较强的地区发展组培快繁育苗业，运输到产区，深受欢迎，有广阔的市场空间，也会有较大的经济效益和社会效益。此外，利用纬度差、海拔高度差或地区间小气候差异进行育苗，节约育苗能耗，降低苗木成本。例如，我国春季南北之间温差很大，在南方可以用露地或简易保护地育苗时，北方还要在加温温室育苗，利用这种差异发展异地育苗、运输是可行的。同时，也可在夏季气候比较温和的地区或海拔较高的山区为夏季或秋季延迟栽培育苗，可减轻苗期病害的发生，提高苗质量。

进行异地育苗、运输须考虑：第一，经济上是否合算，育苗成本＋运输费用＋最低的利润≤用户在当地培育同等质量秧苗所需的成本费；第二，苗木须有较高的技术含量，品种优良、对路，苗木质量好；第三，具有稳定而畅通的销售渠道及适合的包装及运输条件。异地育苗、运输还应掌握以下技术环节。

1．便于运输的育苗方法及苗龄

为便于运输，育苗方法必须注意。无土育苗一般水培或基质培（砂砾、炉渣等作为基质）都可以应用，但起苗后根系全部裸露，根系须采用保湿保护等措施，否则，经长途运输后成活率会受到影响。采用岩棉、草炭作为基质，质轻、保湿并有利于护根，效果较好。穴盘育苗一般远距离运输应以小苗为宜，尤其是带土的秧苗。小苗龄植株苗小，叶片少，运输过程中不易受损，单株运输成本低。但是，在早期产量显著影响产值的情况下，为保护圃地及春季露地早熟栽培培育的苗木需达到足够大的苗龄，才能满足用户要求。

2．包装、运输工具和运输适温

（1）包装

苗木公司需制作有本公司商标的包装。包装箱的质量可因苗木种类、运输距离不同而异。近距离运输，可用简易的纸箱或木条箱，以降低包装成本；远距离运输，要多层摆放，充分利用空间，应考虑箱的容量、箱体强度，以便经受压力和颠簸。

（2）运输工具

根据运输距离选择运输工具，同一城市或区、乡内，可用拖拉机、推车或一般汽车运输；远距离需依靠火车或大容量汽车，用具有调温、调湿装置的汽车最为理想。育苗工厂可将苗直接运至异地定植场所，无需多次搬动，减少苗木受损。对于珍贵苗木或有紧急事件要求者也可空运。

（3）运输适温

一般植物苗木运输需低温条件（9～18℃）；运输果菜秧苗（番茄、茄子、辣椒、黄瓜等）的运输适温为10～21℃，低于4℃或高于25℃均不适宜。结球莴苣、甘蓝等耐寒叶菜秧苗为5～6℃。

3．运输前准备

（1）确定日期

确定具体启程日期，并及时通知育苗场及用户。注意天气预报，做好运前的防护准备，特别在冬春季，应作好秧苗防寒、防冻准备。起苗前几天应进行秧苗锻炼，逐渐降温，适当少浇或不浇营养液，以增强秧苗的抗逆性。

（2）秧苗包装

运输秧苗包装工作应加速进行，尽量缩短时间，减少秧苗的搬运次数，将秧苗损伤减少到最低程度。

（3）根系保护

为了保证和提高运输苗的成活率，应注意根系保护和根系处理。一般的水培苗或基质培养苗，取苗后基本不带基质，可数十株至百株（视苗大小而定）扎成一捆，用水苔或其他保湿包装材料将根部裹好再装箱。穴盘苗的运输带基质，应先振动秧苗使穴内苗根系与穴盘分离，然后将苗取出带基质摆放于箱内；也可将苗基部营养洗去后，蘸上用营养液拌和的泥浆护根，再用塑料膜覆盖保湿，以提高定植后的成活率及缓苗速度。

4．运输

运输应快速、准时。远距离运输中途不宜过长时间停留。运到地点后应尽早交给用户，及时定植。如用带有温湿度的运输车运苗，应注意调节温湿度，防止过高、过低温湿度危害秧苗。

（五）苗木质量检测

苗木质量鉴定是保证苗木质量和保护种植者利益的重要环节，也是确定苗木价格按质论价的重要依据。随着组培技术的推广应用，越来越多的组培快繁苗进入商业化生产和流通。由于其生产方式的创新性和产品的先进性，要求质量检验尤其严格。我国组培快繁苗的质量检测标准尚不完善。美国新兴了不少专门检测组培快繁苗质量的公司和机构。质量鉴定主要有以下几个方面。

（1）商品性状

① 苗龄　苗龄相对较大，早熟性较好，质量较高，定级别高，一次往下排列。

② 农艺性状　有叶片、生长、株高、茎粗、植株展幅等，根据不同作物要求定级。

（2）健康状况

① 是否携带产地流行病菌真菌、细菌。

② 是否携带病毒病。

（3）遗传稳定性

① 是否具备品种的典型性状。

② 是否整齐一致。

③ 采用随机扩增 DNA 多态性分析（RAPD）或扩增片段长度多态性分析（AFLP）法对快繁材料进行"指纹"鉴定，以确定其遗传稳定性。

任务4　组培快繁工厂化生产的经营管理

管理是植物组培苗商业化生产或工厂化生产的一项重要内容，管理工作的好坏将直接影响到经济效益状况。其内容包括成本核算、计划生产、物资管理、人员管理等诸多方面。其中，成本核算是管理的核心，只有降低成本才能提高效益，经营管理者必须清楚这一点。

一、组培快繁的影响因素

组培快繁的影响因素主要包含以下几个方面：

（1）培养基的需求量

由于植物组织培养中，不同的植物表现出不同外植体，外植体的个体大小差异明显，每瓶的继代、生根苗的数量存在不同。

（2）继代增殖系数和继代周期

继代增殖系数大多数组培育苗生产控制在 3~8 倍之间，增殖系数小于 3 时，生产率太低；但是如果增殖系数大于 8 时，增殖丛生芽过多相对应生根有效苗减少，继代苗中壮苗少影响生根质量，导致移栽成活率低；继代增殖系数提高往往通过提高激素水平，容易造成组织发生衰减甚至变异。继代周期随着不同的植物的生长习性和培养条件而异，最好控制在 30d 左右或更短。继代周期过长，一方面增加成本，另一方面培养基陈旧苗木后期营养缺失，导致苗木生长不良，另外还会增加污染。

（3）生根诱导

① 提高继代苗的绿茎的比例，减少玻璃化的发生。

② 生根诱导时间，应控制在 20d 以内。生根率控制在 90% 以上。

（4）污染率

污染率是组培快繁一个非常重要指标，继代、生根培养过程如果发生污染，被污染的瓶苗就要被淘汰，增加了产品的成本。

（5）死亡率

瓶苗在培养过程中或多或少发生瓶苗的死亡，死亡的原因很多，一方面是接种过程产生的外植体被接种工具烫伤、脱水、倒插等引起不正常死亡；另一方面培养基自身因素、培养温度等导致瓶内气体发生突变（如乙烯浓度增加）致使苗木的死亡。

二、组培快繁的生产计划

生产规模的大小也就是生产量的大小，要根据市场的需求，根据组织培养试管苗的增殖率和生产种苗所需的时间来确定。

（一）试管苗增殖率的估算

试管苗的增殖率是指植物快速繁殖中间繁殖体的繁殖率。估算试管苗的繁殖量，以苗、芽或未生根嫩茎为单位，一般以苗或瓶为计算单位。年生产量（Y）取决于每瓶苗数（m）、每周期增殖倍数（X）和年增殖周期数（n），其公式为：$Y=mX^n$。

如果每年增殖 8 次（$n=8$），每次增殖 4 倍（$X=4$），每瓶 8 株苗（$m=8$），全年可繁殖的苗是：$Y=8×4^8=52$（万株）。此计算为生产理论数字，在实际生产过程中还有其他因素（如污染、培养条件、发生故障等）造成一些损失，实际生产的数量应比估算的数字低。

（二）生产计划制订

根据市场需求和种植生产时间，制订全年植物组织培养生产的全过程。制订生产计划虽不是一件很复杂的事情，但需要全面考虑、计划周密、工作谨慎，把正常因素和非正常因素均考虑在内。制订出计划后，在实施过程中也容易发生意外事件。制订生产计划必须注意以下几点：①对各种植物增殖率的估算应切合实际；②要有植物组织培养全过程的技术储量（外植体诱导技术、中间繁殖体增殖技术、生根技术、炼苗技术）；③要掌握或熟悉各种组培苗的定植时间和生长环节；④要掌握组培苗可能产生的后期效应。

1. 生产计划的制订依据

（1）供货数量

生产计划是根据市场需求情况和自身生产能力制订出的生产安排。如果有稳定的订单就可以根据订单要求，同时考虑市场预测来安排生产。在无大量定购苗之前，一定要限制增殖的瓶苗数，并有意识地控制瓶内幼苗的增殖和生长速度。通常可通过适当降温或在培养基中添加生长抑制剂和降低激素水平等方法控制，或将原种材料进行低温或超低温保存。

（2）供货时间

根据订单和市场预测确定苗木生产数量后，尤其是直接销售刚刚出的组培苗或正在营养钵（苗盘）中驯化的组培幼苗，必须明确供货时间。虽然组培在理论上说是可以全年生产，任何时候都可以出苗。然而，在实际育苗实践中，由于大田育苗的季节性限制，一般出货时间主要集中在秋季和春季。尤其是在早春，春季的组培苗在温室或塑料大棚中经过短时间的驯化后即可移栽入大田苗圃，可以大大降低育苗成本。

2．生产计划安排

在确定了供货数量和供货时间后，就可以制订具体的生产计划。首先要考虑的是种苗数。如果没有现成的试管种苗，需要从外植体消毒、接种制备种苗，这样常常需要 1～2 个月或更长的时间，才能获得供正常增殖生产需要的试管种苗。有了一定数量的种苗，则可根据该品种的增殖系数、继代周期、壮苗需要和生根率、移栽成活率，以及污染损耗等技术参数和一定的保险系数，并根据实际生产能力，初步安排具体的生产日程计划。一般有数个方案可供选择。

（1）方案一

如果供苗时间可以比较长，从秋季一直到春季分期分批出苗，则可以在继代增殖 4～5 代后开始边增殖边诱导生根出苗。因为一般组培苗在第四至第十次继代时增殖最正常，效果最好（表6-4）。

表6-4　方案一的组培苗生产计划

日期/d	继代次数	继代增殖苗	诱导生根苗
		种苗×增殖系数×（1-污染耗损率）	绿茎×生根率×（1-污染损耗率）
0～40	0	50×5×（1-5%）＝237	
80	1	237×5×0.95＝1 125	
120	2	1 125×5×0.95＝5 343	
160	3	5 343×5×0.95＝25 379	
200	4	25 379×5×0.95＝120 550	
240	5	120 550×3×0.95＝343 567	
280	6	120 000×3×0.95＝342 000	223 567×0.7×（1-0.5%）＝148 672
320	7	120 000×3×0.95＝342 000	222 000×0.7×0.95＝147 630
360	8	120 000×3×0.95＝342 000	222 000×0.7×0.95＝147 630
400	9	留 100～200 芽作种苗保存	＞222 000×0.7×0.95＝147 630
合计			＞591 562

注：引自吴殿星，胡繁荣．植物组织培养．上海交通大学出版社，2004。

试管内苗木存苗数，其中约 1/3 继续增殖壮苗，2/3 用于诱导生根。实际用于生根的绿茎数更大。

（2）方案二

如果供苗时间集中，但又有足够长的时间可供继代增殖，则可以连续多代增殖，待存苗达到一定数量后，再一次性壮苗、生根，集中出苗（表 6-5）。其中，约有 1/5 绿茎已符合生根要求，可用于诱导生根。

表 6-5　方案二的组培苗生产计划

日期/d	继代次数	继代增殖苗 种苗×增殖系数×（1-污染耗损率）	诱导生根苗 绿茎数×生根率×（1-污染损耗率）
0～40	0	50×5×（1-5%）＝237	
80	1	237×5×0.95＝1 125	
120	2	1 125×5×0.95＝5 343	
160	3	5 343×5×0.95＝25 379	
200	4	25 379×5×0.95＝120 550	
240	5	120 500×5×0.95＝572 612	120 000×0.7×（1-5%）＝79 800
280	6	572 612×5×0.95＝1 289 944	＞859 962×0.7×0.95≥571 874
合计			＞651 674

注：引自吴殿星，胡繁荣. 植物组织培养. 上海交通大学出版社，2004。

（3）方案三

如果接到供货订单较晚，离供苗时间很短，这时往往需要增加种苗基数同时在前期加大增殖系数（表 6-6），可用激素调节，尤其是提高细胞分裂素比例，并控制最适宜的温度、光照条件等。

（4）其他

除上述 3 种方案之外，还可能设计出其他方案。但是，必须注意的是在初步方案制订出来后，要根据每次继代时所需的工作量（尤其是达到最大工作量时）与实际操作的能力（每天可能接种的苗量等）进行调整，再利用多种生产品种和多种生产方案的配合，制订出全年具体的生产计划，使日常工作量尽可能达到均衡，以利于提高设备的利用率和人力合理安排。为保险起见，以上计划将继代周期设计为 40d。生产计划制订后，在具体操作时由于各种原因，还必须及时进行修改和调整。

表6-6 方案三的组培苗生产计划

日期/d	继代次数	继代增殖苗	诱导生根苗
		种苗×增殖系数×（1-污染耗损率）	绿茎数×生根率×（1-污染损耗率）
0～40	0	500×8×（1-5%）＝3 800	
80	1	3 800×8×0.95＝28 880	
120	2	28 880×8×0.95＝219 488	
160	3	219 488×3×0.95＝625 540	
合计			417 027×0.7×0.95＝277 323

注：引自吴殿星，胡繁荣. 植物组织培养. 上海交通大学出版社，2004。

三、组培快繁的生产经营管理

组培工厂化快繁生产的经营管理主要包括生产机构的设置和各部门的岗位职责。组培工厂的机构设置、管理体制和各项管理制度，虽然不属于组培技术范畴，但是，它直接影响组培技术的贯彻执行、企业生产效率，直接表现在组培苗木的成本高低。

（一）组培快繁工厂化生产机构的设置（图6-3）。

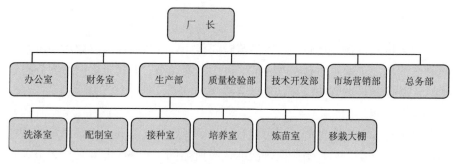

图6-3 组培快繁工厂化生产机构设置图

（二）组培快繁工厂化生产各部门岗位职责

1．生产部

主要职责：

① 根据总体生产规划，制订具体生产计划，上报审批后负责实施。

② 制订各工种工人的定额管理和奖惩办法，上报审批后负责实施。

③ 安排、协调下属各部门的日常工作。

④ 对下属人员进行考勤、考核。

⑤ 负责工人的业务学习和技能培训。

⑥ 生产上发现重大问题及时研究解决，并上报处理意见及处理情况。

生产部按生产作业分工，需招聘以下各工种工人，人员数量按生产任务而定。

（1）勤杂、清洁工

主要职责：

① 洗涤组培生产用的各种器皿、用具，保证培养基制作和接种的需要。

② 保持生产作业区的公共环境卫生。

③ 组培苗的出货、包装等各种杂活。

（2）培养基制作工

主要职责：

① 按操作规程配药、制作培养基和消毒，保证培养基配方正确无误，消毒完全，培养基代号标写清楚、无误，并做好登记。

② 按要求及时提供所需的培养基和接种工作所需的消毒用品等。

③ 及时将消毒后的培养基及用具等送至培养基贮备间，排放整齐，标记清晰。

④ 保持药品间、培养基制作消毒间的整洁，保持培养基贮备间的卫生，并经常用紫外线消毒。

⑤ 保持各种仪器设备的完好使用状态，药品的使用登记。

（3）接种工

对接种工的要求，有良好的卫生习惯，接种操作敏捷，并有长时间接种操作的耐心。

主要职责：

① 领班人负责按计划做好接种材料、培养基的接种前清点核查，对需要预先清洁消毒的培养瓶进行消毒等，做好接种前的准备工作，并做好接种工人的接种安排。

② 接种工人由领班人安排，按操作规范进行接种，保质保量完成接种任务。

③ 接种后的材料及时标记清楚，由领班人核查登记，并填写接种工作日报表。

④ 接种后的材料及时转运培养间，由培养间负责人签收登记。

⑤ 接种完成后，保持超净工作台台面整洁。需要清洗的用具、器皿等及时转送洗涤间。

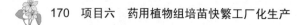
⑥ 经常保持缓冲间、接种间和紫外消毒间的整洁，并定期进行消毒。

（4）培养间管理工

对培养间管理人员的要求是责任心强，管理精心、细心。

主要职责：

① 验收由接种间送来的培养材料，进行品种分类登记并及时上架。培养架上排放的材料必须规整，充分利用培养架上的空间。

② 各类培养材料按要求及时调控光照和温度，并按培养材料的增殖或诱导生根的需要及时转换架位，以保证试管苗的生长和生根正常。

③ 按培养材料的生长情况，及时（一般每5d）上报需要继代、生根、移栽的各品种材料的数量及质量情况。

④ 做好各类材料出入库登记，保证随时能提供各类材料的库存量。

⑤ 及时检查污染材料，登记后清除，并移送消毒间经消毒后清洗。

⑥ 按生产部下达的计划，将次日或后1～2d内需做继代转移的材料，送至紫外线消毒间，移交给接种间领班人员查收。

⑦ 每天定时记录培养室的温度（可用自记温度计），发现温度不正常时及时调整培养室温度。培养架上的灯管损坏时应及时更换。

⑧ 保持培养室的整洁，材料排放整齐有序，并对培养室定期进行消毒。

（5）炼苗管理工

保护地炼苗管理人员宜选用有一定温室或大棚管理经验的人员担任。

主要职责：

① 备足配制营养土所需的原材料，并按要求配制各类品种所需的营养土和制备营养钵或苗盘，做好移苗前营养钵或苗盘的消毒。

② 精心做好试管苗出瓶前的驯化炼苗。

③ 细心移栽和管理幼苗，提高移栽成活率。做好移栽记录，保证苗木品种不混杂。

④ 认真负责地做好温室（或大棚）的保温、通风、遮阳、喷水、打药、施肥等日常管理，保证苗木生长正常，保持温室内的整齐美观。

⑤ 做好出入库苗木登记，随时提供各种品种、大小车间的苗木的数量和生长情况。

（6）大田苗圃管理工

要求该工种的工人有吃苦耐劳精神，并有一定的大田育苗管理经验。

主要职责：

① 制订苗圃地的轮作倒茬规划，做好各类苗木移栽地块的合理布局。

② 做好苗木移栽前的整地、施肥等必要的准备工作。

③ 按苗木移栽操作规程精心移栽苗木，按苗木生长情况做好施肥、灌水、防治病虫等各项作业，保证苗木生长健壮。

④ 做好苗圃地的栽植登记，绘制栽植图，保证苗木品种纯正、不混杂。

⑤ 做好苗木出入圃登记，保证随时提供不同品种和不同大小的苗木的数量和质量情况。

2．质量检验部

质检人员必须熟悉组培生产的全过程，具有认真负责的工作态度。

主要职责：

① 参照有关苗木质量标准，征求生产部和市场部的负责人员意见，主持制订各种苗木出厂的质量标准，上报审批后负责质量检验。

② 按各部门制订的各项作业的定额管理和质量要求，负责监督检查。

③ 严格检查出售苗木的品种、质量的合格情况，签发质量合格证或苗木质量等级证。

④ 保存各项检验档案，备查，并注意技术保密。

3．技术开发部

技术开发部是生产技术改进、新品种和新技术引进、消化和研制开发新产品的重要部门，是组培生产能否持续发展的关键。要求从职人员有一定的植物组培工作的经验和较高的技术素养。

主要职责：

① 按生产规划，及时准确无误地采集所需品种的外植体，制备原种母种。

② 通过试验，研究提出各品种适宜的培养基配方及培养条件。

③ 原种材料增殖一定数量后按生产计划需要，连同培养基配方移交生产部投产。暂时未列入生产的原种继续少量继代保存，并进一步研究完善培养基配方。

④ 根据生产上出现的问题，及时开展试验研究，提出解决方案。

⑤ 根据生产发展的需要，研制、引进新品种和新技术，做好种源和技术贮备。

⑥ 做好各项试验的记录，并建立完整的技术档案，严格遵守技术保密制度。

4．市场营销部

在市场经济条件下，如何针对市场需求，打开产品销路和拓展市场份额，将直接影响经济效益的好坏和工厂的市场形象。对市场营销人员的要求是既要有吃苦耐劳的精神，又要有机动灵活和敏捷的工作作风。

主要职责：

① 做好广告策划，制订产品目录、价格及产品介绍等，制订销售合同书和营销计划。

② 完成销售指标。

③ 及时反馈市场信息，并作出市场预测。

④ 做好产品的售后服务。

5. 物资供应与后勤保障部

以保障生产经营中必需的物资供应为主，兼顾职工的生活福利等方面的需求。

主要职责：

① 按生产要求，及时采购供应必需的仪器设备和各种物品，并做好物品出入库登记。

② 保证水、电供应正常。

③ 负责仪器设备的维修，保证各种仪器设备能正常运转。

④ 搞好职工的生活福利设施（必要的食、宿条件和交通工具等）。

四、工厂化生产经营成本及经济效益概算

（一）成本核算的意义

1. 成本核算是工厂化生产的基本要求

很多植物的组织培养在理论上具有重要的意义，科学生产能力也能达到工厂化生产的要求，就是很难走向商业化生产。其中很重要的一个问题就是商业化生产必须按照市场经济的规律运作，也就是说要自负盈亏，因此也就要计算试管苗生产的成本和生产后的盈利，从而降低试管苗工厂化生产过程中的风险。由此可见，成本核算就是试管苗商业化生产的基础。

2. 成本核算可以了解生产过程的各种消耗情况

为了保证试管苗再生产的顺利进行，生产中的各种耗费必须及时加以补偿。而产品成本是衡量补偿生产消耗的一把尺，只有正确计算成本，才能确定从产品收入中拿出多少来补偿生产消耗。同时只有正确计算成本，才能明确当年的盈利。例如，有的组培室很大，培养材料很少，产品不多，各种消耗所占比例较大，从而无法盈利。

3. 产品成本是反应经营管理工作质量的一个综合指标

固定资产是否充分利用，物资消耗是浪费还是节约，管理商品劳动生产率的高低等都会直接或者间接地从产品成本这一经济指标中反映出来。对成

本指标进行分析可以了解经营管理的各个方面，抓住薄弱环节为改进管理方式与方法提供各种信息。通过成本的计划和日常成本的控制可以有效地防止各种不必要的浪费。所以，加强成本管理是全面改善经营管理的重要环节。

4．成本管理可以促进生产单位注意各项技术措施的经济效果

组织培养的生产环节较多，工序复杂，每一步都有其相应的成本发生，都会在最终成本中构成一定的比例。在其诸多的生产环节中，根据在试管苗生产过程中不同措施下效果和消耗的对比，从而得出单项措施和综合措施的经济效果。然后再从这一经济效果出发，在诸多生产环节中选择最好的技术决策和最优的技术方案，只有这样才能既促进产品的升级又促进投资效益的提高。

5．成本核算是制订产品价格的依据

试管苗作为一个新生事物进入商品生产，一方面人们还没有从成本和经济效益的角度更多地加以关注，而主要从技术的角度作了更多的研究和探索；另一方面试管苗的生产最初就是从长期处于计划经济体制下的研究人员的实验室中转化过来的，研究人员所擅长的是进行技术研究，而对于如何将栽培技术这一潜在生产力转化为现实生产力，并从中获得收益的问题考虑较少。因此，在制订试管苗价格的时候，常常没有一个非常明晰的标准，不是过高就是过低。一般情况下，试管苗成本应该作为销售价格的最低界限。要向商品化过渡就需要进行成本核算和成本管理，只有这样才能节省开支，增加收益。

（二）组培苗成本构成

植物试管苗进入商业化生产后，成本核算变得十分重要，但是其成本核算本身也存在很多困难，主要表现在以下几个方面：① 植物组培苗生产具有工业生产的特征，同时也具有农业生产的特征。一方面可以在室内进行，不受季节变化的影响。另一方面也要在室外进行，受季节、气候等因素的严重影响。② 植物组培苗受植物种类、同一种类的不同品种以及继代次数、生根率、炼苗成活率等因素的影响，其中，尤其是继代次数的增加可能会使生产成本成倍地下降，而生根率和炼苗成活率则会直接使生产成本大幅度地降低或者升高。③ 培养规模、培养室大小、设备的数量和投资差异较大，可以是几万元，也可以是数百万元，甚至是上亿元不等。④ 不同的培养室管理差异也较大，商业化程度较高的培养室其成本可能较低，而非商业化的培养室则不计生产成本而注重社会效益。

目前，植物组培苗的成本计算可以从试管苗阶段和假植袋苗阶段两个阶段加以考虑，总体的成本状况是试管苗生产成本和假植袋苗成本相当，或假植袋苗略低于试管苗，但由于假植阶段的生产状况和技术水平差距较大，因此部分报道认为后一阶段的成本高于前一阶段的成本。一般而言，木本植物通常会比较高，草本植物相对较低，自然生长速度较慢的植物成本较高，生长较快的植物成本较低。从国内外组培苗成本来看，国外生产成本高于国内的生产成本，其中主要是工资，国外人工成本占总成本的 62%～69%，国内则只占总成本的 25%～46%；国内水电费消耗水平高于国外，国内水电费占总成本的 14.3%～33.3%，而国外则只占 2%～5%；培养基成本中，琼脂消耗占该项目的 8%左右，其次是激素。

1．组培苗生产成本

组培苗生产成本是从培养材料的获得、接种、初代培养物的形成、继代增殖和瓶苗生根的整个过程中所发生的费用总和。每株试管苗的相应成本是由物质费用、人工费用、水电费用及其他各种费用的总和与生产出的产品苗总数的平均值。

（1）物质费用

① 培养基　培养基的配制所需的无机盐类、有机成分、植物激素、蔗糖、琼脂等费用。其中蔗糖和琼脂在一般的培养基中占有很大的比例，部分激素价格也较高。按实际支出计算。

② 固定资产折旧费　超净工作台、冰箱、天平、培养架、取暖设备、房屋等的折旧和维修费用。每年按其总费用的 5%进行计算。

③ 低值易耗品的折旧损耗　玻璃器皿、塑料制品、日光灯、金属器械等的折旧和损耗，每年按 30%计算。

④ 当年消耗玻璃、塑料、橡胶制品的损坏，日光灯、电炉丝、劳保用品等，按实际支出计算。

（2）水电费

器皿洗涤、药品的溶化和配制、灭菌设施、各种控温设备、补充光照、照明用电等费用，按实际支出计算。

（3）人工费用

管理人员、技术人员和工人及其他人员费用，按照实际开支计算。

（4）其他费用

办公用品、种苗费、培训费和差旅费等费用，按照实际开支计算。

根据以上成本组成，列举几种植物试管苗的生产成本进行比较，见表 6-7。

从表 6-7 可以看出：①不同植物的试管苗的生产成本相差较大，最高达到 0.55 元/株，最低只有 0.04 元/株，这体现了不同植物进行试管苗生产的难度是有差异的，繁殖速度快、周期短的植物成本就低；反之则较高。②各种植物试管苗的成本构成中，人工费用始终占最大比重，而培养基成本的物质开支所占的比重较小，这说明试管苗生产仍然属于劳动密集型技术。③不同厂家生产的试管苗成本中，设备等折旧率也相差较大，其成本所占比重从 13.90%～37.00%不等，这说明要降低生产成本，减少固定资产投资是比较重要的。

2．假植袋苗生产成本

假植袋苗生产成本包括从试管苗炼苗、假植直到最终生产出成品营养袋苗的过程中所发生的物质、人工及其他费用。

（1）物质费用

① 固定资产折旧　温室或大棚的折旧费和维修费，一般按每年 20%折旧。

② 低值易耗品折旧　各种工具、塑料筐、塑料袋等，按每年 30%折旧。

③ 当年消耗品　地膜、棚膜、肥料、农药、燃料机械费等，按照实际开支计算。

④ 水电费　温室和苗圃的照明、加温用电等，按照实际开支计算。

（2）人工费用

人工费用包括管理人员、工人等工资开支，按照实际开支计算。

（3）其他费用

与组培苗有关的差旅费、办公费、土地使用费、农业税及培训费等，按照实际开支计算。

表 6-7　种植物试管苗的生产成本比较　　　　　　　　　　　元

植物种类	人工费	设备折旧	培养基	当年消耗	水电费	其他	总成本	文 献
葡 萄	22.50	9.13	1.30	8.68	19.92	2.12	54.70	曹孜义等
	41.23	16.71	2.38	15.88	10.89	3.88	100	（1990）
珠美海棠	5.50	5.00	3.00	1.00	3.40	4.40	22.30	赵慧祥等
	22.42	22.42	13.46	4.48	15.25	19.73	100	（1990）
草 莓	1.65	0.61	0.39		0.46	0.5	3.60	功宏等
	45.91	18.56	9.14		12.74	13.85	100	（1986）
君子兰	6.07	2.08	2.80	0.14	1.86	2.50	15.00	曹孜义等
	40.50	13.90	18.70	0.90	12.40	13.60	100	（1990）
香 蕉	5.56	7.77	3.57		1.86	2.31	21.00	李宝荣等
	27.00	37.00	17.00		8.00	11.00	100	（2000）
甘 蔗	12.90	6.19	2.06	6.38	4.14	9.97	41.64	杨生超
	30.98	14.87	4.95	15.32	9.94	23.94	100	（2001）

注：每种植物上行为各项成本绝对值，下行为各项成本所占百分比。

（三）成本控制

降低植物试管苗的生产成本等措施涵盖了其生产过程中的诸多环节，每一个环节成本的降低都会对最终成本的降低起到直接作用。在其成本中人员费所占的比重是比较大的，也正因为这一点，不同的管理会对成本影响较大，管理水平较高的组培工会有效地降低人员费开支。除此之外，固定资产所占的比重差异也较大，选择投资相对较小的硬件设施会提高组培室的效益。具体而言，降低植物试管苗成本的方法主要有以下几个方面。

1. 物资、设备的低投入和高效运作

基础设施、设备的成本在试管苗的成本中占有较大比重，其弹性也较大。这一部分成本的降低，可以从以下几个方面加以考虑。

① 减少设施、设备的投资和延长其使用寿命

为了降低试管苗成本，组培室的建设可以建造简易的厂房，也可以通过旧房屋的改造而成。如果选用投资较大的厂房设备，其折旧费所占试管苗成本的比重就会增加，其变化幅度可以在 0.01～0.1 元的范围。

设备的投资可以是几万元，也可以是几十万元不等。为了降低设备投资对成本的影响，除应购置一些基本的设备外，可买可不买的就不买，可以代用的就代用。例如，可以用廉价的 pH 试纸代替昂贵的 pH 计，一个年生产甘蔗腋芽苗等草本植物 10 万～20 万株的组培工厂，只要有一台超净工作台即可，等等。经常及时检修、保养，避免损坏，延长寿命，是降低成本提高效益的一条重要措施。

② 减少器皿消耗，使用代用品

在试管苗生产中需要大量的培养器皿，这类器皿投资也比较大，其开支占成本的 1/6～1/4。按曹孜义等（1989）在葡萄试管苗生产过程中的成本计算，如果使用三角烧瓶，每个按 0.6～0.8 元计算，生产季节每月损耗 5%，每年 30%，则费用达 0.144～0.192 万元，大量使用三角烧瓶就会增加成本。如果改用 250mL 的普通罐头瓶，成本仅为三角烧瓶的 1/15～1/8。并且培养空间大，成苗时间短，苗壮。使用塑料盖代替封口膜，由于塑料盖使用过程中几乎无损耗，操作简单，可以提高工作效率，减少人员费用的开支。从长期生产的角度可以降低生产成本。

③ 简化培养基

培养基使用的化学药品较多，但是在整个培养成本中所占比重不大，一般摊株试管苗的培养物成本不足 0.01 元。为了降低成本，也应该加以考虑。一般培养基中成本的费用按照琼脂、糖、植物激素、大量元素、有机成分和

微量元素的顺序依次降低。很多植物试管苗生产都是使用液体培养基,用普通白砂糖代替蔗糖,用自来水代替蒸馏水等,均可以降低生产成本。用普通食糖代替分析纯的蔗糖以及用自来水代替蒸馏水后,铁皮石斛试管苗在株高、茎径、叶数、根数和根长等方面无影响,二者差异不显著。

2．节省水电开支

水费和电费在生产成本中占有很大的比重,其中电费所占比重最大,其比例占成本的 1/8～1/3 不等。因此,节省水电开支是降低成本的一个重要策略。主要包括以下几个方面:

① 尽量利用自然光源　试管苗的增殖生长和生根都需要在一定的温度和光照下进行,维持这样的温度和光照可以通过自然光源的补充或者替代。在设计培养室时,可以考虑增加培养室的采光度,将培养室建在开阔、四周无遮蔽的地方,房屋可以用东、南、西三面采光的钢架玻璃结构改善采光效果。

② 充分利用培养室空间　培养室空间的充分利用,一方面可以降低固定资产的投入,另一方面在加温的培养室内可以降低电能消耗。

③ 减少水的消耗　培养室水的利用可以用自来水代替蒸馏水,洗涤使用的水还可以作为灌溉等利用。

3．加强组培室经营管理,减少人员费用开支

植物试管苗的工艺过程较为复杂,且费工费时,尚属于劳动力密集型技术,国外工人的工资占试管苗生产成本的 70%左右,这已经成为国外试管苗生产发展的一大障碍。目前,国外正在研究通过组培过程的机械化和自动化操作,以减少昂贵的人工费用。而国内试管苗生产中人工费用占成本的 25%～46%,沿海地区人工费高一些,内陆地区则相对低一些。通过加强组培室的管理工作可以优化组培室人员结构,提高劳动生产率。熟练的技术工人可以提高每天试管苗的生产数量,降低污染率。在管理中,实行岗位责任制、定额管理、工资实行计件制或者进行承包等都是提高劳动生产率的有效措施。

4．开展多种经营,提高培养室使用效率

为了降低成本,充分利用现有资源,提高组培苗的生产效益,需要不断拓展试管苗生产业务。由于试管苗生产的下游连接的多是大田生产,而大田生产又受到季节变化等自然环境的较大限制,应用不同植物的生长时间差生产不同的植物试管苗以弥补单一植物组培的淡季生产不足的现象。实践证明,采用以主代副、多种经营的方式经营组培室是提高效益的重要途径。

5．不断挖掘科技潜力,提高成苗率、繁殖系数和假植成活率,降低污染

尽管植物试管苗生产已经有一定的发展时间,但是有关试管苗生产的诸多问题仍然可作进一步的探索，如试管苗生长环境与其生产的问题；提高试管苗假植成活率的研究相对较少，成活率也较低；试管苗壮苗培养。通过这些研究提高试管苗生产的成苗率、繁殖系数、假植成活率及降低污染率，从而降低生产成本。

6. 提高组培苗增值，获取高附加值

组培快繁生产成本是由直接生产成本、固定资产（厂房、设备及设备维修等）折旧、市场营销和经营管理开支 3 部分组成。

（1）直接生产成本

按每生产 10 万株苗的全过程中（包括继代接种、生根诱导等）耗用 1 500～2 000L 培养基推算，培养基制备的药品、人工工资、电耗及各种消耗品（如酒精、刀具、纸张、记号笔等）约需直接生产成本 3.8 万元。

其中，培养期间的电耗常占极大比重，如果能充分利用自然光来减少人工光照和合理利用光源，将大大降低成本。此外，随着各项生产技术的改进、提高和自动化设备的引进，扩大生产规模也可以有效地降低直接生产成本。一般情况下，每株组培苗的直接成本可控制在 0.2～0.3 元或更低。

（2）固定资产（厂房、设备及设备维修等）折旧

按年产 100 万苗的组培工厂规模，约需厂房和基本设备投资 100 万元左右计，如果按每年 5%折旧推算，即 5 万元的折旧费，则每株组培苗将增加成本费 0.05 元左右。

（3）市场营销和经营管理开支

如果市场营销和各项经营管理费用的开支按苗木原始成本的 30%运作计算，每株组培幼苗的成本增加 0.1～0.13 元。

从以上各项成本费合计计算，每株组培幼苗的生产成本约在 0.35～0.5 元。因此，组培育苗工厂在选择投产植物品种时必须慎重。要选择有市场前景、售价高的品种进行规模生产，否则可能造成亏损。

以上是一般组培苗的成本概算。随着生产技术、经营管理水平的提高和扩大规模生产效益，可使生产成本进一步降低。此外，还可以考虑从以下途径使组培苗增值，提高工厂总体的经济效益：

（1）销售筛盘苗或营养钵苗

刚刚出瓶的组培苗，由于移栽成活较为困难，常常销售不畅，价格也难以提高。因此，组培工厂除直接销售刚出瓶的组培生根苗外，可以扩大移入营养土中的筛盘苗（或营养钵苗）的销售。这时组培苗已移栽入土，成活有保障，不但农民易于接受，而且价格也较易提高。一般可增值 30%～50%或更多。如果再进一步在田间苗圃培养 1～2d，按成苗出售则常可增值 1～2

倍，甚至更多。尤其是一些名贵花卉，开花成苗的增值更为可观。

（2）培养珍稀名贵植物和无病毒种苗

对某些珍稀名贵植物和一些无病毒种苗，可以控制一定的生产量，自行建立原种材料圃，按种苗、种条提供市场批量销售，常可获得极高的经济效益。

（3）培养专利品种组培苗

积极研制和开发有自主知识产权的专利品种的组培苗生产，同时采取品牌经营策略实现名牌效应，将更有利于经济效益的稳定增长。

（4）利用组培法提高培养物的有效药用成分含量

对于一些药用植物不一定需要培养成苗，可直接利用培养基调节而提高培养物的有效药用成分的含量，从而提高价值。

植物组织培养育苗工厂，尤其是组培苗生产车间的设计是否合理，是直接关系到生产效益、经营成本和总体经济效益，切莫草率行事。在参考上述各项规划设计要求的基础上，尽可能地多考察一些国内外卓有成效的组培育苗工厂，并结合自身的实际条件综合考虑，才能制订出比较合理且经济实用的组培苗工厂设计方案。当然，具体的厂房、辅助建筑、温室等的基建图纸、选料和施工等还必须在相关建筑设计和施工的专业人员指导下进行。

【思考与练习】

1. 组培快繁工厂化的规划与设计原则是什么？
2. 快繁工厂化生产技术工艺流程主要包括哪几个方面？
3. 快繁工厂化生产技术主要包括哪几个技术环节？
4. 影响组培快繁的因素有哪些？
5. 如何制订组培快繁的生产计划？
6. 结合实际，详细说明如何控制组培苗生产成本？

7 项目七

常用药用植物组织培养技术

任务1 根和根茎类药材的组织培养技术

案例1 百合药用植物组织培养技术

以百合科植物百合（*Lilium brownii* var. *viridulum*）、卷丹（*Lilium lancifolium* Thunb）、细叶百合（*Lilium pumilum*）的肉质鳞片入药。味甘、微苦，性平，归心、肺经。有养阴润肺，清心安神之功。主治阴虚久咳，痰中带血和热病后期，余热未清或情志不遂所致的虚烦惊悸，失眠多梦，精神恍惚，痈肿、湿疮。现代药理研究表明，百合有镇咳、平喘、祛痰、抗应激性损伤和镇静催眠的作用，对免疫功能的提高亦有一定作用。图 7-1 为野生百合。

百合的繁殖分有性繁殖和无性繁殖两种，目前生产主要用无性繁殖，常用方法有鳞片繁殖、小鳞茎繁殖和珠芽繁殖等。传统生产方式繁殖率低，种质易退化，种植周期长，且易受病害（如立枯病、腐烂病）和虫害的侵袭。利用组织培养的方法既可为规模化种植提供种源，又可为百合的脱毒培养及新品种的培育奠定基础。

图7-1 野生百合

一、愈伤组织诱导与芽分化

洗净鳞片，在无菌室内于漂白粉的过饱和溶液上清液中浸泡 15min，无菌水冲洗 1～2 次，70%乙醇浸泡 1～2s，无菌水冲洗 2～3 次，用 0.1% $HgCl_2$ 浸泡 5～8min，无菌水冲洗 5～8 次，用消毒滤纸吸干表面水分。将幼片接种入诱导培养基 MS＋NAA 0.5～1.0mg/L＋6-BA 0.1～0.5mg/L ＋4%蔗糖，培养温度为 20～24℃，光照强度为 1 000～1 500lx，光照时间为每天 12～14h。接种后 10d 鳞片基部开始形成黄绿色的愈伤组织，继而生出丛芽。

二、增殖培养

培养 15～20d 后，切下基部带愈伤组织的丛芽，3～4 个芽为一丛，转入增殖培养基 MS ＋NAA 0.1～0.5mg/L＋6-BA 1.0～2.0mg/L＋4%蔗糖中增殖。每25～30d 继代一次，继代时切除叶片，仅留基部带愈伤组织的丛芽。

三、生根培养与炼苗移栽

将健壮的无根丛苗分株，在基部切成创口后接种于生根培养基 1/2MS＋NAA 1.0mg/L。培养温度为 20～24℃，光照强度为 1 000～1 500lx，光照时间每天为 12～14h。培养 10～12d 后开始生根，待根长达 1～2cm 时取出苗种，洗净基部的培养基，移栽于腐殖土中。炼苗时主要注意保湿，避免阳光直射，这样可提高成活率。

四、鳞茎培养

百合可药食兼用，经济价值较高。但是百合种植周期长，占地时间长，土地运转周期慢，种植成本高，这些都是百合生产中普遍存在的问题。利用组织培养的方法，诱导形成鳞茎，并加速鳞茎生长，在理论上能缩短百合种植周期，生根幼茎苗可不经炼苗而直接移栽，一方面降低种植成本，为规模化种植提供种苗；另一方面可为鳞茎脱毒培养、新品种培育等研究奠定基础。

培养基 MS＋NAA 0.5～1.0mg/L＋6-BA 0.1～0.5mg/L＋4%蔗糖能诱导

鳞片产生芽丛；培养基 MS＋NAA 0.2～0.5mg/L＋KT 5～10mg/L＋9%蔗糖＋0.5%活性炭能使鳞茎增殖；培养基 1/2MS＋NAA 1.0mg/L 能使鳞茎快速生根。最后获得生根幼茎种苗，可直接移栽大田。

案例 2　黄连药用植物组织培养技术

黄连（*Coptis chinensis* Franch）是多年生草本植物（图 7-2），属毛茛科黄连属，是一种重要的常用中药，具有清热燥湿，泻火解毒之功效。有关黄连组织培养方面的研究工作主要有胡之璧等（1988）、颜谦等（1997）的研究。

一、愈伤组织的诱导

图 7-2　黄　连

① 分别取黄连的根、根茎、嫩叶、叶柄、花梗等部位作为外植体，用自来水冲洗干净，于肥皂水中浸泡 5min，再用 0.1%的升汞溶液中浸泡 5～15min。

② 用无菌水冲洗 5 次后切成 0.5cm 见方的小块，接种于培养基中，培养基成分为：67-V 基本培养基附加 2,4-D 0.5mg/L、IAA 1.0mg/L、KT 2.0mg/L，含蔗糖 30g/L、琼脂 0.75%。培养温度 25℃±1℃，暗培养。嫩叶和叶柄为外植体的诱导率低，而花梗作为外植体的诱导率较高，且质量好，生长迅速。继代培养每月转接 1 次。

二、再生植株的形成

① 以黄连叶片为外植体，在 MS＋2,4-D 1mg/L 的基本培养基上培养，诱导出愈伤组织。

② 将愈伤组织转入分化培养基 MS＋6-BA 0.5mg/L＋NAA 1.0mg/L 中培养，能诱导大量胚状体，胚状体经过球形、心形、鱼雷形和子叶期等诸阶段发育为小植株。

③ 将体胚分别继代培养在 MS＋6-BA 1.0mg/L＋NAA 0.2mg/L 或 MS＋2,4-D 0.5mg/L＋NAA 0.1mg/L 的培养基中培养。

④ 将一些具有子叶、发育正常的体胚转入 MS＋IBA 0.5mg/L＋GA_3 0.5mg/L 的培养基中进行光照培养，2 周后体胚即变绿，并进一步发育成具芽及根的小植株。

三、细胞悬浮培养

液体悬浮培养基仍以 67-V 为基本培养基。选择较松散的愈伤组织作为接种培养材料。接种后置于恒温振荡器上进行悬浮培养，培养温度为 23℃±1℃，转速 100～120r/min。当培养 20d 左右，细胞分散度大的可用于平板培养，细胞分散度小的再转入液体悬浮培养。

四、平板培养

用消毒后的 300μm 孔径的尼龙网滤取细胞悬浮培养液，检测和调整细胞密度为 $4×10^4$ 个/mL 左右（含聚集体细胞）。平板培养基含 2.5mg/L NAA、0.1mg/L KT、6.0mg/L L-酪氨酸和 0.8%琼脂粉。当培养基加热溶解后冷至 35℃时，加入细胞悬浮液量为固体培养基的 30%左右，并迅速混合，倒入直径 7.5cm 的培养皿中。每个培养皿加入混合液 10cm 左右，荡平，加盖，外加一套直径 90cm 的培养皿，皿底放一张消毒后的滤纸，加无菌水浸湿，再用医用胶布密封。置于 23℃±1℃的培养箱内进行暗培养。培养到 25d 左右，可观察到部分小的细胞团；培养至 55d 左右，有的细胞团可长到直径 0.2～0.5cm。在悬浮培养过程中，细胞分散度大的悬浮液可直接接种到固体培养基上。

五、黄连组织培养中培养物的小檗碱含量测定

（一）细胞株系的筛选和小檗碱含量的测定

当平板培养长出的细胞团直径达 0.2～0.5cm 时，选择色泽较黄和生长速度较快的细胞团块，但避免选择过大的细胞团块，它可能不一定来源于单一细胞。选择出的细胞株经 2～3 次继代繁殖后，扩大细胞株的"种子"量，部分供检测小檗碱用。入选的细胞株经继代繁殖后，再用于液体悬浮培养，按上述方法反复筛选 2～3 次。小檗碱含量采用硅胶薄层层析扫描测定，即取部分细胞株系培养物在 60℃±1℃烘干、称重、甲醇回流提取、定容；薄层层析用青岛海洋化工厂生产的硅胶 G 和用 0.4% CMC-N 溶液调制，PBQ-Ⅱ型薄层自动铺板器铺板，板厚 0.2mm，晾干后置于 105℃活化 1.5～2.0h。用微量点样器点样，采用外标两点法。小檗碱标样由贵阳制药厂提供。展开剂为

正丁醇：冰醋酸：水（7∶1∶2）。再用日本岛津 CS-9 和高速薄层扫描仪测定，$\lambda_R=302nm$，$\lambda_S=342nm$，测得其平均值含量为 0.332 5%，r＝0.999 4%，回收率 100.7%。

（二）愈伤组织中小檗碱含量的测定

取继代 5 代的黄连愈伤组织 2g，加少量 10%氢氧化铵溶液研磨成糊状，用氯仿萃取，回收氯仿，残渣做以下分析。

1．TLC 法

取上述残渣少许，用乙醇溶解，与标准小檗碱及药根碱同做薄层分析。展开剂为乙酸乙酯：乙醇：乙酸（8∶2∶1），正丁醇：乙酸：水（7∶1∶2）。在 UV 365nm 下观察，再用改良碘化铋钾试剂显色。

2．HPLC 法

用 walers 501 泵，柱为 Radial-P，μ-Bondpark C（8mm），UV 检测，λ 340nm。流动相为乙腈：水（55∶45）3mmol/L，十二烷基硫酸钠±1%乙酸。流速 1.5mL/min。

案例 3　人参的组培快繁技术

人参（*Panax ginseng* C. A. Mey）系五加科人参属多年生草本植物（图 7-3），被誉为百草之王，以干燥根入药，是名贵的滋补强壮药物，也是食品、化妆品的原料。人参生长缓慢，栽培技术复杂，对栽培环境要求较高，由于人参不能连作，需要毁坏山林，严重影响农林生产。为了解决这一矛盾，人们开展了一系列研究，其中组培技术受到青睐，一方面可以解决种苗问题，另一方面通过提取培养物中的有效成分，解决常规栽培难题。人参的有效成分是人参皂苷，通过提高培养物中的人参皂苷，大量扩繁愈伤组织，从培养物中提取有效成分，使人参生产工业化，可以节约土地，避免人工栽培对环境的依赖。

图 7-3　人　参

1．初代培养

人参植株的根、茎、叶片、叶柄、花冠柄、果肉、花药、完整的胚及胚的某一部分都可以诱导形成，其中以根和茎作外植体最为常见。嫩茎切段愈伤组织的诱导频率比根切段要高，嫩茎的愈伤组织诱导可达 95%，而根仅 15%。

以附加 10%椰乳的修改 Fox 培养基效果最好，SH 培养基上愈伤组织的生长速度最快，人参愈伤组织的诱导和生长用得最多的基本培养基仍然是 MS。另外，大豆粉、棉籽饼粉、玉米芽汁、大麦芽汁等天然补充物，不管是单独还是配合起来加到培养基中，都能促进人参愈伤组织的生长。

温度和光照对培养基中人参愈伤组织的生长具有明显的影响，25℃是愈伤组织生长最适温度，高于 29℃和低于 18℃生长缓慢。在光照或黑暗中，愈伤组织都能诱导和生长，但光照对愈伤组织生长的抑制作用是明显的。

（1）种胚做外植体

人参愈伤组织诱导，除了通过诱变得到的激素自养型外，基本上是在含有生长激素培养基上进行。适当浓度的生长激素对人参愈伤组织诱导有良好的效果，最适浓度为 0.5～2.0mg/L。

取低温沙藏后熟的裂口种子，剥去外壳，用 5%安替福民溶液消毒 20min，后放在培养皿中，从胚乳中剥出胚，接种在 MS＋6-BA 2mg/L＋NAA 0.5mg/L＋0.7%琼脂培养基上。培养环境控制在 22～28℃，每天光照 16h 培养。

一周左右，胚芽和子叶逐渐显绿生长，培养 2 个月，多数种胚上胚轴伸长 2cm 以上；子叶一般表面不光滑，有颗粒状突起。

（2）花药做外植体

取花粉发育时期为单核中期的花蕾，在 70%乙醇中浸泡 20s 后，再用 0.1%升汞溶液灭菌 10min，无菌水冲洗 4～5 次。

无菌条件下剥取花药，接种在以 MS＋2,4-D 1.5mg/L＋IAA 1.0mg/L＋6-BA 0.5mg/L＋蔗糖 6%＋琼脂 0.7%的诱导培养基上，在 22～28℃，散射光条件下培养或暗培养，诱导愈伤组织。

花药接种后 20d 左右，开始出现肉眼可见的愈伤组织，愈伤组织多从花药的近花丝着生处出现。

2．继代培养

切除上胚轴，将胚轴和子叶培养物整体转入 MS＋BA 0.5mg/L＋GA$_3$ 5mg/L 的分化培养基上，继续培养 2 个月左右，有部分胚轴和子叶出现芽状突起、芽簇和不定芽。

当愈伤组织形成后 25～30d，大约 2mm 左右时，转入分化培养基分化培养。以 MS＋KT 2.5mg/L＋IBA 0.5mg/L＋GA$_3$ 2.0mg/L＋LH 1 000mg/L＋3%蔗糖＋0.7%琼脂为分化培养基；培养条件是 22～26℃，每天光照 10h 培养。40d 左右可见分化物产生。分化物初为乳白色或淡绿色小圆点，形成芽苞状的芽原基，经过一段时间生长，先分化芽，后分化根，逐渐形成植株。

3．生根培养

分离不定芽，转移到生根培养基上，以 MS＋NAA 1.0mg/L＋GA 0.5mg/L＋6-BA 0.2mg/L＋0.2%活性炭、蔗糖 3%、琼脂 0.7%、蛋白胨 500mg/L 为生根培养基。在 20～28℃，每天光照 16h 条件下培养，不定芽可以生根形成完整植株。

也可将无根芽段转入 1/2MS 培养基上，根系生长较快，30d 后根平均达 1cm，叶生长缓慢，生长一段时间后形成完整的植株。

案例 4　怀山药的组培快繁技术

怀山药（*Dioscorea opposita* Thunb.）又名薯蓣，为薯蓣科薯蓣属的一种多年生缠绕性草本植物（图 7-4），在我国已有 2 500 年以上的栽培历史，因主产古代河南省的怀庆府（今温县、武陟等地），与怀地黄、怀牛膝、怀菊花成为我国著名的"四大怀药"。但长期进行营养繁殖，致使其品质退化、产量降低而几乎被放弃种植。因此，开展怀山药的组织培养和快速繁殖等一系列研究工作，对提高怀山药的产量、改善其品质有着十分重要的意义。

近年来，众多的学者对怀山药的组织培养工作进行了大量的研究，对其茎叶、叶片、块茎、珠芽（零余子）、茎段等不

图 7-4　怀山药

同外植体进行了培养，获得了大量茎尖培养苗、再生植株和微型块茎，并成功地建立了怀山药的繁殖体系。现主要介绍怀山药茎段培养和快速繁殖的相关内容。

一、初代培养

适合怀山药幼嫩节间茎段愈伤组织诱导的培养基为：MS＋6-BA 2.0mg/L＋NAA 2.0mg/L。培养条件为：温度 24～27℃；光照 2 000lx，每天 10～14h。

将外植体用自来水反复冲洗后，在无菌条件下用 75%乙醇消毒 30s，用无菌水漂洗 3～5 次，再用 0.1%的升汞溶液消毒 8～10min，无菌水冲洗 2～3 次，最后将外植体切成长 0.7cm 左右的带节茎段，并横放接种到愈伤组织

诱导培养基上，置于适宜条件下培养 2 周后，外植体两端出现白色或淡黄色愈伤组织。培养 4 周后即可用于继代增殖培养。

二、继代培养

怀山药不定芽或多芽体最适宜诱导培养基为：MS＋6-BA 2.0mg/L＋NAA 0.1～0.5mg/L，试管苗继代快繁培养基为 MS＋KT 2.0mg/L＋NAA 0.02mg/L＋PP_{333} 0.1mg/L。培养条件与愈伤组织诱导基本相同，但要求空气湿度较高，以 70%～80%最适宜。

首先，将初代培养获得的茎段愈伤组织继代繁殖 1 次，在转接到不定芽或多芽体诱导培养上进行不定芽或多芽体的分化诱导培养。1 周后可见有芽萌发生长，20d 形成多芽体，35～40d 分化出大量的重生芽。值得注意的是：茎段愈伤组织继代次数较多或培养时间较长（超过 30d 趋于老化）均会导致分化能力的降低或丧失，因此，不定芽诱导要及时进行。

不定芽长达 2cm 以上时，从外植体茎节基部切下分成单芽（也可将芽长 5～7cm 的无菌短枝切割成单芽茎段），接种到试管苗快繁培养基中，5～7d 就可以观察到芽体有明显的增粗和伸长生长，10d 后开始有新的芽体出现，成为丛生芽。以后每 30d 继代 1 次，继代增殖系数一般为 3～5 倍。

三、生根移栽

怀山药试管苗生根诱导培养基：MS＋6-BA 2.0mg/L＋ NAA 0.2～0.5mg/L，或 1/2MS＋IBA 0.5～1.0mg/L，或 1/2MS＋PP_{333} 2～4mg/L。

芽体生长至 4～6cm 长，具有 3～4 片展开叶的健壮小苗时，转到生根诱导培养基中诱导生根，接种 10d 后开始生根，20d 后根长可达 3～6cm，有时也可在幼茎的叶腋处生出少量的细根。在生根诱导培养基中加入适量的活性炭有利于根的生成，但加入过量则会不利于根的诱导及生长，这主要是由于过量的活性炭会吸附营养物质和植物生长调节剂，一般情况下，活性炭的添加量为 0.03%～0.06%。

选择生长健壮的组培苗，打开瓶盖炼苗 2～3d，然后再移入常温室内，逐步降低环境湿度与温度，缓慢增加光照，驯化 3～5d 出瓶，用清水洗去根部附着的琼脂，用 0.1%多菌灵溶液浸泡 2～3min 后栽植到经灭菌处理过的珍珠岩或蛭石基质中，移栽成活率可达 85%～95%。

案例 5 黄花白芨组培快繁技术

黄花白芨（*Bletilla ochracea* Schltr）属兰科（Ochidaceae）白芨属植物（图 7-5），分布于我国的云南、贵州及四川西南部。其花鲜黄，花期 5～6 月份，

具有较高的观赏价值，深受人们喜爱。因长期无限制人工采挖，生态环境遭破坏，天然贮量日益减少，目前市场上已将其视为稀有名贵的观赏种。黄花白芨多行球茎增殖，在人工栽培条件下，一个球茎一年形成 1～3 个新球茎（多数为 1 个），年增殖率极低。

一、外植体选择

图 7-5 黄花白芨

人工栽培的黄花白芨经人工授粉取得种子，用于无菌苗培育和组织培养材料。

二、培养基及培养条件

原球茎增殖培养基 1/2MS＋6-BA 1.0mg/L＋NAA 0.1mg/L，培养 60d，增殖到 4.2 倍；诱导原球茎增殖培养基 Kyoto＋6-BA 1.0mg/L＋NAA 0.1mg/L 分化及幼苗的生长，培养 60d 分化形成的芽数为接种原球茎数的 4.79 倍；球茎切块诱导芽的培养基 Kyoto＋6-BA 2.0mg/L＋NAA 0.1mg/L。在继代培养中，应采用纵切法切割球茎或用自然瓣开法来分割原球茎。

三、培养方法

（1）无菌苗培育

采用 1/2MS（Murashige and Skoog，其中大量元素减半）培养基，固态静止培养方式。用成熟未开裂的蒴果，先用 70%乙醇浸泡 5min，擦去果面的脏物，再放入 0.1%升汞溶液中消毒 20min，用无菌水冲洗 3 次。然后在无菌条件下呈十字状纵切果实，将种子轻轻抖落到培养基表面。约 1 周后可见种子吸水膨胀，并由黄褐色变为淡黄绿色，继而成小球体状（即原球茎）。1 个月后有 80%的原球茎顶部出现幼叶，继续培养长成具根的小苗。

（2）原球茎增殖和分化

原球茎经分割接种后 1 周左右，在原球茎表面开始形成纤细的白色绒毛，继续培养 10d 左右，产生 1 个或多个肉眼可见的乳白色的瘤状小突起，即新原球茎的初期。它是一类呈珠粒状的，由胚胎性细胞组成的，类似嫩茎的器官。在兰科植物中多以这种器官发育、增殖、分化，不同于多数植物组培中首先形成一团无固定结构形态的分生细胞（即愈伤组织）。随后，球状突起逐渐增大，呈浅绿色（新原球茎形成）。新形成的原球茎不经分割继续培养，有的形成丛生形的原球茎，有的形成芽和小植株。即在同一培养物中，同时存在着不同发育时期的原球茎、芽和小植株。

（3）继代培养

黄花白芨早期原球茎状球体外观上有一些乳白色瘤状小突起，继代培养会逐渐发育成丛生形的原球茎。如果不切割这些丛生形的原球茎，在含有 6-BA1.0mg/L 的 KC 和 Kyoto 培养基中继续生长，60d 内将陆续出芽和长成无根或具有少量根的丛生苗。而在 6-BA 1.0mg/L 的 1/2MS 培养基中，60d 后大部分将陆续出芽，长出小叶。为了达到大量繁殖目的，在原球茎形成阶段做增殖是最有利的。这是快速繁殖，提高繁殖系数的核心。一般丛生形原球茎每月可继代 1 次，原球茎数可增加 1 倍以上。在增殖培养中，原球茎的分割不可太小，否则原球茎生长不良，甚至死亡。增殖的另一条途径是用丛生芽增殖方式，即将无根的丛生芽自然瓣开，以小丛或单芽在 6-BA 1.0mg/L 的 Kyoto 培养基中培养，60d 左右每芽可平均获得 2～3 个丛生芽。

（4）试管苗移栽和壮苗培养

试管苗移栽成活率和进一步生长的状况与试管苗质量紧密相关，提高苗的质量能提高移栽成活率与生长量。为此，我们把增殖过程中形成的丛生芽进行分割，以单芽的形式分别接入附加 NAA 0.1mg/L 的 1/2MS、KC 和 Kyoto 培养基中培养，芽都能顺利长根，形成完整的植株。但不同的培养基，幼苗生长状况有明显的差异。幼苗的高生长和球茎生长在 Kyoto 培养基都是最好的，最有利于幼苗的苗壮生长。

当小苗长至 3～4cm 时，打开瓶取出小苗，洗净粘在根上的培养基（尽量少伤根），晾苗后，移栽到经消毒的基质中，置于 20～30℃温室里，用塑料袋保湿，1 周便可去袋。但仍要保持一定的湿度，成活率可达 95%以上。待新叶展开和新根生长，即可按正常盆栽法进行管理。

案例6 多花黄精组培快繁技术

多花黄精（*Polygonatum cyrtonema* Hua）属百合科（图7-6），多年生草本植物，黄精（*Polygonatum sibiricum*）、滇黄精（*P. kingianum* Coll. et Hemsl.）或多花黄精的根茎，具有润肺滋阴、补中益气、益肾填精的作用。

图7-6 多花黄精不定芽增殖

近代研究表明，黄精含有烟酸、醌类、黏液质、淀粉、二氨基丁酸、黄精多糖及低聚糖等成分，有麻醉及降低动物血压的作用，对肾上腺素引起的血糖过高有抑制作用，对防止动脉粥样硬化及肝脏脂肪浸润、对改善肾脏功能有较好功效。黄精还是一味抗菌良药，对伤寒杆菌、结核杆菌、金黄色葡萄球菌及皮肤癣菌等均有一定抑制作用。近年来，本品已广泛应用于冠心病、高血压、糖尿病、肺结核、再生障碍性贫血，以及预防放疗、化疗引起的副作用等，取得了较好的疗效。随着市场需求量不断增加和野生资源不断减少，黄精人工栽培已成为市场供求之主体。

黄精繁殖方式主要是有性繁殖（种子）和无性繁殖（根茎）两种方式。由于黄精种子难收集，种子发芽率低，而且种子繁殖育苗时间长，这样就大大增加了黄精的栽培成本，不利于黄精的人工大面积种植。所以在当前的人工栽培中，繁殖主要依靠根茎的无性繁殖，但该方法繁殖系数低，种根茎用量大，既不经济，又限制了黄精的产量潜力，不便栽植管理推广。因此，黄精种苗问题成了人工大面积种植的瓶颈。而现有黄精栽培基地的黄精品种也迫切需要对其进行提纯复壮，以培育高产抗病脱毒的种苗。关于黄精的组织培养，徐忠传、徐红梅等学者已做过研究。徐忠传等以黄精根茎段芽端为外植体，在附加6-BA 4.0mg/L 和 NAA 0.2mg/L 组合的 MS 培养基上培养可得到无根根茎芽；再将其在附加 NAA 0.5mg/L 的 MS 生根培养基上培养，生根率可达百分之百。徐红梅等以黄精根茎萌发形成的不定芽横切片为外植体，研究了不同植物生长调节剂对多花黄精芽体外发生过程中性状的影响。认为，多花黄精的体外快速繁殖可通过以下途径实现：TDZ 1.5mg/L 和 2,4-D 1.0mg/L 的组合诱导不定芽，6-BA 1.0~2.0mg/L 和 NAA 1.0~2.0mg/L 的组合诱导健康叶片的发育，1/2MS＋（NAA，IBA，IAA）或 2,4-D 0.5~1.0mg/L 诱导生根；6-BA 2.0mg/L 和 2,4-D 1.0~2.0mg/L 的组合用于繁殖以药用器官为目的的块茎生长。徐红梅等所做研究只涉及不同激素及其配比对黄精离体繁殖增殖阶段的影响，并无生根、炼苗及移栽的介绍。徐忠传等以黄精根茎段芽端为外植体的繁殖方法虽然包含全过程，但相关数据不具体，如一个外植体经继代增殖后可得到多少不定芽以及经生根、炼苗、移栽后可得到具体种苗的数量等。而这些数据对黄精种苗生产实现工厂化至关重要。

（1）外植体材料

外植体材料为多花黄精带芽根茎。

（2）外植体的灭菌

将黄精根茎从土中挖出，洗去泥土。①用刀切取带芽根茎于洗洁精水溶液中浸泡 5min，然后用自来水冲洗干净。②用 75%乙醇擦洗表面，再用自来水冲洗干净。③洗洁精水浸泡 5min，自来水冲洗 60min。④75%乙醇 0.5min灭菌，然后用去离子水涮洗两次，2.5%次氯酸钠 5min 灭菌，用去离子水涮洗 2 次，2.5%次氯酸钠 5min 灭菌，用去离子水涮洗 2 次，2.5%次氯酸钠 5min灭菌，再用去离子水 5 次，取出用无菌滤纸吸干水分，用刀切去伤口坏死部分准备接种（此步骤在超净工作台中完成）。

（3）不定芽的诱导培养

将消毒好的黄精带芽块茎接于以 MS＋6-BA 2.0mg/L＋2,4-D 0.2mg/L 为基本的培养基，30d 后外植体均明显膨大，获得大量的无菌材料。

（4）不定芽的增殖与壮苗培养

将膨大的外植体切成 0.25cm² 小块接种于 MS＋6-BA 2.0mg/L＋NAA 0.05mg/L 培养基，培养40d 后，获得健壮的大量黄精再生苗。

（5）试管苗生根培养

将得到的粗壮无根苗（同带芽根茎）单个切下，将黄精再生苗接于以 MS＋6-BA 0.2mg/L＋IBA 0.7mg/L＋IAA 0.4mg/L 为基本的培养基，45d 后生长不定根。

以上培养基均附加 3%的蔗糖、0.5%琼脂、pH5.8～6.0，在 121℃下灭菌 20min。培养温度25℃±1℃，光照强度 1 600lx，每天连续光照 10h条件下培养。

（6）炼苗移栽

将已生根的黄精带芽根茎敞口炼苗 3d，然后取出用自来水冲去琼脂，栽种到基质（珍珠岩与蛭石 2：1 混合）中。每隔 7d 施用 1 次营养液。

最佳诱导培养基为 MS＋6-BA 2.0mg/L＋2,4-D 0.2mg/L，周期为 60d，在分化同时外植体增殖 10 倍；不定芽增殖培养基为 MS＋6-BA 4.0mg/L＋

2,4-D 0.2mg/L，增殖倍数为 10 倍；周期为 45d；最佳壮苗培养基为 MS＋6-BA 4.0mg/L＋2,4-D 0.2mg/L＋GA$_3$ 0.5mg/L，可使每块外植体产生 6～8 棵无根苗，周期为 45d；最佳生根培养基为 1/2MS＋IBA 0.7mg/L，生根率为 95%，经炼苗移栽后成活率可达 90%以上。此结果为多花黄精种苗的工厂化生产提供了一些具体数据，如一个黄精根茎经 60d 培养，切小后可得到 10 个带芽点组织块；再经 45d 培养，切小就可得到 100 个带芽点组织块；再经 45d 就可得到无根苗 600～800 棵；生根后可得种苗（种根茎）700 棵左右。在黄精无菌体系建立的情况下，如要生产 100 万棵种苗，用 200 个带芽点组织块在不到半年的时间就能实现。

任务 2　草本类药材的组织培养技术

案例 1　台湾金线莲组织培养技术

台湾金线莲（*Anoectochilus formosanus* Hayata）是一种兰科多年生要用草本植物（图 7-7），素有"鸟人参"美称，具有较高观赏和药用价值。中国、印度、日本等亚洲国家都有分布，我国主要分布于福建、广东、云南等地。由于该植物含有大量具有药理活性的苷类、黄酮、糖类、有机酸等化学成分，

图 7-7　台湾金线莲

因此有调节内分泌、强心利尿、降血压等功效。近年来，台湾科学家发现该植物的提取物具有抗乳腺癌的作用。但由于其具有种子细小、胚胎发育不完全、自然繁殖效率低、生长极为缓慢等特性，单纯依靠野生资源远不能满足医药行业的需求。因此，采用组织培养对台湾金线莲进行快速繁殖，建立一套快繁体系，对该药材的深入研究具有重要意义。

一、初代培养

1. 药材消毒

一般选取台湾金线莲种子或者带腋芽的台湾金线莲茎段为外植体，种子用 0.1% HgCl$_2$ 溶液浸泡 15min，无菌水冲洗 5 次，移入不含激素的基本培养基上，培养基表面再滴入数滴无菌水，暗处培养至萌发。带腋芽茎段则用自来水冲洗干净后用肥皂水振荡 2min，采用 0.1% HgCl$_2$：95%乙醇＝1：0.05

的试剂消毒 10min，最后使用无菌水振荡、冲洗 4～5 次，切除伤口部分后切成 1～2cm 长的茎段接入培养基。

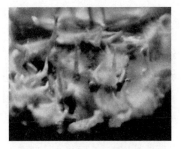

2．培养条件

基本培养基为 MS 培养基；种子诱导萌发及壮苗培养基为不含激素的基本培养基；丛生芽诱导及扩增培养基为 MS＋6-BA 0～3.0mg/L＋NAA 0～0.1mg/L；成苗培养基（芽

图 7-8　台湾金线莲增殖培养

体生长及诱导生根培养基）为 MS＋6-BA 0～0.3mg/L＋NAA 0～0.1mg/L。以上各种培养基中，蔗糖 30g/L、琼脂粉 7g/L、pH5.8～6.0。除种子萌发期在暗处培养外，培养室温度 25～28℃，每天光照 10～14h，光照强度 2 000～3 000lx。

二、激素对继代培养的影响

6-BA 和 KT 对继代培养中的金线莲芽诱导繁殖和生长过程皆有良好的影响，其中以 KT 影响更为显著。金线莲对 6-BA 有较高的忍受力，当培养基中的 6-BA 浓度达到 7mg/L 时，植物体还未表现出受害症状，也不产生愈伤组织，这说明金线莲可能较长时间培养在培养基中（每代可达 3～6 个月之久）而不表现衰老，推测其体细胞可能含有较高浓度的细胞分裂素类，因为细胞分裂素类能阻止植物的衰老过程。而在培养基中加入 2,4-D 对金线莲的生长有不良的影响，表现为繁殖系数及成苗率降低，同时易引起植株褐变死亡，在金线莲组织培养中应予注意。

三、壮苗与生根移栽

含有低浓度无机盐的基本培养基有利于组培苗的生根诱导和生长发育。1/10MS 较适宜生根诱导。当加入不同浓度的活性炭后，能显著影响金线莲的壮苗及生根。当活性炭浓度小于 0.1%时，有利于组培苗的生根及生长，生根所需时间较短，平均生根数有所增加且植株生长健壮；活性炭浓度大于 0.1%时，影响根发育，苗生长缓慢，叶表面出现缺乏营养症状。适宜壮苗及生根的培养基配方为 1/10MS＋NAA 0.5mg/L＋5%香蕉泥＋0.05%活性炭。

将已生 1～2 条根、株高 4cm 左右的正常小苗移入基本培养基中壮苗，4～5d 后，除最顶端新生叶外，其余 1～2 片叶可伸展开，叶表面呈墨绿色天鹅绒状，银色的叶脉清晰可见，叶背浅红，此时洗去小苗基部的残留培养基，移入无菌蛭石，虽然也有较高的成活率，但生长速度较慢。壮苗 4 周后，幼苗一般可有 3～4 片伸展叶，2～3cm 长的根，此时洗去小苗基部的残留培养基，移入无菌蛭石，每天进行一次叶片喷雾，每 2～3d 用 1/5MS 液体培养基施入蛭石中，保持环境相对湿度在 80%～90%，经过 4 周的过渡栽培再移入普通园土中，成活率可达 95%。

案例2 库拉索芦荟的组培快繁技术

芦荟（*Aloe vera* var. *chinensis*（Haw.）Berg.）属百合科芦荟属植物，共有 300 余种，为多年生常绿植物，分布于热带和亚热带地区。库拉索芦荟（*Aloe vera*（L.）Burm.f.）是其中一种，现又名食用芦荟，是一种多肉植物，原产非洲，叶肥厚且汁液多。它含有芦荟宁、大黄素、苦素、多糖、皂苷、氨基酸和多种能被利用的微量元素，可用于治热结便秘、经闭、疳热虫积等症，外用可治癣疮、龋齿、烫伤、皮肤皲裂等症，在美容化妆、食品保健、庭园美化中也得到了广泛的应用。市场需求量大，靠常规繁殖远远不能满足需要，利用组培快繁技术可满足其对种苗的需求。

一、初代培养

选出生长健壮的一、二年生库拉索芦荟幼芽或多年生分生芽，去叶，用自来水冲洗干净，在超净工作台上用 75%乙醇漂洗 30s，再用 0.1% $HgCl_2$ 灭菌 10min，最后用无菌水冲洗 4～5，置于无菌滤纸中。将已灭菌的外植体剥去外层叶片，留顶芽 1cm 长，接种于 PP_{333} 浓度分别为 0mg/L、0.1mg/L、0.5mg/L、1.0mg/L、2.0mg/L、3.0mg/L 的初代培育基（MS＋6-BA 2.5mg/L＋NAA 0.2mg/L）上。培养基中均加琼脂 0.7%、3.0%蔗糖、活性炭 0.3%；pH 值 5.8～6.0；培养温度为 25℃±2℃；光照 11h/d，光照强度 1 000～1 500lx。每瓶接种 2 个外植体。

外植体在初代培养基上，经 18～22d 培养，芽基部开始膨大，继而出现淡绿色愈伤组织，在愈伤组织上分化出芽眼并长成丛生芽。在添加 PP_{333} 的培养基中，产生芽数明显增加。出芽系数随 PP_{333} 处理浓度的增加而增加，但 PP_{333} 浓度超过 1.0mg/L 时，芽粗短而密，呈簇状，叶不展开。试验表明，库拉索芦荟的初代培养在初代培养基（MS＋6-BA 2.5mg/L＋NAA 0.2mg/L）中添加 0.5mg/L PP_{333} 较为适宜。

二、继代增殖

将初代培养所产生的芽切割成每块 2 个芽的小块，转入到 PP_{333} 浓度分别为 0mg/L、0.1mg/L、0.5mg/L、1.0mg/L、2.0mg/L 的增殖培养基（MS＋6-BA 2.0mg/L＋NAA 0.1mg/L）上，每瓶接种 1 个小块，继而培养 30d 后，用不同浓度 PP_{333} 处理的库拉索芦荟试管苗，其丛生芽萌发数量均有明显增加，从而有效提高了芽的增殖系数，且增殖系数随着 PP_{333} 浓度的增大而增加。但有效苗率随处理浓度的增加而下降，当 PP_{333} 处理浓度超过 0.5mg/L 时，有效苗明显下降。试验表明，在增殖培养基中添加 PP_{333}，在提高增殖系数的同时，对丛生芽伸长生长均有不同程度的抑制作用，其抑制程度随 PP_{333} 浓度的增加而增强，故有效苗率也就明显降低。依据 PP_{333} 对增殖系数和有效苗率的影响，在增殖培养基（MS＋6-BA 2.0mg/L＋NAA 0.1mg/L）中添加 0.1～0.5mg/L PP_{333}，对库拉索芦荟丛生芽的诱导较为适宜。

三、生根移栽

1．生根诱导

将增殖培养所得的 2.0cm 以上丛生芽进行分离切割，插入到 PP_{333} 浓度分别为 0mg/L、0.5mg/L、1.0mg/L、2.0mg/L 的生根培养基中，诱导其生根。

在生根培养基中，添加 PP_{333}，其生根率明显提高，在所处理的浓度（0.5～2.0mg/L）范围内，平均根数随 PP_{333} 浓度的增加而增加，但当其浓度达 1.0mg/L 时，根粗短，带淡黄色，苗较矮，长势不旺盛。试验表明，在 1/3MS＋IBA 0.5mg/L＋PP_{333} 0.5mg/L 生根培养基中，不仅生根率高，根较多，而且叶色浓绿，苗粗根壮，长势旺盛，有利移栽成活。

2．炼苗移栽

将生根的瓶苗，移至走廊，炼苗 3d 后，在温室开瓶炼苗 3d，然后将苗取出并洗去附在根上的培养基，用 0.1%多菌灵浸根后，移栽于珍珠岩和细河沙（1∶1）的基质中，覆膜控温（20～25℃）、保湿（相对湿度 85%），防止水分过多造成烂根。

移栽初期幼苗有转红现象，经 20d 左右的过渡，植株恢复生长，叶片逐渐转绿，并抽新叶。试验表明，各处理的移栽成活率均较高，其中用 0.5mg/L 和 1.0mg/L PP_{333} 处理生根的试管苗其成活率较对照高，而 2.0mg/L PP_{333} 处理生根的试管苗较对照低，长势也差，这与根变黄可能有关。由

1/3MS＋IBA 0.5mg/L＋PP$_{333}$ 0.5mg/L 培养基诱导生根的试管苗，移栽后能很好地适应外界环境条件，使之顺利地由"异养"向"自养"过渡，成活率高，苗长势也健壮。

案例3　丹参的组培快繁技术

丹参（*Saluia miltiorrhiza* Bunge.）为唇形科多年生草本植物（图7-9），是我国传统中药材，以其根入药，含有多种生物活性物质，其主要化学成分为丹参酮等化合物，具有祛痰止痛、活血通络、清心除烦的功效，能显著增加冠脉流量，已广泛用于治疗冠心病、心绞痛、月经不调等症。丹参的传统

分根或芦头繁殖法不仅繁殖速度缓，而且品质容易退化，使产量下降。为加快丹参种苗的繁殖，梁红（1997）、赵洁（1999）、张跃非、雷家容（2003）、雷开荣（2006）等先后进行了丹参组培快繁的研究，并获得成功，为丹参优良品系大面积推广提供了种苗保证。现将丹参组培快繁技术介绍如下。

图7-9　丹　参

1. 培养条件

培养基：①MS＋6-BA 2.0mg/L＋NAA 1.0mg/L＋6.0%蔗糖；②MS＋6-BA 1.0mg/L＋3.0%蔗糖；③MS＋NAA 2.0mg/L＋IAA 0.2mg/L＋3.0%蔗糖。上述培养基中琼脂均为 0.7%，pH 5.8～6.0。

培养温度为 23～26℃，每天光照 14h，光照强度 2 000lx。

2. 无菌材料的获得

从生长健壮、无病虫害的丹参植株上切去 5cm 带顶芽的茎段，除去叶片，置烧杯中用自来水冲洗 30min，取出后在超净工作台上用 70%～75%乙醇表面消毒 10s，再用 0.1% HgCl$_2$ 溶液消毒 15min，无菌水冲洗 2～5 次，小心剥去茎生长点约 1mm，接种在培养基上。

获选无菌斑、无损伤的健康饱满南欧丹参种子，倒入经灭菌处理的三角瓶中，70%乙醇处理 15s，再用 0.1% HgCl$_2$ 处理 15min，无菌水漂洗 4 次；将灭菌后的种子转入无菌培养皿中，用无菌滤纸吸干多余的水分后，播于 MS 固体培养基上，每瓶播种 10 粒；放于 26℃±2℃培养室内培养，5d 后种子开始萌动，25～40d 后无菌苗可达 8～10cm。切去无菌苗上部 3 个单节茎段（切去叶子及叶柄）作为外植体。

3．丛生芽的诱导及继代培养

外植体接种在培养基①上，约 20d 茎尖生长点开始萌动，同时在芽的基部四周出现黄白色较致密的愈伤组织，继续在培养基①上生长 30d 左右即可分化出丛生芽。这些丛生芽在培养基①上繁殖速度快，但生长势弱。若将丛生芽转接到培养基②，通过 30d 左右的培养，这些小芽则生长旺盛、健壮。此时，再将丛生芽切割并转接到新的培养基②上进行继代增殖，将获得大量丛生芽；一般 30d 可继代 1 次，增殖率可达 5～8 倍。

4．生根与移栽

当芽丛长至 1～2cm 时，将其切割成 1.0cm 左右带 1 个腋芽的茎段，转接到培养基③上；经培养 10d 左右，茎段基部切口处产生多个白色根状突起，随着培养时间的延长而逐渐生成小苗；培养 15d 左右每株小苗基部即可长出 5～6 条 2cm 左右长的白根。生根诱导率可达 95%以上。

当试管苗长至 5cm 左右时，将瓶苗移至走廊或普通房间，在散射灯光下炼苗 3～4d，再开瓶炼苗 2～3d；然后加入适量的清水以软化培养基，用镊子小心夹出小苗，并轻轻地洗去其根部的培养基；再将其移栽到用 0.15%多灵菌预处理的泥炭土和沙泥（2:1）的混合基质中，覆膜保温、保湿，温度控制在 25℃左右，每 3～4d 用清水喷洒 1 次，10d 后移栽试管苗即开始正常生长，30d 后移栽成活率达 90%以上，且苗生长健壮。

案例 4　铁皮石斛的组培快繁技术

一、铁皮石斛组培概况

铁皮石斛（*Dendrobium officinale* Kimura et Migo）为兰科石斛属多年生草本植物，是一种生长缓慢、自然繁殖率很低的兰科附生植物，俗称铁皮枫斗，因其抱茎节外呈黑褐色，又名黑节草，是常用的名贵中药，应用历史悠久。主要分布在热带、亚热带地区，喜阴凉、湿润的环境，多附生于岩石或直径粗、长满苔藓、爬满野藤的阔叶树上。铁皮石斛生长周期长，资源十分有限，长期以来对铁皮石斛的采集量远大于其生长量，导致自然资源日益枯竭。为保护这一珍稀中药品种，更好地保护、开发利用铁皮石斛资源，变野生为家种，应大力发展规模化人工栽培，切实保

图 7-10　铁皮石斛的组培苗

障铁皮石斛资源的可持续利用。铁皮石斛种子极小，无胚乳，在自然状态下发芽率极低（小于5%），常规的繁殖方法（如分株、扦插等）繁殖率极低，且长期采用无性繁殖，容易造成病毒继代感染，使品种退化。因此，利用植物组织培养方法实现快速繁殖种苗，是实现铁皮石斛集约化人工栽培，满足生产需要的最佳途径。

从20世纪70年代起，国外有关机构便开始了铁皮石斛的研发工作，尤其在铁皮石斛的组织培养与快速繁殖技术、人工栽培技术方面进行了大量的研究，而我国石斛组织培养研究起步较晚，直到1984年徐云娟等才首次报道获得霍山石斛试管苗，之后对于石斛组织培养再生植株及相关影响因素的报道较多。目前，已建立比较完善的铁皮石斛试管种苗生产技术体系，繁殖效率高且生产成本低，大大提高种苗的繁殖速度，且不易发生退化，保证了种苗质量。

二、铁皮石斛组培与快繁工艺流程

铁皮石斛植株再生途径包括原球茎发生型、丛生芽增殖型、愈伤组织发生型和胚状体发生型等途径（图7-11），工厂化育苗主要采取前两条途径。

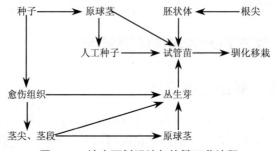

图7-11　铁皮石斛组培与快繁工艺流程

三、影响铁皮石斛组培快繁的因素

1．外植体与取材部位

铁皮石斛组织培养以种子、种胚、茎尖、茎段、腋芽、叶片、根尖等植物材料为外植体，都能成功培育出试管苗。时间证明，由种子诱导的愈伤组织分化能力较强，由种胚诱导的原球茎质量也较高。因此，铁皮石斛生产上多以种子为外植体，经愈伤组织或原球茎途径快速繁殖优质试管苗。与茎尖相比，繁殖效率高，种苗质量好。

如果从一年生铁皮石斛的健康枝条上分基部、中部、上部切取茎段组培，以中部茎段再生芽数最多，芽的平均长度最长，芽生长状况佳，上部次之，基部最差，这可能与铁皮石斛一年生嫩茎中部较粗壮、腋芽饱满、营养积累充足有关，同时说明取材部位也会影响铁皮石斛的培养效果。

图 7-12　铁皮石斛组培生根培养

2. 培养基

铁皮石斛种子在 MS、N_6、1/2MS、$1/2N_6$、SH、KS、VW、Kundson、White 等培养基上均可萌发，生产上主要采用 MS 培养基。原球茎增殖和分化培养基可以采用 MS、1/2MS、N_6，1/2MS 和 B_5 诱导丛生芽效果较好；生根与壮苗培养基宜采用 1/2MS、VW、B_5、N_6 培养基。硝酸盐对原球茎的生长和增殖的影响观点不一，莫昭展等认为过高的硝酸钾、硝酸铵含量不利于原球茎增殖，而宋经元等则认为硝态氮、铵态氮能促进原球茎增殖，而且认为硝态氮和铵态氮的影响不存在互作。这可能是因为铁皮石斛的基因型不同，所要求硝酸盐浓度有差异。培养基中卡拉胶的浓度会影响原球茎的分化。浓度太低，培养基偏软，增殖的原球茎因自身重量而失去增殖、分化的能力，而浓度太高，培养基会过硬，则影响原球茎的生长速度。

3. 植物激素

在种子萌发阶段，培养基中添加一定浓度的 NAA 可促进种子的萌发，一般以 0.2～0.5mg/L 最适合胚的萌发和生长，浓度过高则起抑制作用；2,4-D 对胚的萌发起抑制作用；6-BA 对胚萌发后的生长起抑制作用；KT、IAA 对胚萌发和成苗的影响不大，当浓度超过 1mg/L 时，对胚萌发和成苗起抑制作用。

在原球茎增殖阶段，适宜浓度的 NAA、KT、6-BA 对原球茎的增殖起促进作用。唐桂香等以 1/2MS 为基本培养基，发现 6-BA 1.0mg/L 和 NAA 0.1mg/L 有利于原球茎诱导增殖；蒋林等研究表明，1/2MS＋NAA 0.1mg/L＋KT 0.2mg/L 比较适合原球茎的增殖；张铭等发现 ABA 能显著提高铁皮石斛原球茎的质量，浓度以 0.5mg/L 为最佳。

在原球茎分化阶段，培养基中添加 6-BA 和 NAA 后可加快原球茎分化。张治国等研究表明，在原球茎分化前期（40d），高浓度 6-BA 和低浓度 NAA 组合能够加快原球茎分化，2mg/L 6-BA 和 0.2mg/L NAA 组合最好，而在分化后期（60d后），高浓度NAA和低浓度6-BA组合有利于分化苗整齐和生长，以0.2mg/L 6-BA和2mg/L NAA组合最好。蒋波等报道以1/2MS+6-BA 2.0mg/L＋NAA 0.2mg/L或6-BA 3.0mg/L＋NAA 0.2mg/L培养基有利于原球茎的分化；唐桂香等研究发现，6-BA对原球茎诱导芽影响大，而NAA对原球茎诱导芽影响小。

诱导不定芽时，NAA和6-BA适宜的浓度范围分别是0.1～0.5mg/L和0.5～2.0mg/L。在生根与壮苗阶段，NAA、IAA、IBA等激素有助于试管苗生根壮苗，浓度范围为0.5～2.0mg/L。

4．胚龄

不同胚龄的种子萌发率也不一样。曾宋君等的试验结果表明，胚龄在60d以下时，萌发率极低，且萌发时间长，随着胚龄的增长，其萌发期逐渐缩短，萌发率逐渐升高，成苗率也逐渐升高，但达到一定的胚龄后，差异并不明显。2个月、3个月、4～6个月胚龄的种子接入改良N_6培养基，萌发率分别为6%、87%（2周）、95%（1周）。因此，一定要注意种子的收购时间。无菌播种的铁皮石斛蒴果以成熟未开裂前采收最好，种子易采收和消毒，且发芽率高。若等到果实成熟开裂时采收，不仅种子难以收集与消毒，且种子发芽率降低。

5．有机添加物

在培养基中添加适量的马铃薯提取物对铁皮石斛原球茎的萌发、分化和增殖有促进作用；椰子汁对铁皮石斛的增殖促进效果优于香蕉泥和马铃薯泥，增殖率高，而且苗粗壮，叶色浓绿，生长整齐；香蕉泥可以促进芽苗的生长、分化，根系生长粗壮。添加马铃薯泥和香蕉泥，铁皮石斛芽在培养中后期会出现黄化现象，需要及时转瓶。此外，加入白萝卜提取液、水解酪蛋白（CH）和椰乳（CM），对铁皮石斛试管苗有明显的壮苗效果。也有人认为培养基中添加香蕉泥对原球茎的分化与增殖有一定的抑制作用。

6．碳源

曾宋君等在改良N_6＋NAA 0.2mg/L培养基上，发现以白糖、片糖为碳源时，胚萌发和成苗的效果比蔗糖好，这可能是白糖、片糖中含有适合胚萌发的成苗的矿质元素。张治国等的研究结果表明，蔗糖浓度为2%时原球茎分化率为100%，增值率达最高，而当蔗糖浓度为3%时，原球茎不再分化，且增值率随蔗糖浓度的增高而下降。这可能是因为培养基的渗透压过高，抑制了原球茎的分化和生长。在培养基中适当添加活性炭，可使繁殖组织褐变，促进胚胎发生、原球茎增殖与生根。

7.温度

培养温度影响着铁皮石斛原球茎的增殖、分化和生长。原球茎增殖阶段，较高、较低的温度都不利于原球的增殖。温度过高，原球茎增殖缓慢，原球茎的生长不适应，部分原球茎死亡；较低的温度同样表现为原球茎的增殖速度降低。苗分化率的多少也与温度密切相关，温度越高（≥25℃），分生苗的数量也越多。生根苗在较低温度下（≤23℃）更强壮，高达。

四、人工种子

人工种子（或称超级种子）是模拟天然种子的基本构造，对植物组织培养得到的胚状体（图 7-13）。腋芽或不定芽等进行加工而成。人工种子最外面为一层藻酸钠胶囊包裹，保护水分免于丧失和防止外部的冲击，中间含有营养成分的植物激素，这些物质是作为胚状体等萌发时的能量和刺激因素，最内部是被包埋的胚状体或芽。由于人工种子在自然条件下能够像天然种子一样正常生长，因此，可用于

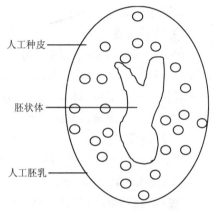

图 7-13　人工种子构造示意图

那些难以制种的优良杂交种的种子繁育和固定杂种优势。人工种子价格昂贵，目前主要在草本植物上得到应用。

五、项目实施

（一）种子培养

1.外植体采集、灭菌与接种

（1）采集果实

在铁皮石斛蒴果的成熟期（10～11 月），当蒴果外表转为褐色，选择生长良好、发育成熟但未开裂的铁皮石斛果实，从果柄处剪下，用湿润的纸巾包好，放入密封容器内，准备灭菌。注意把握好果实的采收时间。时间过早，种子胚发育不完全，影响发芽率；时间太迟，蒴果破裂，造成不必要的浪费，且种子不易灭菌。

（2）果实灭菌

用 75%酒精棉球仔细擦洗果实表面，尤其是果壳表面沟纹，无菌水冲洗 3 次，再用 0.1%升汞灭菌 3min，最后用无菌水漂洗 3 次。在无菌滤纸上将处理过的果实切开小口，轻轻抖动果荚，将黄色粉状种子均匀散播于培养基上。需要注意的是，在解剖铁皮石斛果荚时，要小心细致，及时更换解剖刀，刀片和镊子不要碰到种子；种子不能埋入培养基内，以免引起窒息死亡；播种密度以每瓶的种子大致都能接触到培养基为度，密度太大会影响发芽率及发芽后的正常生长；种子即采即播，否则会影响发芽率，来不及播的应放入 4℃的冰箱中存放，保存时间不宜超过 1 个月，否则易发霉腐烂或降低发芽率。

2．种子萌发

种子在萌发培养基 MS＋6-BA 0.2～0.5mg/L＋NAA 0.05～0.5mg/L 或 1/2MS 上暗培养 2d，再转入阳光下培养，1 周后种子变得鲜绿，15d 后胚几乎充满整个种子呈原球形，30～40d 后种子部分发育成原球茎，此时原球茎体积大、色绿、饱满，适宜增殖。

3．原球茎增殖

将原球茎分割成小块，均匀、密集地接种到增殖培养基 MS＋NAA 0.1～0.5mg/L＋6-BA 0.5～1.0mg/L＋CM 150mg/L 上。30d 左右形成大量原球茎，如此反复切割增殖，在短时间内就会获得大量原球茎。35～50d 时解剖刀顺势分成一小丛（＞0.6cm），避免用解剖刀直接切割，这样造成的损害最小，原球茎恢复生长快，繁殖快，增殖倍率高，而切块较小（＜0.3cm）、接种块数少的培养瓶内，原球茎生长缓慢，甚至死亡。

4．原球茎分化

将原球茎转移到 MS＋NAA 0.1～0.5mg/L＋10%马铃薯汁的分化培养基上，20d 后原球茎开始分化绿色芽点，随后逐渐长成带少许细根的芽苗；培养 30d 后转入生根培养基。

5．状苗生根

将芽苗转接到 MS＋NAA 0.2～0.5mg/L＋AC 0.1%＋香蕉泥 20%的生根培养基上。接种后芽苗迅速分化出浅绿色根，60d 后形成的丛生苗高 4～5cm，具 2～3 片叶，根长 3～5cm，根系发达；继代培养 30～60d，叶片长度可达 5～8cm，苗高 5～7cm，叶片数 4～5 片。

种子萌发至壮苗生根的培养条件相同，要求温度 25℃±2℃、每天光照 12h、光照强度 1 500～2 000lx。

（二）茎尖培养

1．外植体灭菌

选择温室盆栽、生长健壮、节茎粗壮的铁皮石斛一年生幼嫩枝条，流水冲洗 0.5h，去除叶片及膜质叶鞘，用少量加酶洗衣粉溶液浸泡 30min，再用软毛刷轻轻刷洗表面，清水冲洗。在超净工作台上用 75%乙醇消毒 30s 后，用 5%～10%次氯酸钠浸泡灭菌 8～10min，最后用无菌水漂洗 3～5 次，用无菌滤纸吸干表面水分。

2．诱导不定芽

将铁皮石斛茎段切成长度为 1～1.5cm、带 1～2 个腋芽的小茎段，接种于 MS＋6-BA 2.0～5.0mg/L＋NAA 0～0.8mg/L 的初代培养基中。培养 30～50d 后可诱导出 5～10 个新芽。

3．丛生芽的分化与增殖

将带有新芽的切段转至 MS＋6-BA 1～2mg/L＋NAA 0.1～0.5mg/L 分化培养基中。15d 后茎节部的腋芽开始突出，并逐渐长大。随着时间的推移，逐渐由新的小芽长出，有的长成膨大芽；大约 30d 时出现黄绿色斑点，随后黄绿色斑点逐渐变绿；45d 后形成丛生芽。反复切割丛生芽，在分化培养基上增殖培养，可获得大量丛生芽。

4．壮苗生根培养

将丛生芽分割成单苗，转入 MS 壮苗培养基中。培养 40d 后可发育成高 3cm 以上、具 2～3 片叶的健壮无根苗。将经过壮苗培养的无根苗，转接到 MS＋NAA 0.2～0.5mg/L＋AC 0.1%的生根培养基中。培养 40～60d 后，在苗基部便可长出多条肉质、绿色气生根。

茎尖培养条件与种子培养条件相同。

（三）试管苗驯化移栽

1．炼苗

移栽前先将瓶苗置于炼苗房内炼苗 2～3 周，让瓶苗逐渐适应自然环境。通过炼苗，达到以下标准：生长健壮，叶色正常，根长 3cm 以上，肉质茎有 3～4 个节间，长有 4～5 片叶，叶色正常，根长 3cm 以上，有 4～5 条根，根皮色白中带绿，无黑色根，无畸形，无变异。

2．出瓶

开瓶取苗。污染苗、裸根苗或少根苗分别放置，分别洗净培养基。裸根或少根的组培苗还需将小苗根部置于 100mg/L 的 ABT 生根粉中浸泡

15min，诱导生根；污染苗在清洗后用 1 000 倍多菌灵溶液浸泡 10min，然后再移栽。

3．移栽

当日均气温在 15～30℃时即可移栽。移栽基质可选用水苔、石灰石、碎石、树皮、泥炭、刨花、锯末菌糠、米糠等，要求疏松透气，排水良好，不易发霉，无病菌、害虫，预先消毒。移栽密度为 500 株/m^2，株行距为 4cm×5cm。移栽时不要弄断石斛的肉质根，也忌阳光直射和暴晒。

4．移栽后的管理

（1）温湿度管理

人工移栽铁皮石斛试管苗要满足其冬暖夏凉的要求。铁皮石斛试管苗生长的适宜温度为 20～30℃。夏季温度高时，大棚内须通风散热，并定时喷雾来降温保湿，每天喷雾 3～5 次，每次喷雾 2～5min；冬季气温低时，大棚四周要密封好，以防冻伤组培苗。

刚移栽的组培苗对水分很敏感，缺水则生长缓慢、干枯、成活率低，而喷雾过多则渍水烂根，温度高、湿度大时还易引发软腐病大规模发生。移栽后 1 周内，每天定时喷雾 4～5 次，保持空气湿度 90%左右，1 周后植株开始发新根，空气湿度保持 70%～80%。种植干湿交替有利于诱发气生根的生长，达到先生根后萌芽的目的，成活率 80%左右。

（2）肥水管理

大棚移栽期间的施肥以叶面肥为主。由于石斛为气生根，因此要喷施适宜的叶面肥作为营养液，以供给植株充足的养分，以利早发根长芽。叶面肥可以选择硝酸钾、磷酸二氢钾、腐殖酸类，以及进口三元复合肥和稀释的 MS 液体培养基等。移栽 1 周后，新根陆续发生，这是应喷施 0.1%的硝酸钾或磷酸二氢钾，以后每 7～10d 喷 1 次，连喷 3 次。长出新芽后每隔 10～15d 喷施 0.3%的三元复合肥等。一般施肥后 2d 停止浇水。若空气对流太大，则视基质干湿度适当喷雾补水。

六、问题探究

1．铁皮石斛种子接种时应注意哪些问题？

2．如何提高铁皮石斛试管苗的移栽成活率？

3．铁皮石斛工厂化育苗时可否用半透性膜代替传统培养容器？

案例 5 菊花组培快繁技术

菊花（*Chrysanthemum morifolium* Ramat.），多年生菊科草本植物，别名野菊、白菊花、毛华菊、甘菊、小红菊、紫花野菊、菊花脑等。菊花含有水苏碱、刺槐苷、木樨草苷、大波斯菊苷、腺嘌呤、胆碱、葡萄糖苷等成分，尤其富含挥发油，并且油中主要为菊酮、龙脑、龙脑己酸酯等物质。

药用价值：性甘、微寒，具有散风热、平肝明目、消咳止痛的功效，用于治疗头痛眩晕、目赤肿痛、风热感冒、咳嗽等病症效果显著，还具有提神醒脑的功效。

图 7-14 非洲菊

一、茎尖培养

1．外植体选择

外植体选择带顶芽的菊花茎段。

2．培养基及培养条件

诱导培养基：MS＋6-BA 2.0mg/L＋NAA 0.1；增殖培养基：MS＋6-BA 1.0＋NAA 0.1mg/L，培养 25d 后芽增殖 3～4 倍；生根培养基：1/2MS＋IBA 0.2mg/L，生根率均达 100%。蔗糖 3.0%，pH5.8～6.0，琼脂 0.8%，121℃条件下灭菌 20min。置光照培养箱中，每天连续光照 12h，光照强度为 2 000～3 000lx，培养温度 25℃±1℃。

3．培养方法

（1）外植体消毒

取菊花带顶芽茎段，长约 2cm。于水中冲洗，然后在超净工作台上将材料浸入 70%乙醇 30s，用无菌水冲洗 3 次；再用 0.2%升汞消毒 8～10min，无菌水冲洗 5～6 次。

（2）外植体初代培养

将消毒好的材料放入无菌培养皿内，在解剖镜下小心地拔掉外面的幼叶，直至在解剖镜下看到清楚的表面光滑呈圆锥体的茎尖为止，切取长大约 0.5cm 的茎尖，接种于诱导培养基上进行培养。培养 3d 后，茎尖开始萌动，

经过 10d 菊花茎尖颜色逐渐变绿，基部逐渐增大，茎尖也逐渐肿胀，4~6
周后形成丛芽（表 7-1）。

表 7-1　不同品种的菊花顶芽茎尖诱导情况表

品　种	培养 20d		培养 40d	
	发芽率/%	诱导率/%	发芽率/%	诱导率/%
贡　菊	45	30	48	75
滁　菊	50	80	54	48
豪　菊	60	90	80	100

注：外植体均为 60 瓶。

从表 7-1 可以看出，不同品种类型芽诱导率在 80%以上，但不同品种其
芽出现时间却大不相同。

（3）丛生芽的诱导

培养基及培养条件：①MS＋6-BA 2.0mg/L＋NAA 0.2mg/L；②MS＋6-BA
3.0mg/L＋NAA 0.01mg/L；③MS＋6-BA 2.0mg/L＋NAA 0.5mg/L；④MS＋
NAA 0.5mg/L；⑤1/2MS＋NAA 0.2mg/L；⑥MS。蔗糖均为 3.0%，pH 5.8，
琼脂 0.8%，每天光照时间 12h，光照强度为 2 500lx，培养温度 25℃。

将诱导出的芽切下，转接到丛生芽诱导培养基②、③上进行培养，结果
发现，6-BA/NAA 比值越大，越有利于芽分化。②号培养基中芽分化虽多，
但芽长势不好，芽呈簇生状且苗不见长高，多属于无效芽；③号培养基芽分
化比较②号少，但分化的芽都属有效芽。所以③号培养基是较佳配方，继代
周期 25~30d，增殖配数 4~7 倍，达到了商品化生产的要求。

（4）生根

当继代培养的丛生芽长至 2.5~3.5cm，具 2~3 片叶时，可将其切成单
株，转接到各种生根培养基④~⑥上进行培养，一般 1 周后有根出现，20d
后统计结果见表 7-2。

表 7-2　毫菊幼苗培养 20d 后根的诱导情况

培养基编号	生根率/%	每株根数	根的长势
4	7.2	100	根粗壮，根系发达
5	3.6	100	根细，根系不发达
6	2.5	100	根细长，不发达，易断

（5）试管苗移栽

当试管苗具有 4~5 片叶、5~6 条根时即可移栽。去掉培养瓶的封口膜，

置于常温下炼苗 3d，然后向瓶中加入少量温水，软化培养基后取出试管苗，用清水洗净粘附在根系上的琼脂，即可移栽到消毒河沙与珍珠岩混合（3∶1）的基质中。基质先用水淋透，然后用塑料薄膜覆盖保湿 1 周后，打开薄膜，每隔 2d 用喷雾器喷水保证基质潮湿。④号培养基中的植株移栽成活率为 95%以上，而⑤、⑥号培养基的植株移栽成活率为 80%～90%。

二、花瓣培养

1．外植体选择
外植体选择刚开放的菊花舌状花花瓣。

2．培养基及培养条件
①愈伤组织诱导培养基：MS＋6-BA 3mg/L＋NAA 1mg/L；②不定芽分化培养基：MS＋6-BA 3mg/L＋NAA 0.01mg/L；③生根培养基：MS＋NAA 0.3mg/L。培养温度为 25℃±2℃，光照强度 2 300lx，每天光照 12h。

3．培养方法
（1）愈伤组织的诱导

取刚开放的菊花舌状花花瓣，消毒后切成 5mm 见方大小接种到①号培养基上。分离的花瓣培养 10d 左右开始长出愈伤组织。

（2）不定芽分化

有少数品种从愈伤组织分化产生根系，以后又分化出芽点，但不成轴状结构。大多数品种在愈伤组织生长 30d 左右，表面分化形成大量胚状体，40d 后则可见到大量的芽生长。有部分品种需转移至低水平的 NAA 培养基，才可见到芽的分化。

（3）生根

诱导得到的芽，高 1～2cm，具 3～4 片叶大小，可切下转移生根培养基②，约经 2 周培养，产生数条根系，即可得到完整的试管花瓣植株。

三、叶片培养

1．外植株体选择
外植株体选择将展开的幼叶。

2．培养基及培养条件
①诱导愈伤组织及芽分化培养基：MS＋6-BA 2mg/L＋NAA 0.05mg/L；②生根培养基：MS＋NAA 0.4mg/L。培养温度 25～28℃，每天光照 10～12h，

光照强度为 1 000lx。

3．培养方法

（1）愈伤组织诱导

叶片切成 7～9mm² 的小块，接种在①号培养基上，培养 7～9d 后，从叶片小块的边缘切口处长出浅绿色的愈伤组织团，愈伤组织的诱导频率为100%。

（2）不定芽分化

在培养基上继续培养 2d 后，长大了的愈伤组织块开始分化，出现绿色芽点，以后绿色芽点形成丛状小苗，分化频率为 7.5%。

（3）生根

培养 50d 后小苗高达 2～3cm 时，转移到②号生根培养基上 1～2 周后，即可分化出白色正常粗细的根，形成完整植株。薛建平等（2002）研究安徽不同品种药菊（毫菊、滁菊、贡菊）茎尖组织培养技术，利用菊花茎尖在不同的培养基中培养，诱导其为完整植株，建立最佳培养条件。结果表明，MS＋6-BA 2mg/L＋NAA 0.2mg/L 为茎尖诱导培养基较好，以 MS＋6-BA 2mg/L＋NAA 0.5mg/L 为芽增殖培养基，生根培养基以 MS＋NAA 0.5mg/L为宜。

裴文达（1983）报道了菊花花瓣培养再生植株的研究。宋佩伦等（1985）利用菊花幼叶诱导出愈伤组织，进行培养分化出丛生芽和根，形成再生植株。

任务3　木本类药材的组织培养技术

案例1　金银花的组培快繁技术

金银花（*Lonicera japonica* Thunb.）为忍冬科忍冬属半常绿藤本植物（图 7-15），主要分布于北美洲、欧洲、亚洲和非洲北部的温带和亚热带地区，是名贵中药材之一，是一种具保健、药用、观赏及生态功能的经济植物。

图 7-15　金银花

一、初代、继代培养

适合金银花诱导分化的培养基：MS＋6-BA 2.0mg/L＋NAA 2.0mg/L。

供试材料为金银花当年生带腋芽的枝条，去掉叶和叶柄，先整段用吸收刷蘸浓洗衣粉水仔细刷洗再用自来水冲洗，毛巾吸干，置于小木板上，用利刀切成 2cm 左右一段，每段有两个对生芽体。然后，在无菌室内，先用 75%的乙醇灭菌 30s，无菌水冲洗 3～4 次，转入 0.1%升汞水溶液中灭菌 7～8min，在用

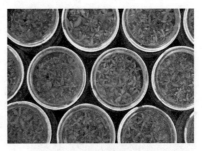

图 7-16 金银花生根培养

无菌水冲洗 4～5 次，分别接种于诱导培养基。

培养条件为：光照强度 1 500～2 000lx，每天光照时间 12～14h，培养温度 24～26℃。

二、生根移栽

生根培养基：1/2MS＋NAA 0.2mg/L。

当苗长至 3cm 高、有 2～3 片叶时，即可将苗小心切离基部，转入壮苗生根培养基中。切去 3～4cm 高的粗壮芽苗转移到生根培养基上，培养 2 周后可以生根。然后将其置于培养室中培养，培养温度为 25～28℃，光照强度 5 000～6 000lx，每天光照时间 12h，20d 左右开始生根，35d 可进行炼苗。其瓶苗移栽前先移入遮阳棚内，在自然闪射光下（7 000～8 000lx），每天光照时间 8～12h 的环境中放置 15～20d，可明显提高瓶苗的质量和栽植成活率。当瓶苗叶色浓绿、叶片坚挺、植株健壮时，即可出瓶移栽。

生根苗移栽前需要去掉瓶盖在室内锻炼 3～5d，移栽基质以黄心土：河沙：糠壳灰（1∶2∶2）比较好，这与该基质的特性有关，其肥力与有机物含量较高，缓冲能力强，pH 值在 5.4～6.0 之间，且变化小，还有保水力、吸收力、黏着力和透气性，加上河沙有很强的渗透力，因此，移栽的成活率高，且生长良好。使用一次性塑料杯单杯封膜技术，保证金银花移栽的小环境的相对湿度；相对大面积拱膜，膜内温度要低 3～5℃。一次性塑料杯杯底打洞，有利于保持湿度和疏水。而大面积拱膜，容易造成膜内高温和湿度偏大，高温、高湿导致病菌的滋生，从而使组培苗的移栽成活率下降。

案例 2　罗汉果的组培快繁技术

罗汉果（*Siraitia grosvenorii*（Swingle）C. Jeffrey ex A. M. Lu et Z. Y. Zhang）

图7-17 罗汉果

是葫芦科多年生藤本植物（图7-17），果实营养价值和药用价值都很高，是我国传统的重要出口商品，是抗癌新药和保健食品代糖甜味的原料，泛应用于医药、饮料和调味等领域。罗汉果原产我国南方，广西为主产区。罗汉果一般采用扦插或压条方式进行种苗的繁殖，繁殖系数低，种质因病毒感染逐年退化，严重制约了罗汉果的扩大栽培。利用组培技术培养种苗，可以在脱毒的基础上，无毒化扩大种苗的繁殖，提高繁殖速度和种苗质量，这是大力发展罗汉果产业，提高产量的有力技术手段。

一、初代培养

1．外植体取样和消毒

选取健康无病毒的嫩梢，取茎尖以下第2～5个芽的茎段做外植体，先用1～2滴洗洁精清洗，再用清水冲洗30min，然后到无菌操作台进一步消毒。先添加数滴吐温，再用0.1%升汞溶液消毒3～5min，最后用无菌水清洗5～6次，放入无菌空瓶接种。

2．接种

将消毒好的材料切成长0.5～1cm的带芽茎段，迅速接入准备好的培养基上。

3．诱导培养基的配制

诱导培养为MS＋6-BA 1.0mg/L＋IBA 0.2mg/L，附加4～7g/L卡拉胶，2%～3%蔗糖，pH 6.0。为了使生产的种苗遗传稳定，一般采用短枝发生途径培养芽。

4．培养温度及光照条件

培养温度为25℃左右，光照强度开始用1 000lx以下的弱光线培养1周，没有受到感染和伤害的外植体，一般芽开始萌发，然后放到3 000lx光照条件下培养，每天光照12～16h，培养30～40d后黄绿色的腋芽从叶腋处被诱导出来，诱导率达80%以上，然后将这些无菌芽转接到继代培养基中。茎段基部同时会产生少量白色海绵状愈伤组织，但很难分化成芽，不会影响芽的增殖。

二、继代培养

当初代培养的腋芽长到3～6cm时，将其切成带1个腋芽的茎段，接种

在 MS＋6-BA 0.5～1.0mg/L＋IBA 0.2mg/L 的继代增殖培养基中，附加白糖
30g/L，琼脂 4～6g/L，调节 pH6.0。培养温度为 25～30℃，光照强度为 3 000lx。
15d 后丛芽萌发，30d 增殖倍数达 2～3 倍，第四代后增殖倍数最高达 8 倍。

三、生根培养

将继代的芽切成 2～3cm 长的芽段，接种在 MS＋ IBA 0.2mg/L 的生根
培养基上培养。在 25～30℃，光照强度为 1 000～3 000lx 的条件下培养，7d
后开始发白根，15d 生根率达到 90%以上，然后放在自然散射光 2 000lx 下
炼苗一周。

四、瓶苗移栽

将已变为青绿色的罗汉组培苗的培养瓶盖去掉，让苗在自然光下炼苗
3d，然后从培养瓶中取出，用清水洗掉培养基再用 0.01%高锰酸钾溶液浸泡
消毒 1min，后用清水冲洗 1 次并种植在装有 50%泥土＋30%泥炭土＋20%珍
珠岩的苗床上，在 50%透光率的大棚内培养，棚内温度为 25～32℃，移植
后 7d 内保持空气湿度 95%以上。

案例3　黄花倒水莲组培快繁技术

黄花倒水莲（*Polygala aureocauda* Dunn）
又名黄花大远志、吊黄、倒吊黄花，为远志科
远志属植物（图 7-18）。落叶灌木，高 1～3m，
全株有甜味。根粗壮、淡黄色、肉质；树皮灰
白色。生于山坡疏林下或沟谷丛林中，主要分
布于广东、福建、广西、湖南、江西等地。黄
花倒水莲的根及全株都是制药（中草药）的原
材料，具有补益、强壮、祛湿、散瘀等功效。

图 7-18　黄花倒水莲

1. 外植体选择

外植体选择当年生嫩芽茎段。

2. 培养基及培养条件

①诱导培养基：MS＋6-BA 1.5mg/L＋NAA 0.2mg/L；②增殖培养基：
WPM＋6-BA 0.6mg/L＋NAA 0.1mg/L；③生根培养基：1/2MS＋IBA 0.5mg/L＋

ABT 0.3mg/L。以上诱导、增殖培养基添加蔗糖 30g/L，生根培养基添加蔗糖 20g/L、活性炭 1g/L。

培养条件为：光照强度 2 000lx，每天连续光照 8h；pH5.8；卡拉胶 6.7g/L。培养温度 20℃±1℃。

3．培养方法

（1）外植体消毒及灭菌

从健壮的植株上剪取嫩芽茎段，放入消毒干净的容器中带回实验室。加水和适量的清洁剂反复清洗，然后用清水冲洗 3 次，滴干水分后移到接种室中的超净工作台按以下程序进行：0.1%升汞溶液浸泡 10min，然后用无菌水重复冲洗 5～8 次，用无菌滤纸吸干水分，置于超净工作台面。将消毒好的茎段切成 1～1.5cm 的小段分别接种到预先准备好的培养基上培养。

（2）增殖培养

将无菌外植体的茎段切成约 1～1.5cm 的小段分别接种到增殖的培养基上培养；茎段基部相连的小芽应以 2～3 芽丛，丛状转接。黄花倒水莲在继代培养过程中极容易发生黄化、玻璃化苗，此时应当添加适宜的活性炭及稀土物质和抗氧化剂。黄花倒水莲的继代周期一般为 22d，增殖系数可达 5。

（3）生根培养

当增殖培养到一定数量且长至 2～3cm 时，将部分增殖芽分别转接至几种不同浓度的 MS 生根培养基上进行生根培养，培养基添加 IBA 0.5mg/L 和 NAA 0.2mg/L，另加活性炭 1g/L。培养 30d 后统计生根苗的数量并计算出生根率。

（4）炼苗移栽

将生根后的瓶苗移出培养室放至炼苗棚炼苗一段时间后，将培养瓶中的植株取出并洗去根部的粘附培养基，移至预先准备好的营养袋上种植，植后淋定根水，并遮阴盖薄膜保湿，一个月后转入常规管理。

案例4　贯叶连翘组培快繁技术

贯叶连翘（*Hypericum perforatum* Linn.），别名千层楼、元宝草、山汗琳草、小对叶草、小过路黄、赶山鞭、上天梯、大对叶草、大对取。传统中药材之一，全株入药，性辛，涩苦，平；清热解毒，收敛止血，利湿；主治咳血、咯血、肠风下血、外伤出血、风湿痛、口鼻生疮、肿毒汤火伤等。贯叶连翘的主要用途是治疗抑郁症，同时对治愈慢性病毒和常见皮肤病有一定帮助。据研究表明，贯叶连翘对艾滋病有一定的疗效。

1．外植体选择

外植体选择无菌苗子叶和胚轴。

2．培养基及培养条件

①愈伤组织诱导培养基：MS＋6-BA 0.2mg/L＋2,4-D 1mg/L；②MS＋6-BA 0.2mg/L＋2,4-D 2mg/L；③MS＋6-BA 0.2mg/L＋2,4-D 1mg/L；④MS。不定芽诱导培养基；⑤MS＋6-BA 0.2mg/L。培养基中附加蔗糖 3%、琼脂0.7%，pH5.8，培养室温度 20℃±1℃，每天光照 14h，光照强度 3 000lx。

3．培养方法

（1）愈伤组织诱导

种子用自来水冲洗干净后，用铜网包住，70%乙醇浸泡 30s、0.1%HgCl₂常规灭菌 14min，无菌冲洗 3～5 次，接种在 0.8%的琼脂培养基上。15d 后，种子逐渐开始萌发，子叶伸出，当胚轴长达 1cm 时，以子叶和胚轴为外植体（胚轴切成约 2mm 长的切段，子叶不切），接种在①～③号培养基上。胚轴外植体切段在接种后的第 2 天即开始膨大，3～5d 后切段两端开始形成愈伤组织，之后整个切段逐渐形成愈伤组织，随着 2,4-D 浓度的增加，愈伤组织生长速度有所增加。子叶在接种 1 周后，整个外植体型成愈伤组织。子叶愈伤组织生产速度略大于胚轴愈伤组织，颜色略微发红。但在以后的继代培养中，这种差别越来越小。在继代培养过程中，培养在③号培养基上的愈伤组每 30d 增长量为 2.6 倍，若在此种培养基上添加 CH 500mg/L，增长量可以达到 3.7 倍。

（2）不定芽产生

将愈伤组织转至⑤号培养基中，经一次继代培养后，原愈伤组织均化为深绿色较紧密的愈伤组织，并从其上产生不定芽。将试管苗的茎或叶作为外植体，接种在愈伤组织诱导培养基上，同样可以诱导出愈伤组织，并再次形成再生植株。

（3）生根

当不定芽长大后，切下转入生根培养基。同时，部分材料不经过生根培养可一次成苗。

（4）再生植株的直接发生

将胚轴切段接种在④号培养基上 1～3d 之内，切段逐渐膨大，此后在切口两端便有芽的直接发生。经过继代培养，幼芽逐渐长大，并有须根产生，形成试管苗。

（5）苗移栽

当试管苗长大以后，将其移栽入土，并注意保温、保湿 1 周，精心管理下部分试管苗可移栽成活。

徐元红等（1999）对贯叶连翘进行了组织培养研究，结果表明，贯叶连翘愈伤组织形成容易，生长速度快，愈伤组织和外植都可以产生不定芽形成再生植株，并且繁殖系数很高。

案例 5　远志组培快繁技术

远志（*Polygala tenuifolia* Willd.），别名小草、细草、线儿茶、小草根、神砂草、红籽细辛、小鸡腿、小鸡根、线茶。根入药，味辛、苦、性温。有益智安神、散瘀化痰的功能。用于神经衰弱、心悸、健忘、失眠、梦遗、咳嗽多痰、支气管炎、腹泻、膀胱炎、痈疽疮肿，并有强志倍力，刺激子宫收缩等作用。

一、叶片培养

1．外植体选择
外植体选择叶片。

2．培养基及培养条件
诱导愈伤组织培养基：①MS＋NAA 0.5mg/L＋6-BA 0.1mg/L，避光培养，温度为 20～25℃。愈伤组织再分化培养基：②MS＋6-BA 2mg/L＋NAA 0.2mg/L；③MS＋6-BA 0.5mg/L；④MS＋6-BA 0.1mg/L。生根培养基：⑤MS＋IBA 2mg/L。

光照培养，温度为 23～28℃。

3．培养方法
（1）愈伤组织诱导

叶片切块接种后，于培养基①中，15d 后有愈伤组织产生，1 个月后愈伤组织大量增殖，其质地疏松，黄白色，分化为 56%。

（2）丛生芽分化

将上述愈伤组织转入培养基②、③中后，3 周分化出苗，2 个月后，每瓶可得苗 4～20 个，分化频率均为 100%。将上述小苗从基部切下转入④号培养基中，培养 20d，小苗茎段开始变黄枯萎，而在苗的基部产生了淡绿色的愈伤组织，延长培养时间。由此愈伤组织可直接分化得到正常的小苗。

（3）生根

无根苗转入⑤号培养基中，40d 后统计，仅有个别苗生根形成完整植株，其分化频率不足 10%。

二、幼茎及带腋芽的茎段培养

1．外植体选择

外植体选择幼叶、幼茎、带腋芽的茎段。

2．培养基及培养条件

诱导愈伤组织培养基：①MS＋2,4-D 2mg/L。愈伤组织再分化培养基：②MS＋6-BA 4mg/L＋LAA 1mg/L。幼茎和带腋芽茎段分化培养基：③MS＋6-BA 4mg/L＋LAA 0.5mg/L。生根培养基：④1/2MS＋NAA 0.2mg/L。⑤1/2MS＋NAA 0.2mg/L＋LAA 0.2mg/L。

各类材料均在 25～28℃恒温室内培养，每天光照 10～12h。诱导愈伤组织在漫射光条件下，光照强度为 800lx 左右；其他培养光照强度都为 2 500～3 000lx。

3．培养方法

（1）愈伤组织诱导

幼叶切片接入①号培养基进行培养。1 周后，叶片膨大，4 周左右叶片脱分化呈现浅绿色透明状；继续培养 2 周后形成绿色和浅黄色两种愈伤组织。

（2）丛生芽分化

愈伤组织继代培养 1 个月后，转入分化培养基②，每瓶移 4 块，每块 0.5cm 大小。培养 1 个月后，浅绿色或黄色愈伤组织变得紧密，呈颗粒状。继续培养，每块愈伤组织都分化出苗，每瓶出苗数 20～40 株。将带腋芽的茎段和幼茎放入③号培养基，1 周后腋芽部分膨大；再经 4 周，每个腋芽都有浅绿色的凸起，继续培养，均有 12～26 个幼芽。有的茎段两端都有芽出现。

（3）生根

待上述各种芽长到 2cm 时均可移入生根培养基④或⑤上诱导生根。

案例 6　枸杞的组培快繁技术

枸杞（*Lycium Chinese* Mill）为茄科落叶灌木，在我国栽培利用的历史悠久，以宁夏枸杞最负盛名。枸杞的果实甘甜，营养丰富，属药材珍品，其药用价值和营养价值极高，是一种"药食同源"的食品。现代医学、营养学和药理学研究发现，枸杞不仅含有一定的蛋白质、丰富的维生素和微量元素等营养物质，而且含有抗衰老的枸杞多糖和铁、铜或锌的超氧化物歧化酶（SOD），具有增强造血功能和免疫功能、抗肿瘤、降低血糖和血脂等作用。

由于枸杞营养价值高，目前枸杞深加工也广泛展开，以枸杞为原料的枸杞保健酒、口服液及枸杞茶等在市场上应有尽有。与此同时，农民也把生产枸杞作为致富的门路之一。农业生产和市场发展的需要，使目前宁夏枸杞的资源远远不足。选育抗病、果大、丰产、优质、无子或少子的品种是枸杞育种的目标。要获得产量高、种子少的品种，又希望加快繁殖速度，通过常规育种的途径是无法解决的，只有采用组织培养技术才有可能实现育种目标。

一、无菌培养物的建立

1．外植体选择与消毒灭菌

春、秋两季取生长健壮、较幼嫩的带叶枝条，先用自来水加 0.02%洗洁精浸泡 10min，然后用自来水冲洗 10min 以上，冲洗完成后，将材料转入干净的三角瓶中。注意在浸泡过程中经常摇动三角瓶，以使清洗液充分与枝条接触。往三角瓶中入 70%乙醇，用量至少为试验材料的 10 倍，以保证乙醇的浓度和消毒效果，浸泡杀菌 30～60s，倒掉酒精，用无菌蒸馏水漂洗 1 次，将材料转入已经过高压消毒的三角瓶中，加入 0.1%升汞液，浸泡杀菌 10min，浸泡过程中要经常摇动三角瓶。倒掉升汞液，用无菌蒸馏水冲洗 4～6 次，以彻底除去升汞，防止残留消毒液毒害培养物。

2．启动培养

（1）愈伤组织诱导培养

诱导愈伤组织形成的培养基为 MS＋6-BA 1.0～1.5mg/L，将经过消毒的枝条从三角瓶中取出，在无菌滤纸上用解剖刀切下叶片，剥掉顶芽外面的皱叶、叶原基等，再将嫩茎切成 0.5～1.0cm 的小段，每段都应带有腋芽。将所有材料接入诱导芽分化的培养基上，用封口膜封好，放入培养室中培养。培养条件为白天温度 25～28℃，晚上温度 20～22℃，每天光照时间 10～12h，光照强度 1 500lx，这样有利于愈伤组织的生长。

茎段接种 1 周左右开始膨胀，3 周左右可以看到愈伤组织明显长大，而且愈伤组织也比较致密，其上的腋芽细胞分裂形成愈伤和分生中心。叶片变大变皱，有些部分鼓起，预示其细胞正在进行活跃的生长和分裂，同时有分生性细胞团开始形成。一般是茎段愈伤组织比叶愈伤组织生长快，但都呈淡黄色，质地疏松，外形上滋润饱满，很有生命力。

（2）丛生芽诱导培养

丛生芽再生培养基为 MS＋6-BA 0.5～1.0mg/L＋NAA 0.1～0.2mg/L。将诱导愈伤组织培养基上形成的愈伤组织取出，在无菌滤纸上将愈伤组织切成

1cm×1cm 左右的小块，放到芽分化培养基上。

愈伤组织在芽分化培养基上培养 10d 左右，在愈伤组织中有分散的淡绿色小细胞团，这就是要分化芽的中心。3 周左右，就可看到愈伤组织产生许多芽点，大约再过 2 周，就能长出一些丛生苗，芽簇生在一起，很难分开，要想让小苗长大，需将小苗分开，及时将小芽转移到新的培养基上。

二、继代增殖培养

增殖培养基可与诱导芽再生培养基相同。在超净工作台上将三角瓶打开，从中取出长有簇生芽的愈伤组织，在无菌滤纸上用镊子选取大芽，转接到增殖培养基上，每个三角瓶放 8 个左右。在常规培养室内，经过 2～4 周，小芽即可长成 2～4cm 高的无根苗。增殖培养基也可以作壮苗培养。在继代培养中，可将顶芽切下转接到新的继代培养基上。如果是壮苗，待苗长到 3～5cm 时，即可移入生根培养基。

三、生根培养

生根培养基为 MS 基本培养基。将三角瓶中生长健壮的大苗从三角瓶中取出，在无菌滤纸上从基部切去 3～5mm，用 0.5mg/L IBA 溶液浸泡苗基部切口处 30min，再把苗转移到生根培养基上。1 周左右就有白色突起产生，2 周后长出 1cm 左右的根，形成完整植株。

四、试管苗驯化移植

根长至 1cm 左右时，将三角瓶移至温度低于培养室的地方，最好有散射太阳光，约 1 周即可移栽。从培养瓶中取出带根小苗时，应特别小心，注意不要损伤根系。取出的小苗先放到自来水中，用柔软的小刷子轻轻刷掉根上的琼脂，尽量除干净，注意不要伤根，清洗完成后，从自来水中取出小苗，放在比较干净的报纸或草纸上，待根、叶上没有多余的水分再栽入基质中。基质的组成是 5 份腐殖土（草炭或山上树周围的细土）、3 份蛭石、1 份细沙、1 份珍珠岩。有的全部用蛭石，一定要用熟蛭石，块要大小适中，而且最好浇营养液。移栽后转入温室或大棚中，注意温度不可太高，相对湿度应尽量保持在 90% 以上，初期要适当遮阳，经过 20～30d，新根就可形成，此时即可移栽到种植田中，进行正常的田间管理。

【思考与练习】

1. 在植物组培快繁中，如何建立无菌培养体系？

2. 如何进行库拉索芦荟、金银花、多花黄精等药用植物的组培快繁？

3. 外植体为地下块茎时，建立无菌培养体系应当采取哪些步骤可降低外植体诱导污染率？

4. 简述影响铁皮石斛组培快繁的因素有哪些？

5. 如何进行黄花倒水莲组培快繁？应当采取哪些方法控制黄花倒水莲愈伤水平？

6. 为什么诱导培养基中的激素水平往往要比继代培养基中的激素水平高？

7. 试管苗为什么要进行炼苗，它有哪些作用？

8. 为什么说试管苗移栽要比实生苗移栽困难？试管苗移栽主要技术要点有哪些？

9. 为什么经过开盖炼苗的试管苗移栽成活率高？试管苗开盖炼苗时应当采取哪些防护措施？

10. 如何提高组培苗生根培养周期？举例说明。

11. 采用茎段以芽繁芽方式进行组培快繁的程序包括了哪些步骤？

12. 任选 1～2 种药用植物，查阅其组培快繁的资料，写出组培快繁在药用植物上应用的综述。

附 录

附录一　常用培养基配方

一、MS 培养基

化合物种类	中文	分子式	用量/(mg/L)	化合物种类	中文	分子式	用量/(mg/L)
大量元素	硝酸钾	KNO_3	1 900	微量元素	硫酸铜	$CuSO_4 \cdot 5H_2O$	0.025
	硝酸铵	NH_4NO_3	1 650		碘化钾	KI	0.83
	硫酸镁	$MgSO_4 \cdot 7H_2O$	370		氯化钴	$CoCl_2$	0.025
	氯化钙	$CaCl_2 \cdot 2H_2O$	440	有机物	肌醇		100
	磷酸二氢钾	$KH_2PO_4 \cdot H_2O$	170		甘氨酸		2.0
铁盐	乙二胺四乙酸二钠	Na_2-EDTA	37.3		烟酸		0.5
	硫酸亚铁	$FeSO_4 \cdot 7H_2O$	27.8		维生素 B_6		0.1
微量元素	硫酸锰	$MnSO_4 \cdot 4H_2O$	22.3		维生素 B_1		0.5
	硼酸	H_3BO_3	6.2	添加物	蔗糖		30
	硫酸锌	$ZnSO_4 \cdot 7H_2O$	8.6	pH 5.7			
	钼酸钠	$Na_2MoO_4 \cdot 2H_2O$	0.25				

二、White 培养基

化合物种类	中文	分子式	用量/(mg/L)	化合物种类	中文	分子式	用量/(mg/L)
	硝酸钾	KNO_3	80	微量元素	碘化钾	KI	0.75
	硝酸钙	$Ca(NO_3)_2 \cdot 4H_2O$	287		甘氨酸		3.0
大量元素	氯化钾	KCl	65		烟酸		0.5
	磷酸二氢钠	$NaH_2PO_4 \cdot H_2O$	19.1	有机物	维生素 B_6		0.1
	硫酸镁	$MgSO_4 \cdot 7H_2O$	738		维生素 B_1		0.1
	硫酸钠	$Na_2SO_4 \cdot 10H_2O$	53		柠檬酸		2.0
	硝酸锰	$MnSO_4 \cdot 4H_2O$	6.6	添加物	蔗糖		20
微量元素	硼酸	H_3BO_3	1.5	pH 5.7			
	硫酸锌	$ZnSO_4 \cdot 7H_2O$	2.7				

三、改良 White 培养基

化合物种类	中文	分子式	用量/(mg/L)	化合物种类	中文	分子式	用量/(mg/L)
	硝酸钾	KNO_3	80	微量元素	硫酸铜	$CuSO_4 \cdot 5H_2O$	0.001
	硝酸钙	$Ca(NO_3)_2 \cdot 4H_2O$	300		硫酸铁	$Fe(SO_4)_3$	2.5
大量元素	氯化钾	KCl	65		肌醇		100
	磷酸二氢钠	$NaH_2PO_4 \cdot H_2O$	16.5		甘氨酸		3.0
	硫酸镁	$MgSO_4 \cdot 7H_2O$	720	有机物	烟酸		0.5
	硫酸钠	Na_2SO_4	200		维生素 B_6		0.1
	硫酸锰	$MnSO_4 \cdot 4H_2O$	7		维生素 B_1		0.1
微量元素	硼酸	H_3BO_3	1.5	添加物	蔗糖		20
	硫酸锌	$ZnSO_4 \cdot 7H_2O$	3	pH 5.7			
	三氧化钼	MoO_3	3				

四、B₅ 培养基

化合物种类	中文	分子式	用量/(mg/L)	化合物种类	中文	分子式	用量/(mg/L)
大量元素	硝酸钾	KNO_3	3 000	微量元素	硫酸铜	$CuSO_4 \cdot 5H_2O$	0.025
	硫酸铵	$(NH_4)_2SO_4$	134		氯化钴	$CoCl_2 \cdot 6H_2O$	0.025
	硫酸镁	$MgSO_4 \cdot 7H_2O$	500		碘化钾	KI	10
	磷酸二氢钠	$NaH_2PO_4 \cdot H_2O$	150	有机物	甘氨酸		2.0
铁盐	乙二胺四乙酸二钠	$Na_2\text{-}EDTA$	37.3		叶酸		0.5
	硫酸亚铁	$FeSO_4 \cdot 7H_2O$	27.8		维生素 B_6		1
微量元素	硫酸锰	$MnSO_4 \cdot 4H_2O$	10		维生素 B_1		10
	硼酸	H_3BO_3	3		肌醇		100
	硫酸锌	$ZnSO_4 \cdot 7H_2O$	2	添加物	蔗糖		50
	钼酸钠	$Na_2MoO_4 \cdot 2H_2O$	0.25	pH 5.5			

五、WPM 培养基（woody plant medium）

化合物种类	中文	分子式	用量/(mg/L)	化合物种类	中文	分子式	用量/(mg/L)
大量元素	硝酸铵	NH_4NO_3	400	微量元素	硫酸锌	$ZnSO_4 \cdot 7H_2O$	8.6
	硝酸钙	$Ca(NO_3)_2 \cdot 4H_2O$	556		钼酸钠	$Na_2MoO_4 \cdot 2H_2O$	0.025
	硫酸镁	$MgSO_4 \cdot 7H_2O$	370		硫酸铜	$CuSO_4 \cdot 5H_2O$	0.025
	硝酸钾	KNO_3	900	有机物	肌醇		100
	磷酸二氢钾	$KH_2PO_4 \cdot H_2O$	170		甘氨酸		2.0
	氯化钙	$CaCl_2 \cdot 2H_2O$	96		烟酸		0.5
铁盐	乙二胺四乙酸二钠	$Na_2\text{-}EDTA$	37.3		维生素 B_6		0.5
	硫酸亚铁	$FeSO_4 \cdot 7H_2O$	27.8		维生素 B_1		1
微量元素	硫酸锰	$MnSO_4 \cdot 4H_2O$	22.5	添加物	蔗糖		20
	硼酸	H_3BO_3	6.2	pH 5.5			

六、DCR 培养基

化合物种类	中文	分子式	用量/(mg/L)	化合物种类	中文	分子式	用量/(mg/L)
大量元素	硝酸钾	KNO_3	340	微量元素	硫酸铜	$CuSO_4 \cdot 5H_2O$	0.025
	硝酸铵	NH_4NO_3	556		碘化钾	KI	0.83
	硫酸镁	$MgSO_4 \cdot 7H_2O$	370		氯化钴	$CoCl_2$	0.025
	硝酸钙	$Ca(NO_3)_2 \cdot 4H_2O$	556		氯化镍	$NiCl_2$	0.025
	磷酸二氢钾	$KH_2PO_4 \cdot H_2O$	170	有机物	肌醇		200
	氯化钙	$CaCl_2 \cdot 2H_2O$	85		甘氨酸		2.0
铁盐	乙二胺四乙酸二钠	$Na_2\text{-EDTA}$	37.3		烟酸		0.5
	硫酸亚铁	$FeSO_4 \cdot 7H_2O$	27.8		维生素 B_6		0.5
微量元素	硫酸锰	$MnSO_4 \cdot 4H_2O$	22.3		维生素 B_1		1
	硼酸	H_3BO_3	6.2	添加物	蔗糖		20
	硫酸锌	$ZnSO_4 \cdot 7H_2O$	8.6	pH 5.5			
	钼酸钠	$Na_2MoO_4 \cdot 2H_2O$	0.25				

七、N₆ 培养基

化合物种类	中文	分子式	用量/(mg/L)	化合物种类	中文	分子式	用量/(mg/L)
大量元素	硝酸钾	KNO_3	2 830	微量元素	硫酸锌	$ZnSO_4 \cdot 7H_2O$	1.5
	硫酸铵	$(NH_4)_2SO_4$	460		硫酸铜	$CuSO_4 \cdot 5H_2O$	0.025
	硫酸镁	$MgSO_4 \cdot 7H_2O$	185	有机物	维生素 B_1		0.5
	氯化钙	$CaCl_2 \cdot 2H_2O$	166		维生素 B_6		0.5
	磷酸二氢钾	$KH_2PO_4 \cdot H_2O$	400		甘氨酸		2.0
铁盐	乙二胺四乙酸二钠	$Na_2\text{-EDTA}$	37.3		烟酸		5
	硫酸亚铁	$FeSO_4 \cdot 7H_2O$	27.8		生物素		0.05
微量元素	硫酸锰	$MnSO_4 \cdot 4H_2O$	4.4	添加物	蔗糖		20
	钼酸钠	$Na_2MoO_4 \cdot 2H_2O$	0.25	pH 5.5			
	硼酸	H_3BO_3	1.6				

八、H 培养基

化合物种类	中文	分子式	用量/(mg/L)	化合物种类	中文	分子式	用量/(mg/L)
大量元素	硝酸钾	KNO_3	950	微量元素	硫酸锌	$ZnSO_4 \cdot 7H_2O$	10
	硫酸铵	$(NH_4)_2SO_4$	720		碘化钾	KI	0.8
	硫酸镁	$MgSO_4 \cdot 7H_2O$	185	有机物	维生素 B_1		1
	氯化钙	$CaCl_2 \cdot 2H_2O$	166		维生素 B_6		0.5
	磷酸二氢钾	$KH_2PO_4 \cdot H_2O$	68		甘氨酸		2.0
铁盐	乙二胺四乙酸二钠	Na_2-EDTA	37.3		烟酸		0.5
	硫酸亚铁	$FeSO_4 \cdot 7H_2O$	27.8	添加物	蔗糖		20
微量元素	硫酸锰	$MnSO_4 \cdot 4H_2O$	25	pH 5.5			
	硼酸	H_3BO_3	10				

九、Ar 培养基（改良 MS）

化合物种类	中文	分子式	用量/(mg/L)	化合物种类	中文	分子式	用量/(mg/L)
大量元素	硝酸钾	KNO_3	1 900	微量元素	硫酸铜	$CuSO_4 \cdot 5H_2O$	0.025
	硝酸铵	NH_4NO_3	1 000		碘化钾	KI	0.83
	硫酸镁	$MgSO_4 \cdot 7H_2O$	370		氯化钴	$CoCl_2$	0.025
	氯化钙	$CaCl_2 \cdot 2H_2O$	440	有机物	肌醇		100
	磷酸二氢钾	$KH_2PO_4 \cdot H_2O$	350		甘氨酸		2.0
铁盐	乙二胺四乙酸二钠	Na_2-EDTA	37.3		烟酸		0.5
	硫酸亚铁	$FeSO_4 \cdot 7H_2O$	27.8		维生素 B_6		0.1
微量元素	硫酸锰	$MnSO_4 \cdot 4H_2O$	22.3		维生素 B_1		0.5
	硼酸	H_3BO_3	6.2	添加物	蔗糖		30
	硫酸锌	$ZnSO_4 \cdot 7H_2O$	15	pH 5.7			
	钼酸钠	$Na_2MoO_4 \cdot 2H_2O$	0.25				

十、SH 培养基

化合物种类	中文	分子式	用量/(mg/L)	化合物种类	中文	分子式	用量/(mg/L)
大量元素	硝酸钾	KNO_3	2 500	微量元素	硫酸铜	$CuSO_4 \cdot 5H_2O$	0.2
	磷酸二氢铵	$NH_4H_2PO_4$	300		碘化钾	KI	1.0
	硫酸镁	$MgSO_4 \cdot 7H_2O$	400		氯化钴	$CoCl_2$	0.1
	氯化钙	$CaCl_2 \cdot 2H_2O$	200	有机物	肌醇		100
铁盐	乙二胺四乙酸二钠	Na_2-EDTA	20.0		甘氨酸		2.0
	硫酸亚铁	$FeSO_4 \cdot 7H_2O$	15.0		烟酸		5
微量元素	硫酸锰	$MnSO_4 \cdot 4H_2O$	10		维生素 B_6		0.5
	硼酸	H_3BO_3	5		维生素 B_1		5
	硫酸锌	$ZnSO_4 \cdot 7H_2O$	1	添加物	蔗糖		30
	钼酸钠	$Na_2MoO_4 \cdot 2H_2O$	0.21	pH 5.7			

附录二 培养物的不良表现、可能原因及改进措施

培养阶段	培养物的表现	症状产生的可能原因	可供选择的改进措施
初代培养阶段：启动与脱分化	培养物水浸状、变色、坏死、径段面附近干枯	表面灭菌剂过烈，时间过长；外植体选用部位不当	试用适温和灭菌剂，降低浓度，减少时间；试用其他部位；改在生长初、中期采样
	培养物长期培养没有多少反应	生长素种类不当，用量不足；温度不适宜	增加生长素用量，试用 2,4-D；调整培养温度
	愈伤组织生长过紧密、疏松、后期水浸状	生长素及细胞分裂素用量过多；培养温度过高；培养基渗透势低	减少生长素、细胞分裂素用量；适当降低培养温度
	愈伤组织生长过紧密，平滑或突起，粗厚，生长缓慢	细胞分裂素用量过多，糖浓度过高；生长素过量亦可引起	适当减少细胞分裂素和糖的用量
	侧芽不萌发，皮层过于膨大，皮孔长出愈伤组织	采样枝条过嫩；生长素、细胞分裂素用量过多	减少生长素、细胞分裂素用量，采用较老化枝条

培养阶段	培养物的表现	症状产生的可能原因	可供选择的改进措施
继代培养阶段：再分化与丛生芽苗增殖	苗分化数量少、速度慢，分枝少，个别苗生长细高	细胞分裂素用量不足；温度偏高；光照不足	增加细胞分裂素用量，适当降低温度
	苗分化较多，生长慢，部分苗畸形，节间极度短缩，苗丛密集，过渡微型化	细胞分裂素用量过多；温度不适宜	减少细胞分裂素或停用一段时间，调节适当温度
	分化出苗较少，苗畸形，培养较久的苗可能再次愈伤组织化	生长素用量偏高，温度偏高	减少生长素用量，适当降温
	叶粗厚变脆	生长素用量偏高，或兼有细胞分裂素用量偏高	适当减少激素用量，避免叶接触培养基
	再生苗的叶缘、叶面等处偶有不定芽分化出来	细胞分裂素用量过多，或该种植物适宜于这种再生方式	适当减少细胞分裂素用量，或分阶段利用这一再生方式
	丛生苗过于细弱，不适于生根操作和将来移栽	细胞分裂素过多，温度过高，光照短，光照不足，久不转接，生长空间窄	减少细胞分裂素用量，延寿长光照，增加光强，及时转接继代培养，降低接种密度，改善瓶口遮蔽物
	常有黄叶死苗夹于丛生苗中，部分苗逐渐衰弱，生长停止，草本植物有时水浸状、烫伤状	瓶内气体状况恶化，pH值变化过大；久不转接，糖已耗尽，光合作用不足以维持自身；瓶内乙烯含量升高；培养物可能已经污染，温度不适	部分措施同上，去除污染，控制温度
	幼苗生长无力，陆续发黄落叶，组织水浸状、煮熟状	部分原因同上；植物激素配比不适，无机盐浓度不适等	部分措施同上；及继代培养，适当调节激素配比
	幼苗淡绿，部分失绿	忘加铁盐或量不足；pH值不适，铁、锰、镁元素配比失调，光过强，温度不适	仔细配制培养基，注意配方成分，调好pH值，控制光温条件
诱导生根阶段	培养物久不生根，基部切口没有适宜的愈伤组织生长	生长素种类不适宜；用量不足；生根部位通气不良；基因型影响，生根程序不当，pH值不适；无机盐浓度及配合不当等	改进培养程序，选用或增加生长素用量，改用滤纸桥液培生根
	愈伤组织生长过大、过快，根部肿胀或畸形，几条根并联或愈合；苗发黄；受抑制或死亡	生长素种类不适，用量过高；或伴有细胞分裂素用量过高；程序不适等	减少生长素或细胞分裂素用量，改进培养程序等

附录三　蒸汽压力与蒸汽温度对应表

蒸汽压力/atm[①]	高压表读数		蒸汽温度	
	大气压/atm	磅力每平方英寸/psi[②]	摄氏度/℃	华氏度/℉
1.00	0.00	0.00	100.0	212
1.25	0.25	3.75	107.0	224
1.50	0.50	7.52	112.0	234
1.75	0.75	11.25	115.0	240
2.00	1.00	15.00	121.0	250
2.50	1.50	22.50	128.0	262
3.00	2.00	30.00	134.0	274

注：① 1atm＝1 标准大气压＝101 325Pa。

② 1psi＝1lbf/in^2＝1 磅力/平方英寸＝6 894.76Pa。

引自吴殿星，胡繁荣. 植物组织培养. 上海交通大学出版社，2004。

附录四　乙醇稀释，稀酸、稀碱的配制方法

配制溶液	乙醇稀释的方法	稀酸、稀碱的配制方法
配制方法	乙醇稀释的原理是稀释前后纯乙醇量相等，即原乙醇浓度×取用体积＝稀释后浓度×稀释后体积。如原乙醇浓度为95%，欲配成70%乙醇，配制方法为：取 95%乙醇70mL，加蒸馏水至95mL，摇匀，即为70%乙醇。代入公式：95%×70＝X×95，计算可得：X＝70%	1mol/L 盐酸（HCl）的配制：取浓盐酸 82.5mL，加入蒸馏水 1 000mL，即为 1mol/L 盐酸；1mol/L 氢氧化钠（或氢氧化钾）的配制：称 40g NaOH（或氢氧化钾 57.1g）加入蒸馏水 1 000mL，即为 1mol/L 的 NaOH（或 1mol/L 的氢氧化钾）

附录五　常见抗生素的配制和贮存

中文名称	简写	溶剂	贮存条件/℃	贮存浓度/（mg/mL）	细菌培养浓度/（mg/L）	植物脱菌浓度/（mg/L）
氨苄青霉素	Amp	水	−20	100	100	250～500
羧苄青霉素	Cb	水	−20	100	50	250～500

（续）

中文名称	简写	溶剂	贮存条件/℃	贮存浓度/（mg/mL）	细菌培养浓度/（mg/L）	植物脱菌浓度/（mg/L）
头孢霉素	Cef	水	−20	250	50	250～500
卡拉霉素	Km	水	−20	100	50～100	10～100
氯霉素	Cm	乙醇	−20	17	25～170	10～100
四环素	Tc	乙醇	−20	5	10～50	—
链霉素	Sp	水	−20	10	10～50	—
利福平	Rif	水	−20	20	50～100	—
新霉素	Nm	水	−20	50	25～50	10～100

附录六　常见植物激素的配制和贮存

中文名称	简写	溶剂	贮存条件/℃	稳定性
2,4-二氯苯氧乙酸	2,4-D	0.1mol/L NaOH	0～4	稳定
萘乙酸	NAA	0.1mol/L NaOH	0～4	稳定
吲哚乙酸	IAA	0.1mol/L NaOH	0～4	遮光，过滤除菌
吲哚丁酸	IBA	0.1mol/L NaOH	0～4	稳定
6-苄基腺嘌呤	6-BA	0.1mol/L HCl	0～4	稳定
激动素	KT	0.1mol/L HCl	0～4	稳定
玉米素	ZT	0.1mol/L HCl	0～4	过滤除菌
2-异戊烯腺嘌呤	2-iP	0.1mol/L HCl	0～4	稳定
脱落酸	ABA	95%乙醇	0～4	遮光，过滤除菌
赤霉素	GA	95%乙醇	0～4	过滤除菌
矮壮素	CCC	水	0～4	稳定
油菜素内酯	BR	95%乙醇	0～4	稳定
表油菜素内酯	epiBR	95%乙醇	0～4	稳定
茉莉酸	JA	95%乙醇	0～4	稳定
多胺			0～4	稳定
多效唑	PP$_{333}$	甲醇，丙酮	0～4	稳定
苯基噻二唑基脲	TDZ	0.1mol/L NaOH	0～4	稳定

附录七　植物组织培养中常用的消毒剂

消毒剂名称	使用浓度	消毒难易	灭菌时间/min	消毒效果
乙醇（酒精）	70%～75%	易	0.1～3	好
氯化汞	0.1%～0.2%	较难	2～15	最好
漂白粉	饱和溶液	易	5～30	很好
次氯酸钙	5%～10%	易	5～30	很好
次氯酸钠	2%	易	5～30	很好
过氧化氢	10%～12%	最易	5～15	好
溴水	1%～2%	易	2～10	很好
硝酸银	1%	易	5～30	好
抗生素	4～50mg/L	最易	30～60	相当好

附录八　常用植物生长激素浓度单位换算表

一、mg/L 换算为μmol/L

mol/L	μmol/L								
	NAA	2,4-D	IAA	IBA	BA	KT	ZT	2-ip	GA$_3$
1	5.371	4.524	5.708	4.921	4.439	4.647	4.547	4.933	2.887
2	10.741	9.048	11.417	9.841	8.879	9.293	9.094	9.866	5.774
3	16.112	13.572	17.125	14.762	13.318	13.940	13.641	14.799	8.661
4	21.483	18.096	22.834	19.682	17.757	18.586	18.188	19.732	11.548
5	26.853	22.620	28.542	24.603	22.197	23.231	22.735	24.665	14.435
6	32.223	27.144	34.250	29.523	26.636	27.880	27.282	29.598	17.323
7	37.594	31.668	39.959	34.444	31.075	32.526	31.829	34.531	20.210
8	42.965	36.193	45.667	39.364	35.515	37.173	36.376	39.464	23.097
9	48.339	40.717	51.376	44.285	39.954	41.820	40.923	44.397	25.984
相对分子质量	186.20	221.04	175.18	203.18	225.26	215.21	219.00	202.70	346.37

二、μmol/L 换算为 mg/L

μmol/L	mol/L								
	NAA	2,4-D	IAA	IBA	BA	KT	ZT	2-ip	GA$_3$
1	0.186 2	0.221 0	0.175 2	0.203 2	0.225 3	0.215 2	0.219 2	0.203 2	0.346 4
2	0.372 4	0.442 1	0.350 4	0.406 4	0.450 5	0.430 4	0.438 4	0.406 4	0.692 7
3	0.558 6	0.663 1	0.525 5	0.609 4	0.675 8	0.645 6	0.656 7	0.699 6	1.039 1
4	0.744 8	0.884 2	0.700 7	0.812 8	0.901 0	0.860 8	0.878 8	0.812 3	1.385 5
5	0.931 0	1.105 2	0.875 9	1.016 0	1.126 3	1.076 1	1.096 0	1.016 0	1.731 9
6	1.117 2	1.326 2	1.051 1	1.219 2	1.351 6	1.291 3	1.315 2	1.219 0	2.078 2
7	1.303 4	1.547 3	1.226 3	1.422 4	1.576 8	1.506 5	1.573 4	1.412 4	2.424 6
8	1.489 6	1.768 3	1.401 4	1.625 6	1.802 1	1.721 7	1.753 6	1.625 6	2.771 0
9	1.675 8	1.989 4	1.576 6	1.828 8	2.027 3	1.936 9	1.972 8	1.828 8	3.117 3
相对分子质量	186.20	221.04	175.18	203.18	225.26	215.21	219.00	202.70	346.37

参 考 文 献

蔡建荣.2006.山药茎节间部组织培养及移栽技术研究[J].江西农业学报,18(4):108-109.

曹孜义,刘国明.1996.实用植物组织培养技术教程[M].兰州:甘肃科学技术出版社.

陈穗云,陈永喆,王玉梅,等.1998.台湾金线莲的离体快速繁殖[J].植物生理学通讯,34(6):443.

龚一富.2011.植物组织培养实验指导[M].北京:科学出版社.

郭仰东.2009.植物细胞组织培养实验教程[M].北京:中国农业大学出版社.

侯嵩生,柯善强,吴玉兰,等.1991.黄连体细胞胚胎发生及植株再生[J].武汉植物学研究,9(2):200-201.

胡琳.2000.植物脱毒技术[M].北京:中国农业大学出版社.

江苏省植物研究所.1991.新华本草纲要(第一至第三册)[M].上海:上海科学技术出版社.

江苏新医学院.1993.中药大辞典[M].上海:上海人民出版社.

李灿辉.2000.用茎尖分生组织培养方法脱除马铃薯病原菌[J].云南农业科技,1:44.

李红,李永文,张义奇,等.2007.金银花组培工厂化生产与栽培管理技术[J].安徽农业科学,35(20):6074-6075.

李浚明,朱登云.2005.植物组织培养教程[M].3版.北京:中国农业大学出版社.

李明军,杨建伟,张嘉宝.1997.怀山药的茎段培养和快速繁殖[J].植物生理学通讯,33(4):275-276.

李秀军,陈穗云,王玉梅等.2004.台湾金线莲的组培快速繁殖研究[J].青海师范大学学报:自然科学版(3):91-93.

刘红美,方小波,夏开德,等.2004.多花黄精组织培养快繁技术的研究[J].种子(12):13-17.

刘庆昌,吴国良.2002.植物细胞组织培养[M].北京:中国农业大学出版社.

刘秀芳,林文革,苏明华,等.2012.黄花倒水莲(*Polygala fallax* Hemsl)组培快繁技术研究[J].种子(2):57-63.

陆兵.2009.铁皮石斛组织培养研究进展[J].黑龙江农业科学(2):164-167.

马慧,郭扶兴,周俊彦,等.1992.百合叶片愈伤组织的诱导和植株再生[J].植物生理学通讯,28(4):284-287.

苗利娟,韩锁义,张新友,等.2011.怀山药茎尖脱毒培养与茎段增殖研究[J].河南农业科学，40（11）：123-125.

那淑芝，张东豪，甄占轩．2003．库拉索芦荟的组织培养和植株快速生根[J]．植物生理学通讯，39（5）：470.

邱运亮，段鹏慧，赵华．2010．植物组培快繁技术[M]．北京：化学工业出版社.

谭文澄，戴策刚．1991．观赏植物组织培养技术[M]．北京：中国林业出版社.

汤绍虎．1996．一种试管苗成本计算法[J]．西南农业大学学报，18（4）：379-382.

王振笾，杜广平，李菊艳．2011．植物组织培养教程[M]．北京：中国农业大学出版社.

许继宏，马玉芳，陈锐平，等．2003．药用植物组织培养技术[M]．北京：中国农业科学技术出版社.

袁晓凡，赵兵，王玉春．2005．稀土元素在药用植物细胞和组织培养中的应用[J]．植物学通报，22（1）：115-120.

张宗勤，杨建英，吴耀武．1998．南方红豆杉组织培养及紫杉醇的产生[J]．西北植物学报，18（4）：488-492.

中国医学科学院药物研究所．1997．中草药现代研究（第三卷）[M]．北京：北京医科大学，中国协和医科大学联合出版社.

周俊辉，钟雪峰，蔡丁稳．2005．铁皮石斛组织培养与快速繁殖研究[J]．钟凯农业技术学院学报，18（1）：23-26.

周荣汉．1993．中药资源学[M]．北京：中国医药科技出版社.

周晓鹿．2007．芦荟的组织培养及次生代谢产物的初步研究[D]．北京林业硕士学位论文.

朱富林．2005．马铃薯脱毒种薯工厂化快繁技术[J]．中国马铃薯，19（1）：37-39.

朱玉球，王雪根．1999．黄花白芨组培快繁技术[J]．浙江林学院学报，16（2）：164-169.

彩图 1　百合增值培养

彩图 2　银杏茎段诱导

彩图 3　百合愈伤组织培养

彩图 4　月季茎段诱导

彩图 5　铁皮石斛继代培养

彩图 6　月季茎段诱导

彩图 7　铁皮石斛继代培养

彩图 8　山苍子继代增殖

彩图 9　百合鳞茎愈伤组织分化

彩图 10　月季茎段愈伤组织分化

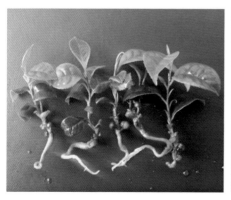

彩图 11　月季生根试管苗

彩图 12　铁皮石斛生根培养

彩图 13　铁皮石斛继代快繁

彩图 14　黄花倒水莲生根培养

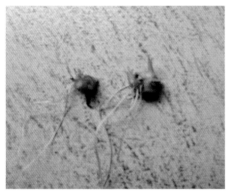

彩图 15　多花黄精生根组培苗

彩图 16　山苍子生根组培苗

彩图 17　多花黄精组织分化

彩图 18　多花黄精继代培养

彩图 19 山苍子工厂化组培快繁

彩图 20 山苍子组培继代瓶苗

彩图 21 山苍子组培生根苗　　　　　彩图 22 山苍子组培瓶苗增殖

彩图 23　铁皮石斛移栽培养

彩图 24　铁皮石斛工厂化快繁移栽

彩图 25　铁皮石斛工厂化扩繁

彩图 26　铁皮石斛快繁生根苗

彩图 27　铁皮石斛组培苗移栽

彩图 28　金线莲集约化移栽

彩图 29　工厂化温室

彩图 30　组培苗移栽

彩图 31　工厂化移植大棚

彩图 32　接种室

彩图 33　组培苗炼苗大棚